北大社·“十三五”普通高等教育本科规划教材
高等院校材料专业“互联网+”创新规划教材

材料化学

(第2版)

主　编　宿　辉
副主编　林　鹏　李春彦
王国星　王　春
主　审　孙建敏

内 容 简 介

本书根据本科院校的定位和教学特点编写而成，介绍材料化学的基本知识。全书共10章，包括绪论、材料科学基础、化学科学知识、材料的制备、材料的性能、金属材料、无机非金属材料、高分子材料、复合材料、纳米材料，其中第2～5章属于原理知识部分，第6～10章介绍各类材料的特点、性能及应用。

本书内容详略得当、图文并茂，实用性强，突出材料化学在生产实践中的实际应用，同时引入材料和化学发展的新思想、新成果，反映学科发展的最新趋势。本书不仅可作为高等院校材料类、化学类专业的基础课教学用书，也可供自学者、工程技术人员参考使用。

图书在版编目(CIP)数据

材料化学/宿辉主编. —2版. —北京： 北京大学出版社， 2021.5
高等院校材料专业“互联网+”创新规划教材
ISBN 978-7-301-31176-9

Ⅰ. ①材… Ⅱ. ①宿… Ⅲ. ①材料科学—应用化学—高等学校—教材 Ⅳ. ①TB3

中国版本图书馆CIP数据核字(2020)第022649号

书　　名 材料化学（第2版）
CAILIAO HUAXUE (DI-ER BAN)
著作责任者 宿　辉　主编
策划编辑 童君鑫
责任编辑 童君鑫　黄红珍
数字编辑 蒙俞材
标准书号 ISBN 978-7-301-31176-9
出版发行 北京大学出版社
地　　址 北京市海淀区成府路205号　100871
网　　址 http://www.pup.cn　新浪微博：@北京大学出版社
编辑部邮箱 pup6@pup.cn
总编室邮箱 zpup@pup.cn
电　　话 邮购部010-62752015　发行部010-62750672　编辑部010-62750667
印 刷 者 北京圣夫亚美印刷有限公司
发 行 者 北京大学出版社
经 销 者 新华书店
787毫米×1092毫米　16开本　16.5印张　375千字
2012年8月第1版
2021年5月第2版　2023年8月第3次印刷
定　　价 49.00元

高等院校材料专业“互联网+”创新规划教材

编审指导与建设委员会

成员名单（按拼音排序）

第 2 版前言

本书第 1 版已出版 8 年有余，被国内数十所高校使用，期间获中国冶金类优秀材料评比二等奖。8 年间科学技术不断发展，“互联网＋”已深入文化教育的各领域，使学习和传播方式突破原有的界限，数字化教材应运而生。专业课程与思政课程同向而行，协同育人对培养学生全面发展意义重大。新经济蓬勃发展，迫切需要培养大批工程实践能力强、创新能力强、具备国际竞争力的高素质、复合型“新工科”人才。材料化学从材料、化学角度为“新工科”人才培养提供了必要的知识储备，是化学理论与材料结构、性能、应用的有机结合。为适应上述要求，在第 1 版的基础上，以立德树人为根本，引入了数字化技术，针对“新工科”人才培养、“课程思政”“工程教育认证”等需求，编写了第 2 版。第 2 版具有以下特点。

（1）以习近平新时代中国特色社会主义思想为指导，深入挖掘课程的思政元素，促进知识传授、能力培养与价值引领的有机统一，培养学生的家国情怀、责任担当、职业素养等。

（2）增加二维码，赋予教材色彩、声音、动画等更多的数字化内容。扫描书中二维码，可以观看工程实践视频、彩色实物图片、微课视频和动画等数字资源。

（3）增加了晶体学基础内容，系统介绍了晶体与非晶体、晶体结构、晶体缺陷等知识，为后续材料结构及性能介绍进行铺垫，更易于学生学习。

（4）教学内容结构清晰，涵盖面宽，基本理论与工程应用相结合，注重系统性和可读性，突出实用性。包含两大部分，第一部分主要讨论材料的结构、性能、制备等材料科学基本原理及化学反应规律；第二部分主要讨论金属材料、非金属材料、高分子材料、复合材料、纳米材料的分类、特点及应用。

（5）融入学科发展的新思想、新成果，加入大量实例展示，扩展学生的知识面和提高学习兴趣，使课堂内容能够紧跟时代发展的前沿。

（6）除绪论外，每章设有“本章教学要点”“导入案例”“习题”等板块，便于学生阅读和学习。

本书共 10 章，其中宿辉编写了第 1～5 章，李春彦编写了第 6 章，王国星编写了第 7 章，林鹏编写了第 8～10 章，山东大学王春进行了通读、校对。哈尔滨工业大学孙建敏教授审阅了全书内容。在本书的编写过程中，编者得到多位同人的大力支持，同时参考了国内同类教材的部分内容，在此表示衷心感谢！

由于编者水平所限，书中难免存在疏漏之处，恳请使用本书的师生多提宝贵意见。

编　者

2022 年 1 月

本书课程思政元素

本书课程思政元素从“格物、致知、诚意、正心、修身、齐家、治国、平天下”中国传统文化角度着眼，再结合社会主义核心价值观“富强、民主、文明、和谐、自由、平等、公正、法治、爱国、敬业、诚信、友善”设计出课程思政的主题，然后紧紧围绕“价值塑造、能力培养、知识传授”三位一体的课程建设目标，在课程内容中寻找相关的落脚点，通过案例、知识点等教学素材的设计运用，以润物细无声的方式将正确的价值追求有效地传递给读者，以期培养大学生的理想信念、价值取向、政治信仰、社会责任，全面提高大学生缘事析理、明辨是非的能力，把学生培养成为德才兼备、全面发展的人才。

每个思政元素的教学活动过程都包括内容导引、展开研讨、总结分析等环节。在课程思政教学过程，老师和学生共同参与其中，在课堂教学中教师可结合下表中的内容导引，针对相关的知识点或案例，引导学生进行思考或展开讨论。

页码	内容导引	思考问题	课程思政元素
2	材料的发展与分类	1. 简述材料的发展史。 2. 材料按组成和结构特点及按使用性能可以分为哪些类?	专业与国家 文化传承 民族自豪感
5	材料化学在各领域的应用	简述材料化学在生物医药、电子信息、环境和能源等领域的应用。	辩证思想 求真务实 个人成长
8	晶体	1. 什么是晶体? 2. 晶体有何特点? 3. 氟硼磷酸钾晶体有何应用?	科学精神 终身学习 专业与国家 责任与使命
11	米勒指数	1. 什么是米勒指数? 代表的意义是什么? 2. 简述米勒指数的表示方法。	科学素养 终身学习 创新意识
13	布拉维点阵	1. 什么是布拉维点阵? 2. 如何推导出14种布拉维点阵?	科学素养 创新意识 全面发展
14	晶体的缺陷	1. 简述点缺陷的形成及特点。 2. 简述线缺陷的形成及特点。	辩证思想 科学素养 个人成长
21	热力学第一定律	1. 热力学第一定律的内容是什么? 2. 应用热力学第一定律说明第一类永动机能否实现?	科学精神 求真务实 专业与社会
31	吉布斯-亥姆霍兹方程	1. 什么是吉布斯-亥姆霍兹方程? 2. 工程实践中如何利用吉布斯-亥姆霍兹方程，预测反应的方向，以经济高效地生产产品?	爱祖国 科学精神 求真务实 责任与使命

续表

页码	内容导引	思考问题	课程思政元素
32	范特霍夫方程	1. 什么是范特霍夫方程？对于生产实践有何指导？ 2. 范特霍夫因哪些科研成果获得了首届诺贝尔化学奖？成功之道有哪些？	科学精神 努力学习 职业规划
33	化学平衡的移动	1. 化学平衡的影响因素有哪些？ 2. 生产中如何利用化学平衡的移动降低生产成本，提高经济效益？	辩证思想 专业能力 专业与社会
48	相图	1. 如何绘制相图？ 2. 简述相图的应用。	专业能力 专业与社会 安全意识 环保意识
56	材料的制备	1. 材料的制备方法有哪些？ 2. 简述材料制备方法的特点及应用。	专业与国家 责任与使命 工匠精神 职业规划
57	单晶的制取	1. 同多晶相比较，单晶的性能特点有哪些？ 2. 单晶的制备工艺有哪些？ 3. 单晶的应用领域有哪些？	工匠精神 团队合作 国之重器 国家竞争
58	区熔法 （高纯材料的制取）	1. 区熔法制备晶体的原理是什么？ 2. 如何利用区熔法进行提纯？	工匠精神 团队合作 国之重器 国家竞争
83	材料的性能	1. 材料的性能有哪些？ 2. 简述材料性能的应用。 3. FAST“天眼”工程的主要贡献有哪些？	科学精神 专业与国家 责任与使命
87	材料的力学性能	1. 材料的力学性能有哪些？ 2. 影响材料力学性能的因素有哪些？	文化自信 文化传承 民族自豪感
106	金属的结构	1. 金属材料有哪些？ 2. 金属材料的结构对其性能有哪些影响？ 3. 简述金属材料的应用。	科技发展 国之重器 民族自豪感
110	金属化合物	1. 什么是金属化合物？ 2. 简述金属化合物的研究与应用。	科技发展 自主学习 专业与国家
121	常见金属材料	1. 钢铁材料包括哪些？ 2. 钢铁材料在国民经济中的地位如何？ 3. 我国钢铁行业发展经历了哪些时期？	专业与国家 行业发展 民族自豪感 国家竞争

续表

页码	内容导引	思考问题	课程思政元素
124	铁碳平衡相图	1. 简述典型铁碳合金的平衡结晶过程及组织分析。 2. 碳含量对室温平衡组织、力学性能、工艺性有什么影响?	专业与国家 团队合作 国之重器 国家竞争
125	马氏体	1. 什么是马氏体? 2. 马氏体的结构是怎样的? 3. 马氏体的特点有哪些?	辩证思想 工匠精神 民族自豪感
132	青铜	1. 什么是青铜? 2. 为什么说青铜器是中国传统文化艺术的精华?	工匠精神 文化传承 民族瑰宝 民族自豪感
151	金红石	1. 金红石的结构特点有哪些? 2. 金红石的应用领域有哪些?	科技发展 专业与国家 创新意识
152	ABO_3(钙钛矿)型结构	1. 钙钛矿型的结构特点有哪些?有哪些钙钛矿型晶体类型? 2. 钙钛矿型结构有哪些性能特点?原因是什么? 3. 说明钙钛矿型晶体在催化材料和太阳能电池领域的应用。	专业与国家 科技发展 创新意识
156	无机非金属材料的性能	1. 无机非金属材料有哪些? 2. 无机非金属的性能有哪些? 3. 无机非金属材料有哪些应用?	科学精神 专业与国家 责任与使命
164	水泥制备	1. 制备水泥的原料有哪些? 2. 如何制备水泥?	终身学习 先烈英迹 民族精神
182 185	高分子材料的结构和性能	1. 简述高分子化合物的结构。 2. 与低分子化合物相比,高分子材料有哪些性能?	辩证思想 求真务实 全面发展
194	常用高分子材料	1. 常用高分子材料有哪些? 2. 常用高分子材料分别有哪些应用? 3. 淀粉革命:我国科学家开发出用 CO_2 人工合成淀粉技术。	专业与国家 大国风范 人类命运共同体
214	复合材料	1. 什么是复合材料?包括哪些种类? 2. 复合材料在工程实践、日常生活中的应用有哪些?	科技发展 爱岗敬业 责任与使命
236	纳米材料	1. 什么是纳米材料?有什么特点? 2. 纳米材料在工程实践、日常生活中有哪些应用?	努力学习 专业能力 创新意识
240	纳米材料的特性	1. 纳米效应包括哪些? 2. 简述纳米材料的特殊性质。	规范与道德 民族精神

注:教师版课程思政内容可以联系北京大学出版社索取。

目　录

第1章 绪论

知识要点	掌握程度	相关知识
材料的分类	掌握材料的分类方法； 了解金属材料、无机非金属材料、高分子材料和复合材料	金属材料、无机非金属材料、高分子材料和复合材料
材料化学的特点、应用及作用	掌握材料化学的特点； 了解材料化学在各领域的应用及作用	跨学科性、实践性、生物医药领域、电子信息领域、环境和能源等领域

导入案例

有机硅分子以硅氧链为主链，侧链上挂接各种不同性质的有机基团。有机硅这种十分特殊的分子结构，具有有机和无机双重属性。许多领域只要有有机硅介入，就会发生神奇的变化。例如，在护肤品和护发品中加入有机硅，可更有效地滋润皮肤并保护头发；计算机按键采用有机硅，能耐百万次以上反复点击触摸。有机硅在计算机上的应用如图1-1所示。有机硅在医疗上亦有独特功能，如腹腔手术后，在内脏上抹上硅油就可以解决困扰人类几百年的手术后肠粘连问题；在食品中加入有机硅添加剂，食品便变得松软可口；在包装袋中加入有机硅，食品保鲜期可成倍增加；在建筑密封胶加入有机硅，使用寿命可由原来的1～2年延长至12年以上；汽车发动机采用有机硅橡胶减振垫，可使噪声降低50%。

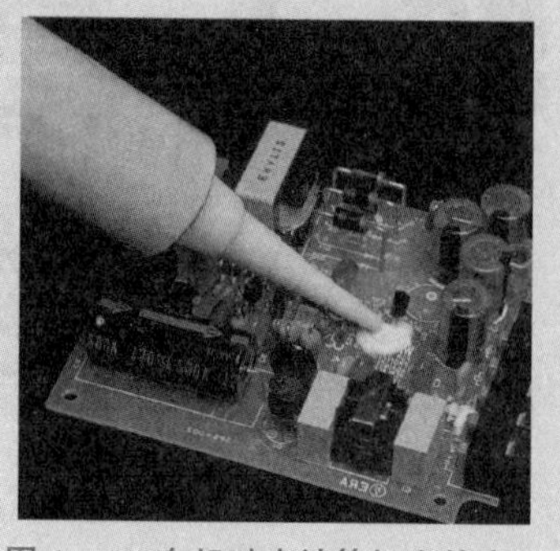
图1-1　有机硅在计算机上的应用

材料是人类社会赖以生存和发展的物质基础，是人类社会现代文明的重要支柱。纵观人类利用材料的历史可以清楚地看到，每一种重要的新材料的发现和应用，都把人类支配自然的能力提高到一个新的水平。材料科学技术的每一次重大突破，都会引起生产技术的革命，大大加速社会发展的进程，并给社会生产和人们生活带来巨大的变化。因此，材料也成为人类历史发展过程的重要标志。

【材料的发展历程】

在遥远的古代，人类的祖先以石器为主要工具，开创了冶金技术，约公元前4000年进入青铜器时代，约公元前1200年进入铁器时代。炼钢工业的迅速发展，成为近代产业革命的重要内容。20世纪末，人们把材料、信息和能源作为现代社会进步的三大支柱，而材料又是发展能源和信息技术的物质基础。从近代科技史来看，新材料的使用对社会经济和科技的发展起着巨大的推动作用。例如，钢铁材料的出现，孕育了产业革命；高纯半导体材料的制造，促进了现代信息技术的建立和发展；先进复合材料和新型超合金材料的开发，为空间技术的发展奠定了物质基础；新型超导材料的研制，大大推动了无损耗发电、磁流发电及受控热核反应等现代能源的发展；纳米材料的发展和利用，促进了多学科的进步，并将人类带入了一个奇迹层出不穷的时代。材料的品种繁多，迄今已达几十万种，每年还以5%左右的速度继续增长。

化学是材料科学的基础学科，而材料化学是一门以现代材料为主要对象，研究材料的化学组成、结构与性能关系、合成制备方法、功能与应用及其与环境协调等问题的科学，在材料科学的发展中起着无可替代的重要作用。

1.1　材料的分类

材料的分类方法有多种，按其组成和结构特点，可分为金属材料、无机非金属材料、高分子材料和复合材料四大类；按其使用性能，可分为结构材料与功能材料，结构材料的使用性能主要是强度、韧性、抗疲劳等力学性能，可用作产品、设备、工程等的结构部件，而功能材料的使用性能主要是光、电、磁、热、声等功能性能，用于制作具有特定功能的产品、设备、器件等；按材料的用途不同，可分为建筑材料、信息材料、能源材料、航空航天材料等。本章将按照第一种分类方法对材料加以简要介绍。

1. 金属材料

金属材料(metallic materials)是以金属元素为基础的材料，分为黑色金属材料和有色金属材料。黑色金属通常包括铁、锰、铬以及它们的合金；除黑色金属以外，其他各种金属及其合金都称为有色金属，如铝合金、钛合金、铜合金、镍合金等。黑色金属是目前用量最大、使用最广的材料。在农业机械、化工设备、电力机械、纺织机械中，黑色金属材料约占90%，有色金属材料约占5%。根据物理性质的不同，金属又可分为轻金属、重金属、高熔点金属、稀有金属等。

纯金属的强度较低，很少直接应用，绝大多数金属材料以合金的形式出现。合金是由一种金属与一种或几种其他金属、非金属熔合在一起生成的具有金属特性的物质，如由铜和锡组成的青铜，由铝、铜和镁组成的硬铝等。金属材料一般具有优良的力学性能、可加工性及优异的其他物理特性。金属材料的性质主要取决于其成分、显微组织和制造工艺，人们可以通过调整和控制成分、组织结构和工艺，制造出具有不同性能的金属材料。在近代的物质文明中，金属材料如钢铁、铝、铜等起了关键的作用，至今这类材料仍具有强大的生命力。

2. 无机非金属材料

无机非金属材料(inorganic non-metallic materials)又称陶瓷材料，指由各种金属元素与非金属元素形成的无机化合物和非金属单质材料，其有悠久的历史，近几十年来得到飞速发展，主要包括传统无机非金属材料(又称传统陶瓷)和新型无机非金属材料（又称精细陶瓷材料)。前者指以硅酸盐化合物为主要成分制成的材料，主要是烧结体，如玻璃、水泥、耐火材料、建筑材料和搪瓷等；后者的成分有氧化物、氮化物、碳化物、硅化物等，可以是烧结体，还可以是单晶、纤维、薄膜和粉末，具有强度高、耐高温、耐腐蚀等特性，并有声、电、光、热、磁等多方面的特殊功能，是新一代的特种陶瓷，可制备半导体、光纤、电子陶瓷、敏感元件、磁性材料、超导材料等功能材料，用途极为广泛，已遍及现代科技的各领域。例如，航天飞机(图1-2)在进入太空和返回大气层时，要经受剧烈的温度变化，在几分钟内表面温度由室温升高到1260℃，用陶瓷作为热绝缘材料，可以保护机体不受损伤。

3. 高分子材料

高分子材料(polymer materials)一般是由碳、氢、氧、氮、硅、硫等元素组成的相对分子质量足够高的有机化合物。常用高分子材料的相对分子质量在几千到几百万之间，一般为长链结构，以碳链居多。高分子化合物具有较高的强度、优良的塑性、耐腐蚀、不导电等特性，其发展速度快，已超过了钢铁、水泥和木材等传统材料。

高分子材料包括天然高分子材料和合成高分子材料。天然高分子材料直接来自动、植物体内，如木材、天然橡胶、棉花、动物皮毛等；合成高分子材料则分成塑料、合成橡胶和合成纤维三大类。涂料和胶黏剂也属于高分子材料。高分子材料正朝着高性能化、多功能化的方向发展，从而衍生出各种各样具有特殊性能或功能的材料，如工程塑料、导电高

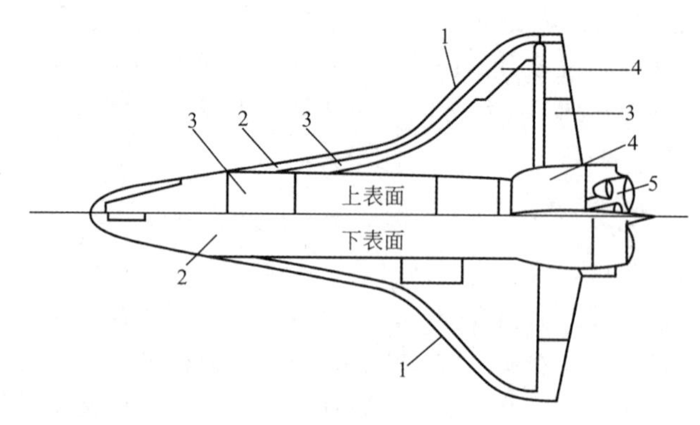

图 1－2　航天飞机上所用的先进结构陶瓷材料

1—增强的碳-碳材料；2—高温再用的表面绝缘材料；

3—Nomex 涂层；4—低温再用的表面绝缘材料；5—金属或玻璃

分子、高分子半导体、光电高分子、磁性高分子、液晶高分子、高分子信息材料、生物医用高分子材料、离子交换树脂等。对高分子材料进行改性研究，是高分子科学和材料领域的一个重要方向。合成高分子化合物的品种最多，应用也最广。

4. 复合材料

复合材料(composites)是由两种或两种以上的不同材料组合而成的一种多相固体材料，通常一种材料为连续相，作为基体，其他材料为分散相，作为增强体。各种材料在性能上互相取长补短，产生协同效应，使复合材料既保留了原组分材料的特性，又具有原单一组分材料所无法获得的更优异的特性。金属材料、无机非金属材料和高分子材料相互之间或同种材料之间均可形成复合材料，一般按照基体材料的种类分为聚合物基复合材料、金属基复合材料和陶瓷基复合材料，也可按其结构特点分为纤维复合材料、夹层复合材料、细粒复合材料和混杂复合材料。

复合材料在自然界中普遍存在，如树木和竹子为纤维素和木质素的复合体，动物骨骼为无机磷酸盐和蛋白质胶原的复合体。复合材料使用的历史可以追溯到古代，如人们用稻草增强黏土以及漆器(用麻纤维和土漆复合)。而建筑上广泛使用的钢筋混凝土也有上百年的历史。复合材料这一名词源于 20 世纪 40 年代发展起来的玻璃纤维增强塑料(即玻璃钢)。现在，复合材料已广泛应用在航空航天、汽车工业、化工、纺织、机械制造、医学和建筑工程等领域中。

1.2　材料化学的特点

1. 跨学科性

材料化学是多学科交叉的产物。化学工作者利用化学理论从分子水平构筑材料，自主调节材料的功能，利用化学反应合成各种材料，使化学与材料科学的界限越来越模糊，形成材料化学这一新学科。材料化学既是化学学科的一个分支，又是材料科学的重要组成部分，其内容涉及化学的所有次级学科，如无机化学、有机化学、物理化学、分析化学等，是这些学科在材料研究中的具体运用。

材料化学天生是跨学科的。材料化学与其他学科的结合，在20世纪获得了各式各样的合成材料。新材料的发展，往往源于其他科学技术领域的需求，这促进了材料化学与物理学、生物学、药物学等众多学科的紧密联系。材料合成与加工技术的发展不断对生物技术、信息技术、纳米技术等新兴技术领域产生巨大影响。通过分子设计和特定的工艺，可以使材料具备各种特殊性质或功能，如高强度、特殊的光性能和电性能等，这些材料在现代技术中起着关键作用。例如，高速计算机芯片和固态激光器材料是一种复杂的三维复合材料，是通过运用各种合成手段、以纳米、微米尺度把不同性能的材料组合起来而得到的。随着材料的不断发展，对化学分辨力的要求将越来越高，人们必须在纳米尺度下对材料进行化学合成、加工和操控，这对于新材料以及现有材料，都提出了更精准的制备要求，同时还要考虑成本的控制和对环境的影响。特别是在纳米技术领域，需要发展出一些新的合成技术，如气相、液相和固相催化反应技术。此外，新型自组装方法的出现，使由分子组元自下而上(bottom up)合成纳米结构或其他特殊结构的材料成为可能。

2. 实践性

材料化学是理论与实践相结合的产物，一方面理论指导实践，另一方面实践又促进了理论的进一步发展。这有别于固体化学。例如，需要通过实验室的研究工作深入了解材料的性能，从而指导材料的发展和合理使用；通过不断改进工艺来提高材料的性能、质量，并降低成本；材料变为器件或产品要解决的一系列工程技术问题等，都需要理论和实践的结合。

1.3 材料化学在各领域的应用

材料化学已渗透到现代科学技术的众多领域，如生物医药、电子信息、环境能源等，这些领域的发展与其密切相关。

【化学与材料】

1. 生物医药领域

材料化学和医药学的合作已取得了巨大的进步。材料可植入人体作为器官或组织的修补或替代品，但材料进入体内，有可能涉及生物过程和生化反应，引起不良反应。为此，必须从结构和组成上对材料进行改性，使其具备良好的生物相容性。通过材料化学与生物学的研究，开发出特殊用途的金属合金和聚合物涂层，以保护人体组织不与人工骨头置换体或其他植入物相排斥。现在，已经有很多生物医用材料可以植入人体内并保持多年而无不良影响。此外，材料化学对于生物应用中的分离技术也产生了显著影响，如人造肾脏、血液氧合器、静脉过滤器以及诊断化验等。生物相容高分子材料已在药物、蛋白质及基因的控制释放方面获得了应用。目前人们正在进行大量的研究，以开发用于医学诊断的新材料。将来，材料化学的研究可能会涉及原位药物生成、类细胞系统等。得益于材料化学最新进展的新型传感器，将会给人类健康带来极大的帮助。

2. 电子信息领域

先进的计算机、信息和通信技术离不开材料和成形工艺的支撑，而化学在其中起了巨大的作用。现代芯片制造设施通过化学过程如光致抗蚀、化学气相沉积、等离子体刻蚀等，使简单的分子物质转化为具有特定电子功能的复杂三维复合材料。电子及光学有机材料的相互渗透，通过光子晶格对光进行模拟操控，是未来发展的一个方向。材料化学还促进了光子电路和光计算等新领域的发展。

3. 环境和能源领域

随着世界人口的持续增长和生活水平的提高，发展中国家对环境保护的重视不断增加。为了减少对现有资源的使用，必须开发新技术，发展低消耗的清洁能源。在发展光伏电池、太阳能电池、燃料电池的过程中，材料化学起了关键的作用。日常生活中，塑料包装或容器被广泛使用，但其大量弃置对环境造成了严重破坏。随着对环保的关注，开发可回收和可生物降解材料将成为材料化学的一个重要任务。食品包装材料要求安全无毒，利用材料化学技术可以开发新的包装材料，如添加感应材料以显示食物质量或储存条件，这将为食品安全提供更有效的保障。

4. 结构材料领域

结构材料是材料化学涉及最多的领域。材料合成与加工技术的发展使现代汽车和飞机更加安全、轻便和节油。基于材料化学所发展出来的特种涂料，具有防腐、隔离保护、美化等功能，可在结构材料上使用。材料设计制造过程中，需要把材料的化学成分结构与合适的工艺条件有机地结合起来。通过材料化学与相关学科的协同努力，未来可能制备出集感觉、反馈、自愈功能于一体的智能化结构材料。

1.4 材料化学的作用

材料的功能和用途取决于物体的状态和结构，但其原始基础在于构成物体的功能分子的种类及其结构。材料化学在研究开发新材料中，采用化学理论和方法研究功能分子以及由功能分子所组成材料的结构与功能，使人们能够自主设计新型材料。20 世纪材料化学所取得的巨大进展，可以证明化学是新型材料的源泉，也是材料科学发展的推动力。从硝酸纤维到尼龙、涤纶，再到现在各种各样的合成纤维，从硅、锗到砷化镓、磷化铜……每一个进步都有相同的过程：针对已发现的问题进行改进，总结已知材料的结构，设计新的结构，研究新的化学反应，经过不同原料的选择，找出可行的工艺。在 21 世纪，人类对具有特殊功能的先进材料的需求会越来越大，尽管利用的是材料的物理性质，但这些物理性质都是由材料的化学组成和结构所决定的，所以，材料化学在指导新材料的研究与开发工作中将发挥不可替代的重要作用。

材料化学是研究材料制备、组成、结构、性质及其应用的一门科学，既是材料科学的一个重要分支，也是材料科学的核心内容，还是化学学科的一个组成部分，因此材料化学具有明显的交叉、边缘学科的性质。材料化学的主要内容，包括材料的化学组成及结构、相关的化学理论、材料的制备、材料的性能及更为具体的金属材料、非金属材料、高分子材料、复合材料等。材料化学是化学类、材料类专业的一门重要的专业基础课程，对于从事材料研发、化学研究与制备以及从化学角度提出问题、分析问题、解决问题具有重要的意义。

第2章 材料科学基础

知识要点	掌握程度	相关知识
晶体与非晶体	掌握晶体、非晶体的特点，清楚晶体与非晶体在结构和性能方面的区别	晶体、非晶体、各向异性、长程有序
晶体的结构	理解点阵和平移群的概念；掌握晶胞、晶胞参数的概念；掌握晶体的晶面指标的确定方法；了解晶面间距、晶面夹角的计算方法；熟悉14种空间点阵的形式	直线点阵、平面点阵、空间点阵、三维平移群、晶胞、晶胞参数、晶面指标、晶系、晶面间距、晶面夹角、布拉维点阵
晶体的缺陷	理解点缺陷、线缺陷、面缺陷、体缺陷的特点与不同；掌握弗伦克尔缺陷、肖特基缺陷，色心缺陷；了解刃型位错、螺型位错；了解多晶材料	点缺陷、线缺陷、面缺陷、体缺陷、弗伦克尔缺陷、肖特基缺陷、色心缺陷、刃型位错、螺型位错、多晶材料

导入案例

光学晶体（optical crystal）指用作光学介质材料的晶体材料，主要用于制作紫外和红外区域窗口、透镜和棱镜等。晶体材料按晶体结构分为单晶材料和多晶材料。由于单晶材料具有高晶体完整性和光透过率，低输入损耗等优点，为常用的光学晶体材料。光学单晶包括卤化物单晶、氧化物单晶和半导体单晶。

卤化物单晶分为氟化物单晶，溴、氯、碘的化合物单晶等。氟化物单晶具有在紫外、可见和红外波段光谱区透过率较高、折射率低等优点。氧化物单晶主要有蓝宝石（Al_2O_3）、水晶（SiO_2）、氧化镁（MgO）等。与卤化物单晶相比，氧化物单晶熔点高、化学稳定性好，在可见和近红外波段光谱区透过性能良好，用于制造从紫外到红外光谱区的各种光学元件。半导体单晶包括单质晶体（如锗单晶、硅单晶），Ⅱ-Ⅵ、Ⅲ-Ⅴ族半导体单晶和金刚石。金刚石（图 2-1）是光谱透过波段最长的晶体，可延长到远红外区，并具有较高的熔点、高硬度、优良的物理性能和化学稳定性。半导体单晶可用作红外窗口材料、红外滤光片及其他光学元件。

图 2-1　金刚石

材料化学是材料与化学的交叉学科，学科基础源自材料和化学。第 2 章、第 3 章将分别从材料基础和化学基础两方面介绍材料化学的基础知识。

在工业生产、日常生活中广泛应用的金属、合金材料及矿物质材料等大多具有晶体的结构特征。非晶体没有特定的结构特征，更复杂。对非晶体结构进行研究时，往往借用或参考晶体的研究方法。因此研究晶体的结构，对于认识固体物质的结构特征，具有重要的意义。

2.1　晶体和非晶体

【晶体的应用】

根据微粒排列的有序性，可将固态物质分为**晶体和非晶体**。晶体的组成微粒（离子、原子、分子等）在三维空间中排列规则，具有结构的周期性；非晶体的组成微粒排列无规则，不存在周期性的空间点阵结构。它们的原子排列对比如图 2-2 所示。基元排列有序范围一般可描述为长程有序（long-range order）和短程有序（short- range order）。晶体中基元的排列既长程有序又短程有序；非晶体则是长程无序，短程有序，即在有限的小范围内（1～2 个原子）表现出一定的有序性。

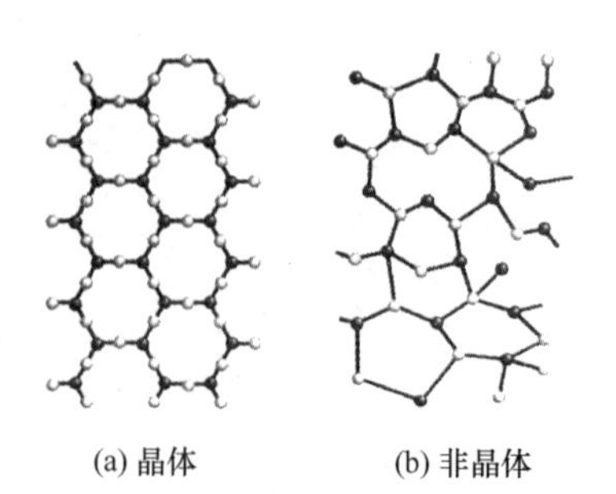

图 2-2　晶体与非晶体原子排列对比示意图

晶体与非晶体微观结构差异导致其宏观性质有很大的不同，主要表现在以下几方面。

(1)晶体有整齐、规则的几何外形。例如，结晶条件良好时，可以看到食盐、石英、明矾等分别具有立方体、六角柱体和八面体的几何外形。不同晶体有不同的对称性，对称元素有对称中心、镜面、旋转轴等。而玻璃、松香、橡胶等非晶体没有一定的几何外形。

(2)晶体具有各向异性。同种性质在晶体不同方向上有差异称为各向异性，晶体的力学性质、光学性质、热和电的传导性质都表现出各向异性。例如，云母的结晶薄片，在外力的作用下，很容易沿平行于薄片的平面裂开，但要使薄片断裂却难得多，这说明晶体在不同方向的力学性质不同。在云母片上涂一薄层石蜡，再用热钢针去接触云母片的反面，则石蜡以接触点为中心，向四周熔化成椭圆形。再如石墨晶体的电导率，平行石墨层方向比垂直方向大一万倍。非晶体微粒排列混乱，表现为各向同性。用玻璃板代替云母片重做上面的实验，发现熔化了的石蜡在玻璃板上总成圆形。

【石墨平面晶体结构的空间格子】

(3)晶体具有固定的熔点。在一定压力下，不同的晶体具有不同的熔点，并且在熔解过程中温度保持不变。非晶体在熔解过程中，没有明确的熔点，只有一段软化温度范围，随着温度升高，物质首先变软，再逐渐由稠变稀。

2.2 晶体的结构

2.2.1 点阵与平移群

描述晶体结构周期性的要素：①**结构基元**，即周期性重复的基本结构单位；②**重复周期的大小和方向**。**点阵**是把结构基元抽象成一个点，在一定方向上进行周期性排列而构成的阵列，是按照连接任意两个点所得的矢量进行平移后能够复原的一组点的阵列。点阵具有点数无限多、各点所处环境完全相同的特点，可分为直线点阵、平面点阵和空间点阵三种类型。

1. 直线点阵和一维平移群 T_m

分布在一条直线上的点阵称为**直线点阵**，也称**一维点阵**。在直线点阵中，连接任意相邻两个点的点阵矢量称为**基本矢量**，用符号 $\boldsymbol{a}$ 表示。在沿某一矢量方向对直线点阵进行平移操作时，若移动的距离为基本矢量的整数倍，则点阵中每个点都与其等价点重合，因此平移操作是一种对称操作。直线点阵所对应的全部平移操作集合，构成一维平移群 $T_m=ma(m=0, \pm1, \pm2, \cdots)$。在晶体中，沿某晶轴方向的粒子可构成直线点阵，每个点阵点可以包含一个或多个特定结构的粒子集团。例如，NaCl 晶体中沿某晶棱方向离子的真实结构和直线点阵示意图如图 2-3 所示。

结构：Cl Na

结构基元：

点阵：a A B

图 2-3 NaCl 沿某晶棱方向离子的真实结构和直线点阵示意图

2. 平面点阵和二维平移群 T_{mn}

各点分布在同一平面上的点阵称为**平面点阵**，也称**二维点阵**。若用直线将点阵中的点连接起来，则构成一个平面格子(图 2-4)。整个平面格子可以看作由一些平行四边形在同一平面上平移而成，因此这种平行四边形即平面点阵单位。在平面格子中，点阵中的点只分布在平行四边形的顶点处，而且被4个邻近的平行四边形所共享，因此每个平行四边形含有的点阵点数是1(4×1/4)。

只含有一个点阵点的平行四边形的平面点阵单位称为素单位，即平面点阵的基本单位；含有两个及以上点阵点的平行四边形的平面点阵单位称为复单位，如图2－5所示。在复单位中，如果点阵点位于平行四边形的棱上，其对该单位的贡献为1/2个阵点；位于平行四边形内部的点阵点则贡献一个阵点。如果以素单位中两个不平行的边作为平面点阵的基本矢量 a 和 b，则连接点阵中任意两个点形成的矢量可用 a 和 b 表示。例如，图2－6中的矢量 $\boldsymbol{A}$ 为 $a+b$，矢量 $\boldsymbol{B}$ 为 $2a+b$，矢量 $\boldsymbol{C}$ 为 $a-b$。所有能够使平面点阵复原的平移操作构成了一个二维平移群 $T_{mn}=ma+nb$ $(m, n=0, \pm1, \pm2, \cdots)$。

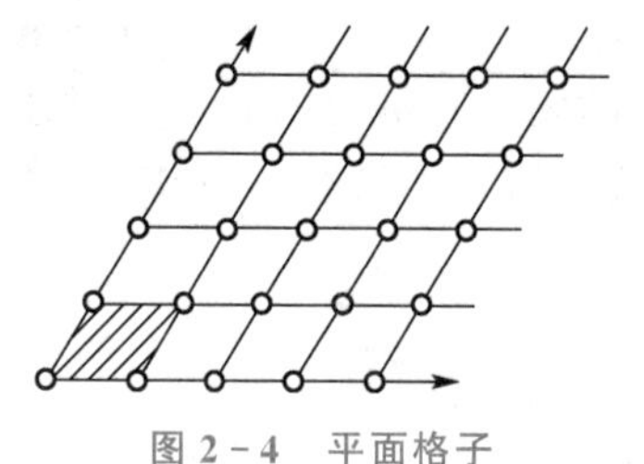
图2－4　平面格子

图2－5　平面点阵单位

【晶格的周期性排列】

3. 空间点阵和三维平移群 T_{mnp}

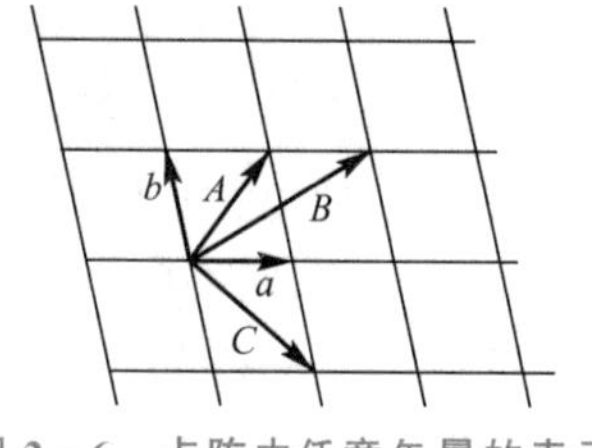

图2－6　点阵中任意矢量的表示

分布在三维空间的点阵称为空间点阵，又称三维点阵。从空间点阵中的一个点阵点出发，任意选择三个互不平行的基本矢量构成一个相对两面互相平行的六面体，整个空间点阵就可以看作由这个六面体在空间平移而成，因而该六面体可作为空间点阵的基本单位(图2－7)。空间点阵单位也分为素单位和复单位。素单位(*P*)中每个顶点都被8个邻近的单位所共享，所以每个素单位只含有1个点阵点(8×1/8)。在复单位中，如果点阵点位于平行六面体的边上，则每个点阵点只有1/4属于于该单位；位于面上的点阵点有1/2属于该单位；而位于六面体内部的点阵点整个归属于复单位。复单位有体心(***I***)、底心(***C***)和面心(***F***)三种类型，如图2－8所示。

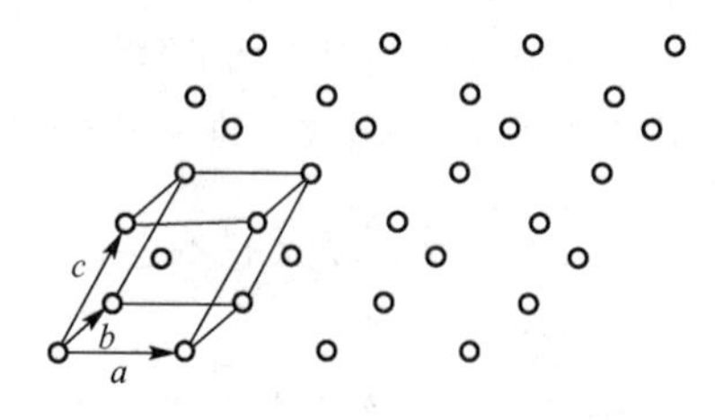

图2－7　空间点阵结构和基本单位示意图

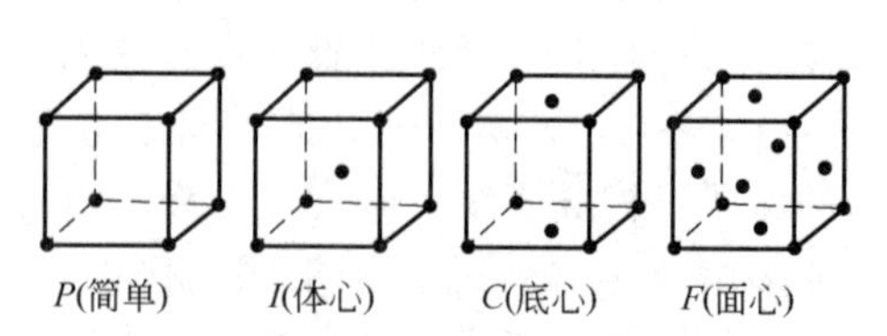

图2－8　素单位和复单位结构示意图

空间点阵常用 $\boldsymbol{a}$，$\boldsymbol{b}$，$\boldsymbol{c}$ 三个基本矢量表示。空间基本单位按照所有矢量进行平移操作，构成一个三维平移群 $T_{mnp}=ma+nb+pc$ $(m, n, p=0, \pm1, \pm2, \cdots)$。按照选定的基本单位用直线连接成一个空间点阵，可以得到一个空间格子(晶格)，空间点阵和晶格一起用来描述晶体结构的周期性(图2－9)。

实际晶体由有限多个粒子(原子或离子)组成，宏观上的晶体颗粒与组成晶体的粒子(结构基元)相比，在其直线上的尺寸之差可以达到 10^7。这样大的数字可近似认为是无限多个结构基元的排列，符合点阵结构的要求。

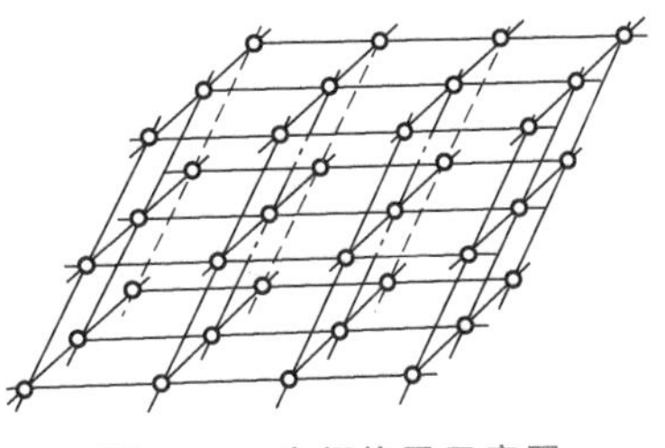

图 2-9 空间格子示意图

2.2.2 晶胞及表征

1. 晶胞和晶胞参数

晶胞是构成晶格的最小的、可重复的几何单元，其形状、大小和空间格子的平行六面体单位相同，保留了晶格的所有特征，而晶体可以看作由无数个晶胞在三维空间有规律地堆积而成。晶胞的大小、形状及所包含粒子(原子、离子)的种类、数量和位置等是晶体结构的两大要素。晶胞的大小、形状用与其对应的点阵单位中三个基本矢量表示，包括边长 a、b、c (也称晶轴)和轴间夹角 α、β、γ 确定，这六个量合称晶胞参数，如图 2-10 所示。

晶胞中粒子(原子、分子或离子)的位置可用坐标参数(x，y，z)表示。晶胞中三条互不平行的边构成一个空间坐标系，以其顶点为原点，a、b、c 三条边分别坐落在 X、Y、Z 轴上。原子在晶胞中的坐标参数指由晶胞原点指向原子的矢量，用单位矢量 $\boldsymbol{a}$、$\boldsymbol{b}$、$\boldsymbol{c}$ 表达。例如，从原点到晶胞内任一位置的矢量可以表示为 $OP = x\boldsymbol{a} + y\boldsymbol{b} + z\boldsymbol{c}$，其中，$x$、$y$、$z$ 为原坐标，分别以 a、b、c 为单位。例如，在 CsCl 晶胞中(图 2-11)，Cl^- 和 Cs^+ 的坐标分别为(0，0，0)和(1/2，1/2，1/2)。

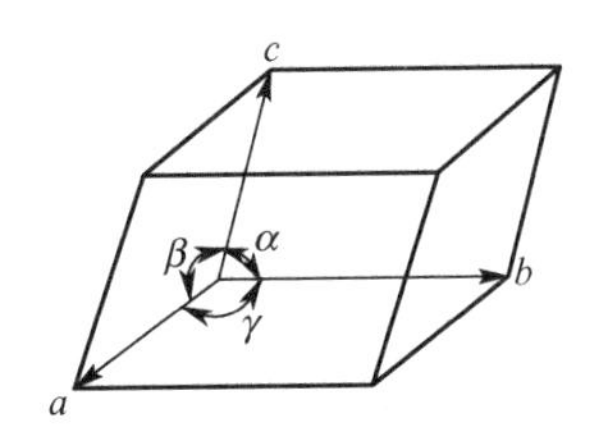

图 2-10 晶胞结构示意图

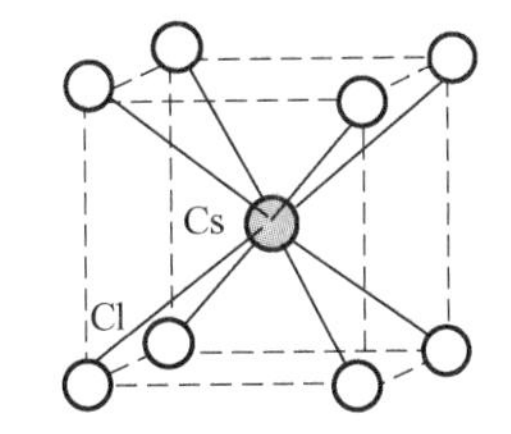

图2-11 CsCl 晶胞示意图

2. 晶面指数

晶体所对应的空间点阵可划分为相互平行且间距相等的平面点阵群。假设有一个晶面与三个坐标轴 X、Y、Z 相交，其截距(或截长)分别为 $h'a$、$k'b$、$l'c$，则 h'、k'、l' 分别为晶面在三个坐标轴上的截数。因截长为基本矢量的整数倍，故截数为正整数。若晶面和晶轴平行，则截面为无穷大。为避免出现无穷大，**取截数的倒数，并将其化为互质的整数比** $\boldsymbol{h}$、$\boldsymbol{k}$、$\boldsymbol{l}$，**即** $h=1/h'$，$k=1/k'$，$l=1/l'$，**加上圆括号($\boldsymbol{hkl}$)，即可表示晶面的指数**。晶面指数由 Miller 在 1839 年建议使用，在晶体学上常称为米勒指数。晶面指数反映了晶面与晶轴间的取向关系。

对于晶面指数，要注意以下几点。

(1)一个晶面指数(hkl)代表一组互相平行的晶面。

(2)晶面指数的数值反映了晶面间距大小和阵点的疏密程度。晶面指数越大，晶面间距越小，晶面所对应的平面点阵的阵点密度越小。

(3)由晶面指数(hkl)可求出这组晶面在三个晶轴上的截数和截长。

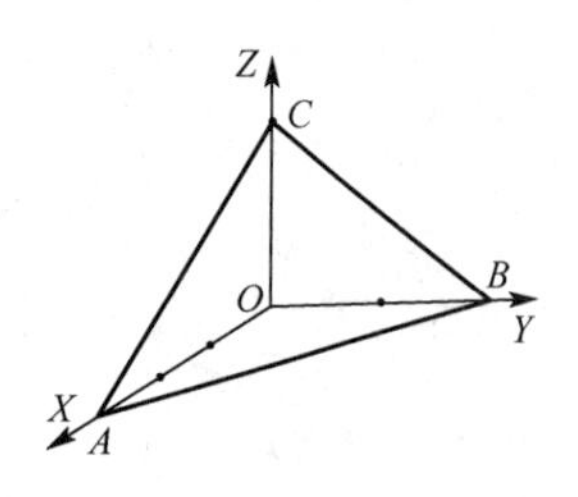

图 2-12　晶面 ABC 指标示意图

例如，图 2-12 中由 ABC 构成的晶面在 X、Y、Z 轴上的截距分别是 $3a$、$2b$、c，则 $h:k:l=1/3:1/2:1$。化简则 $h:k:l=2:3:6$。因此由 ABC 构成的晶面指数是(236)。在对晶体进行指数化时，坐标原点通常放在晶体的中心，两个平行的晶面，一个指数是(hkl)，另一个是($\bar{h}\bar{k}\bar{l}$)。例如，NaCl 晶体通常是立方型，其六个晶面的指数分别是(100)、(010)、(001)、($\bar{1}00$)、($0\bar{1}0$)、($00\bar{1}$)。

3. 晶面间距和晶面夹角

在一组晶面指数为(hkl)的平面点阵中，相邻的两个平面点阵间的距离称为**晶面间距**，记为 $\boldsymbol{d}_{(hkl)}$，计算公式为

$$d_{(hkl)}^2\left[\left(\frac{h}{a}\right)^2+\left(\frac{k}{b}\right)^2+\left(\frac{l}{c}\right)^2\right]=\cos^2\alpha+\cos^2\beta+\cos^2\gamma \tag{2-1}$$

例如，在立方晶系中，$\alpha=\beta=\gamma$，$a=b=\mathrm{c}$，因此 $\cos^2\alpha+\cos^2\beta+\cos^2\gamma=1$，此处的 α、β、γ 为法线与晶轴的夹角。

$$d_{(hkl)}=\frac{a}{\sqrt{h^2+k^2+l^2}} \tag{2-2}$$

同理，在正交晶系中，$a\neq b\neq c$，则晶面间距为

$$d_{(hkl)}=\frac{1}{\sqrt{\frac{h^2}{a^2}+\frac{k^2}{b^2}+\frac{l^2}{c^2}}} \tag{2-3}$$

h、k、l 值越小，晶面的间距越大，晶面出现的概率越大。

晶面夹角的计算比较复杂。仅以立方晶系为例，两个互不平行的晶面，若指数分别为($h_1k_1l_1$)和($h_2k_2l_2$)，则夹角为

$$\theta=\arccos\frac{h_1h_2+k_1k_2+l_1l_2}{\sqrt{(h_1^2+k_1^2+l_1^2)(h_2^2+k_2^2+l_2^2)}} \tag{2-4}$$

4. 点阵、点阵结构和晶体的关系

【晶体结构(1)：立方晶系】

点阵是由无限个阵点组成的抽象概念，是反映点阵结构周期性的科学抽象。而晶体是由有限个微粒(原子、离子)按照一定周期性排列的物质存在。点阵结构由结构基元组成，是以每个结构基元为一阵点的点阵，它们之间存在一一对应关系。例如，点阵中的阵点对应于点阵结构中的结构基元，在晶体中则为组成晶体的微粒(原子、离子或集团)；空间点阵中的基本单位——平行六面体，在晶体中即晶胞，点阵中的平行六面体有素单位和复单位，对应于晶体中的素晶胞和复晶胞。另外，空间点阵可以从不同方向划分为具有特定间距的平面点阵组，这些平面点阵在晶体中则表现为晶面。平面点阵的交线为直线点阵，则对应于晶体中的晶棱。表 2-1 列出了空间点阵和晶体的对应关系。

表 2-1 空间点阵和晶体的对应关系

空间点阵	晶体	空间点阵	晶体
无限	有限	点阵参数	晶胞参数
抽象结构	具体结构	直线点阵	晶棱
阵点	结构单元	平面点阵	晶面
点阵单位	晶胞	空间格子	晶格

2.2.3 晶系

晶体具有空间点阵结构的基本特征，使晶体不仅在内部结构上，而且在理想外形乃至许多宏观性质上都表现出一定的对称性。宏观对称性反映了晶体外形的对称性，与分子或有限图形类似，包含对称轴、对称面、对称中心、平移及其产生的对称操作等。

【几个典型晶体结构分析】

在晶体学中，依据晶胞的大小和几何形状，将晶体分为7个晶系，每个晶系具有相应的**特征对称元素**。按照晶体点阵结构对称性的要求，空间格子可分为与7个晶系晶胞类型相对应的7种简单格子，以及3种复杂格子——体心(I)、底心(C)和面心(F)。在保持晶系特征对称元素的前提下，选取具有最少阵点的空间格子。这样，7个晶系通过选取不同形状的简单格子和不同数目的复杂格子，构成了14种空间点阵，称为**布拉维点阵**。例如，立方晶系有3种空间点阵形式：简单立方(cP)、体心立方(cI)和面心立方(cF)。14种空间点阵形式见表2-2。14种空间点阵的结构示意图如图2-13。

表 2-2 14种空间点阵形式

代号	晶系	晶胞的边长	晶轴的夹角	特征对称元素	空间点阵形式	
c	立方	$a=b=c$	$\alpha=\beta=\gamma=90°$	4个三次旋转轴	cP	简单立方
					cI	体心立方
					cF	面心立方
t	四方	$a=b\neq c$	$\alpha=\beta=\gamma=90°$	1个四次对称轴	tP	简单四方
					tI	体心四方
o	正交	$a\neq b\neq c$	$\alpha=\beta=\gamma=90°$	3个互相垂直的二次轴	oP	简单正交
					oC(oA、oB)	C心正交
					oI	体心正交
					oF	面心正交

续表

代号	晶系	晶胞的边长	晶轴的夹角	特征对称元素	空间点阵形式	
h	三方	$a=b=c$	$\alpha=\beta=\gamma\neq 90°$，$\gamma<120°$	三次对称轴	hP	简单六方
					hR	R心六方
	六方	$a=b\neq c$	$\alpha=\beta=90°$，$\gamma=120°$	六次对称轴	hP	简单六方
m	单斜	$a=b\neq c$	$\alpha=\beta=90°$，$\gamma=120°$	六次对称轴	mP	简单单斜
					mC(mA、mB)	C心单斜
a	三斜	$a\neq b\neq c$	$\alpha\neq\beta\neq\gamma$	无	aP	简单三斜

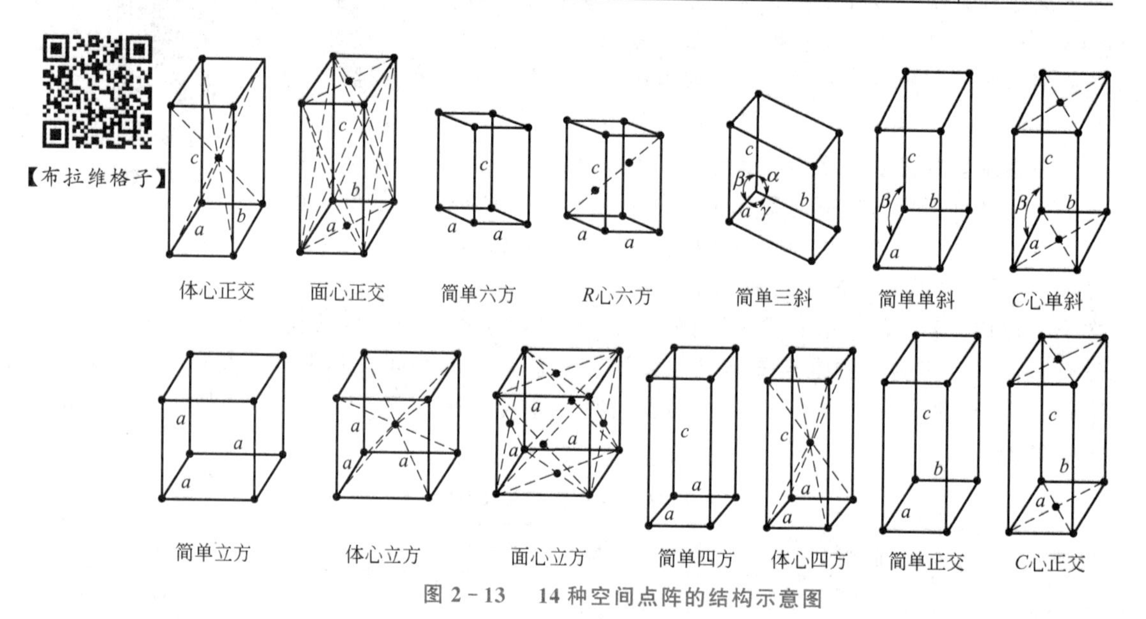

图 2-13　14 种空间点阵的结构示意图

2.3　晶体的缺陷

理论上晶体是晶胞在三维空间的无限扩展，具有完美的晶格点阵结构，但实际上所有晶体在其构晶晶格中都包含缺陷。例如，在含量 99.99999% 的晶体中，每立方厘米仍含有 6×10^{16} 个杂质原子。经常通过故意加入杂质以提高晶体的物理、电学或光学性质等。

晶体的缺陷主要分为四类：点缺陷、线缺陷、面缺陷和体缺陷。前三类缺陷可在原子水平上观察到；而体缺陷可用肉眼或光学显微镜观察到，它是晶体在晶格中的微观瑕疵扩展所形成的。

2.3.1　点缺陷

点缺陷分为空位、间隙原子（离子）和杂质原子（离子）三种类型。晶格的正常节点处没有被原子或离子占据，形成的空节点称为空位。当原子或离子进入晶格的空隙中可形成间隙原子(离子)缺陷。如果间隙原子(离子)来自晶格，称为**自间隙原子(离子)缺陷**；如果外来原子进入晶格，取代晶格中原子进入结点位置或进入晶格的空隙，这样造成的缺陷称为**杂质原子(离子)缺陷**。

【缺陷的分类】

(1)热缺陷。空位和间隙原子缺陷是原子热运动使其偏离正常节点而形成的，通常称为热缺陷。弗伦克尔缺陷和肖特基缺陷(图2-14)是热缺陷的两种典型方式。当原子(或离子)离开平衡位置，挤入间隙中形成间隙原子，而在原来位置上形成空位，产生的缺陷称为**弗伦克尔缺陷**；当原子(或离子)从晶体内部移动到晶体的表面或晶界，在晶体内部留下相应的空位所形成的缺陷称为**肖特基缺陷**。弗伦克尔缺陷产生的难易程度取决于填隙原子(或离子)的尺寸和晶格间隙的大小(密堆方式)。而肖特基缺陷的特点是晶体内部只有空位而没有间隙原子(或离子)。在离子晶体中，正、负离子形成的空位必须满足电中性的要求，当正、负离子的电荷相等时，空位将等量出现。在离子晶体中，形成肖特基缺陷所需的能量比形成弗伦克尔缺陷所需的能量少，因此，肖特基缺陷是大多数离子晶体的主要点缺陷。与弗伦克尔缺陷不同，肖特基缺陷能导致晶体的体积膨胀、密度下降。

(2)电荷缺陷和色心缺陷。晶体中还可以存在电荷缺陷和色心缺陷。晶体内原子(或离子)的外层电子受到外界的光、热等激发后，有部分电子脱离原子核的束缚成为自由电子，留下阳离子空穴。自由电子和空穴的形成没有改变晶格粒子的排列周期性，但会在它们附近形成一个附加电场，引起周期场势的畸变，从而破坏晶体的完整性。这种由自由电子和空穴形成的缺陷称为**电荷缺陷**。晶体中如果存在电荷缺陷，将导致晶体的绝缘性能变差。例如，若N型或P型半导体中存在电荷缺陷，则半导体的导电性能提高。色心缺陷(图2-15)是自由电子在晶格中移动时遇到阴离子缺位后，被束缚在所形成的库仑场中造成的点缺陷。

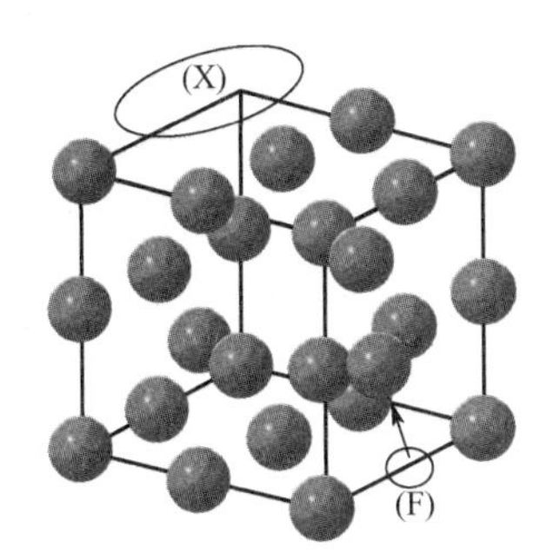

图2-14　弗伦克尔缺陷(F)和肖特基缺陷(X)

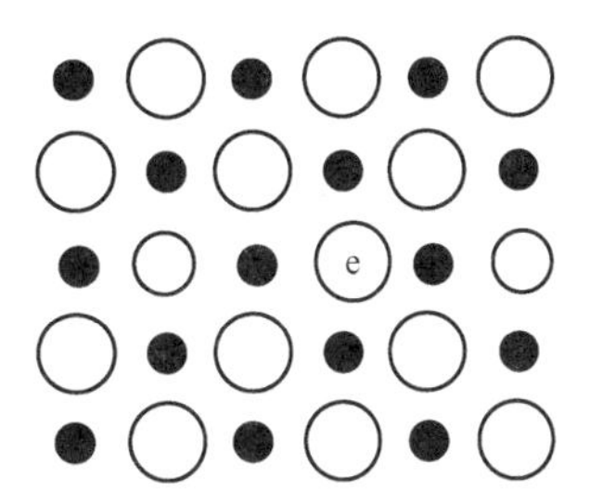

图2-15　色心缺陷的二维示意图

色心缺陷的存在可以使晶体局部带有特定的颜色。例如，把纯净的无色透明的NaCl晶体在Na蒸气中加热，蒸气中的Na原子可以释放一个电子到NaCl晶体中并抽取一个Cl^-进入气相，造成NaCl晶格中的阴离子缺位，当自由电子进入空位后很可能被周围正电场所束缚。晶体经过快速冷却到室温，从无色透明变成黄色。这是因为色心中的电子释放需要一定的能量，致使晶体选择性的吸收一定波长的光波，从而使晶体显示出吸收光波的互补色黄色。

色心缺陷的存在还可以大大提高离子晶体的电导率。这是因为陷入阴离子空位的电子处于半束缚的状态，只要接受较小的能量就可以激发形成自由电子。点缺陷造成晶格畸变，在晶体材料中作定向流动的电子在点缺陷处增加了阻力，从而导致电阻增大。此外，空位可以加快原子(或离子)在晶格中的扩散迁移，影响晶体材料的相变化、化学热处理、高温下的塑性形变和断裂等。

2.3.2 线缺陷

线缺陷的具体形式表现为晶体中的位错，由晶体在生长过程中受力不均引起部分滑移造成。滑移面是晶体中滑移区与非滑移区的分界面，位错线就是已滑移区与未滑移区在滑移面上的交界线。

1. 位错类型及特点

位错可分为**刃型位错**、**螺型位错**和**混合位错**。理想晶体可看作由多层原子(或离子)紧密堆积而成，如果某原子面在晶格内部中断，在其中断处则形成位错，因为该位错处于断面的刃边处，故称为刃型位错，好像平整的一叠纸中插入了半张纸，于是这叠纸沿半张纸的边缘不再平直，出现一定扭曲，如图 2 - 16 所示。螺型位错如图 2 - 17 所示。设想在简单立方晶体右端施加一个切应力，使右端滑移面 *ABCD* 上下两部分晶体发生一个原子间距的相对切变，于是在已滑移区与未滑移区的交界处，*BC* 线与 *aa′* 线之间上下两层相邻原子发生了错排和不对齐现象，如图 2 - 17(a)所示。顺时针依次连接紊乱区原子，就会画出螺旋路径，如图 2 - 17(b)所示，该路径所包围的呈长管状原子排列的紊乱区就是螺型位错。

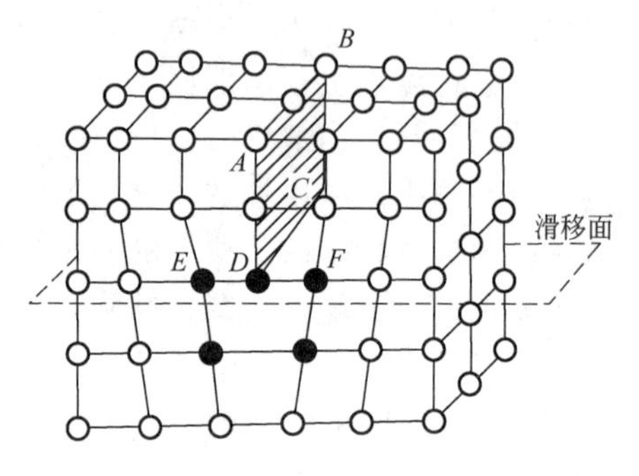

图 2 - 16　刃型位错示意图

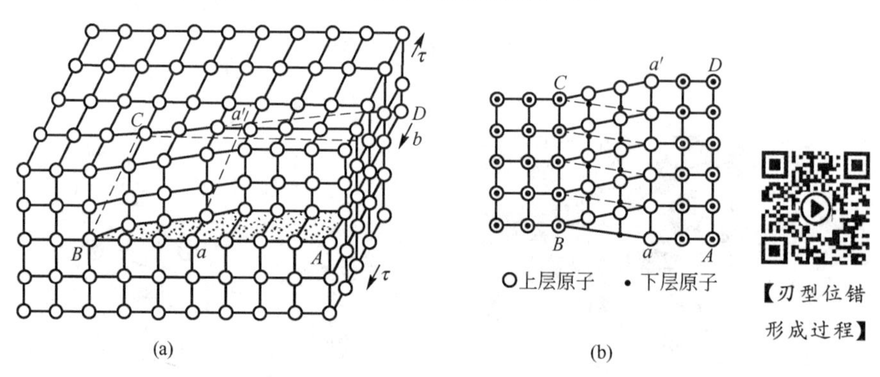

【刃型位错形成过程】

图 2 - 17　螺型位错示意图

在晶格中选取 3 个基本矢量 ***a***、***b*** 和 ***c*** 构成单位晶胞。如果从某一阵点出发，以一基本矢量为单位，沿基本矢量的方向逐步延伸，最终回到出发点，形成的闭合回路称为**伯格斯回路**。在伯格斯回路中，设在 α、β、γ 方向上分别延伸了 n_1、n_2、n_3 个基本单位，则定义伯格斯矢量为 $b= n_1\alpha+n_2\beta+n_3\gamma$。回路围绕的区域为理想晶格点阵时，$b=0$；否则存在位错。刃型位错也称棱位错，分为**正刃型位错**(用符号“⊥”表示)和**负刃型位错**(用符号“┬”表示)，垂线指向多出的原子面 [图 2 - 18(a)]。

刃型位错的特点：①位错线与滑移方向垂直；②伯格斯矢量 ***b*** 与位错线垂直。伯格斯矢量 ***b*** 用来表示在位错存在时质点相对位移的大小，其方向与滑移方向一致、大小等于晶格中沿滑移方向两原子的间距或其整数倍。对于特定的位错，只要伯格斯回路不与另一位错回路交截，矢量 **b** 为定值。刃型位错和螺型位错的伯格斯回路如图 2－18 所示。螺型位错分为左旋螺型位错和右旋螺型位错，图 2－18(b)显示的是一种左旋螺型位错。**螺型位错的特点**：①滑移方向和位错线相互平行；②伯格斯矢量 **b** 与位错线平行，没有多余的原子平面。当位错线既不平行又不垂直于滑移方向时，可以将晶体的滑移分解为平行和垂直于边界线的位移分量，形成混合位错。

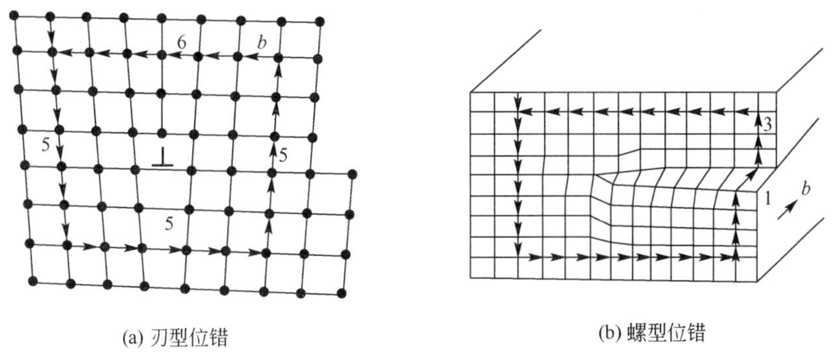

图 2－18　位错的伯格斯回路

【螺型位错】

2. 位错对性能的影响

(1)位错的弹性应变能。位错晶格产生的畸变使周围形成一个应力场，其单位长度的位错弹性能量近似为 $E \approx Gb^2$，式中，G 为切变模量，b 为伯格斯矢量。晶体中矢量 b 越小的地方，弹性应变能越小，此处越容易形成位错。例如，在氧化物陶瓷材料中，沿着氧紧密堆积的方向容易产生位错，是因为在此方向的伯格斯矢量较小。实际晶体中存在的位错有利于杂质粒子在其附近聚齐。例如，图 2－19 所示的正刃型位错示意图中，沿着位错线上部受压应力的主晶格粒子倾向与较小的杂质粒子结合；而下部受张应力的晶格粒子易与较大尺寸的杂质粒子结合。这样的聚集有利于降低晶体的热力学能，使整个体系更加稳定。

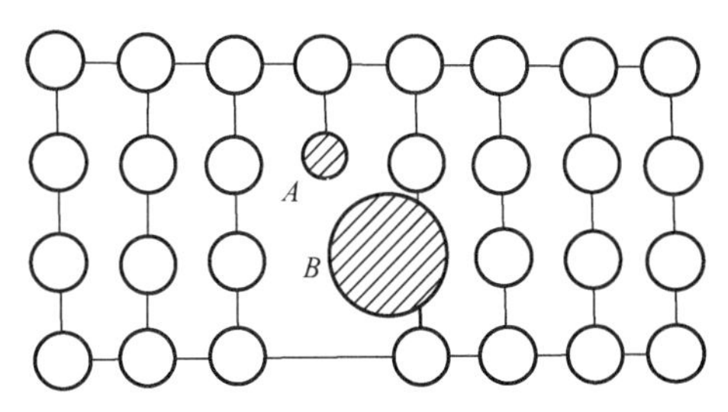

图 2－19　杂质在位错线附近的分布

(2)位错的运动及其对晶体材料性能的影响。原则上，任何位错线的移动都可以分解为滑移和垂直于滑移面的攀移。

① 滑移一般是在滑移面的有限区域内开始，以有限的速率传播到其他区域，因此一个较小的切应力就可以使滑移进行。金属一般具有较好的延展性，晶体中的滑移系统较多而且没有方向性。陶瓷表现出脆性，是因为离子键和共价键均有方向性，在滑移时排斥力阻碍了滑移移动。

② 攀移发生在刃型位错中，使刃型位错线离开滑移面，产生一个垂直于滑移面方向

的运动分量。在一定温度时，实际晶体中存在一定数量的空位和填隙原子(或离子)，当原子扩散所需的能量小于导致位错滑移的能量时，刃型位错附近的一些原子(或离子)可以扩散到间隙位置或填入空隙，使原先位错线的位置向上方移动一个滑移面。

位错使晶体材料产生蠕变、加工硬化和再结晶等现象，晶体材料中位错的存在可改变晶体的电学性质、光学性质、磁学性质和超导性质等。晶体材料的塑性变化也可以用位错移动解释。螺型位错的产生可以使晶体生长过快。半导体材料中的位错能引起能带的变化，甚至吸收电子，使材料的性质发生极大的变化。

2.3.3 面缺陷和体缺陷

面缺陷是二维缺陷，表现在晶体的表面和晶体中的晶界。晶体的表面(晶面)具有以下特征：①晶面原子(或离子)的配位不饱和，具有较大的反应活性；②晶格点阵结构在晶面处严重扭曲，其能量比晶体内部高，具有较大的表面能，使晶体的表面活性和反应能力都大为增强。

【螺型位错形成】

多晶材料是面缺陷存在的体现。它由许多微小的晶粒在空间无序排列而成，在小晶粒彼此相连的部分可观察到明显的晶界，其结构如图 2－20 所示。在多晶材料中，晶粒的大小尺寸对晶体材料的许多性质具有重要影响。晶粒表面的粒子(原子、分子或离子)配位不饱和，使晶粒表面粒子的密度小于晶粒内部，如图 2－21 所示，因此晶粒表面具有较高的反应活性，易于吸附一些杂质或进行某些特定的表面化学反应。

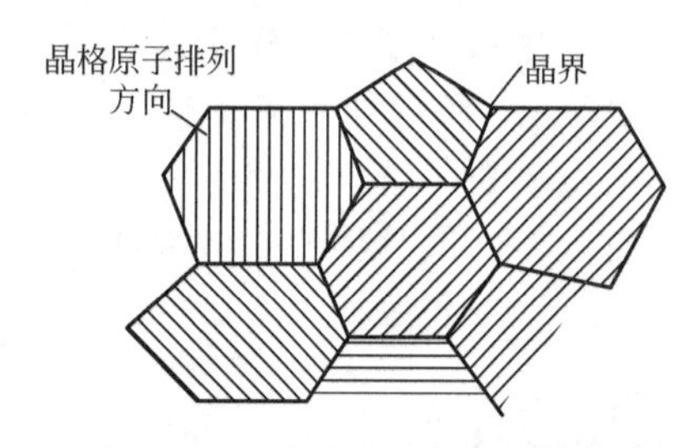

图 2－20　多晶中的晶界示意图

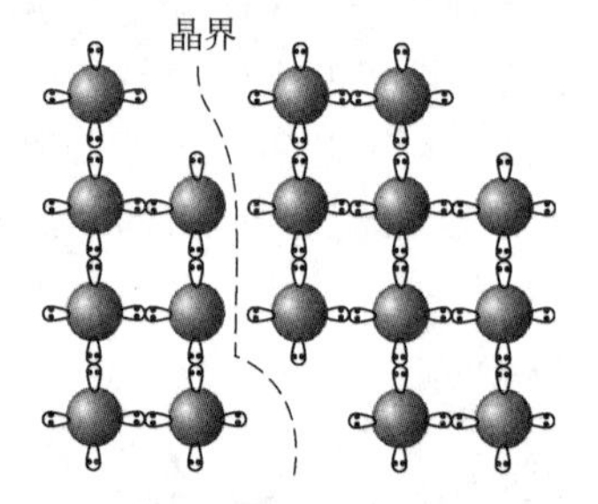

图 2－21　多晶的晶界原子的配位不饱和性

体缺陷是三维缺陷，晶体中出现的空洞或较大尺寸的杂质包裹体都属于体缺陷。如果晶体中存在体缺陷，将造成光散射或吸收强光引起发热，进而影响晶体的强度。晶体内的异质包裹体的膨胀系数与晶体不同时，可造成晶体生长过程中产生体内应力，形成大量位错。

一、填空题

1. 晶体与非晶体微观结构差异导致其宏观性质有很大的不同，使晶体有__________、__________的几何外形；性能具有__________；在一定压力下，晶体具有__________的熔点。

2. 描述晶体结构周期性的要素包括__________和__________。

3. 点阵具有点数无限多、各点所处环境完全相同的特点，分为__________、__________、

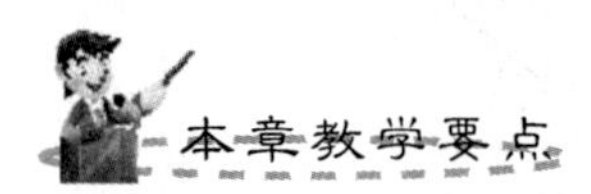

2. 化学反应标准平衡常数与温度的关系

由式(3－67)结合吉布斯-亥姆霍兹方程

$$\left[\frac{\partial}{\partial T}\left(\frac{G}{T}\right)\right]_p=-\frac{H}{T^2}$$

得

$$\frac{\mathrm{d}\ln K^{\ominus}(T)}{\mathrm{d}T}=-\frac{\Delta_r H_m^{\ominus}(T)}{RT^2} \tag{3-71}$$

式(3－71)称为**范特霍夫方程**，其定量描述了 $K^{\ominus}(T)$与温度的关系。$\Delta_r H_m^{\ominus}$ 为常数时，对上式两边积分，得

$$\ln K^{\ominus}(T)=-\frac{\Delta_r H_m^{\ominus}}{RT}+B \tag{3-72}$$

3. 化学反应标准平衡常数的应用

对于理想气体混合物的反应，混合物中任意组分 B 的化学势为

$$\mu_B(\mathrm{g})=\mu_B^{\ominus}(\mathrm{g},\ T)+RT\ln\ (p_B/p^{\ominus}) \tag{3-73}$$

结合式(3－61)、式(3－65)和式(3－66)，且反应达到平衡时有 $\Delta_r G_m^{\ominus}=\sum_B \nu_B\mu_B^{\ominus}=0$，又 $p_B^{eq}=p^{eq}\cdot y_B^{eq}$，故得

$$K^{\ominus}(T)=\prod_B(p_B^{eq}/p^{\ominus})^{\nu_B}=\prod_B(y_B^{eq}p^{eq}/p^{\ominus})^{\nu_B} \tag{3-74}$$

式(3－74)为理想气体混合物反应的标准平衡常数的表达式。以 $CaCO_3$ 分解反应为例：

$$CaCO_3(s)=\!=\!=CaO(s)+CO_2(g)$$

标准平衡常数为

$$K^{\ominus}(T)=p^{eq}(CO_2)/p^{\ominus}$$

4. 化学反应方向的判断

对于气体混合物反应，由式(3－61)、式(3－73) 有

$$\Delta_r G_m(T)=\sum_B \nu_B\mu_B^{\ominus}(T)+RT\ln\prod_B(p_B/p^{\ominus})^{\nu_B} \tag{3-75}$$

因此

$$\Delta_r G_m(T)=\Delta_r G_m^{\ominus}(T)+RT\ln\prod_B(p_B/p^{\ominus})^{\nu_B} \tag{3-76}$$

式中，p_B 为组分 B 的分压。式(3－76)称为**理想气体的范特霍夫等温方程**，定义

$$J^{\ominus}(T)=\prod_B(p_B/p^{\ominus})^{\nu_B} \tag{3-77}$$

因此

$$\Delta_r G_m(T)=\Delta_r G_m^{\ominus}(T)+RT\ln J^{\ominus}(T) \tag{3-78}$$

$$\Delta_r G_m(T)=-RT\ln K^{\ominus}(T)+RT\ln J^{\ominus}(T) \tag{3-79}$$

由式(3－79)可以判断化学反应进行的方向。

(1) 当 $J^{\ominus}<K^{\ominus}$时，$\Delta_r G_m(T)<0$，正反应自发进行。

__________三种类型。

4. 复单位有__________、__________和面心(F)三种类型。

5. 晶面指数的数值反映了__________大小和__________的疏密程度。晶面指数越大，晶面间距__________，晶面所对应的平面点阵上的阵点密度越小。

6. 在晶体学中，依据__________的大小和几何形状，将晶体分为__________个晶系。

7. 点缺陷分为__________、__________和杂质原子三种类型。

8. 位错可分为__________位错、__________位错和混合位错。

二、写出晶面指标参数

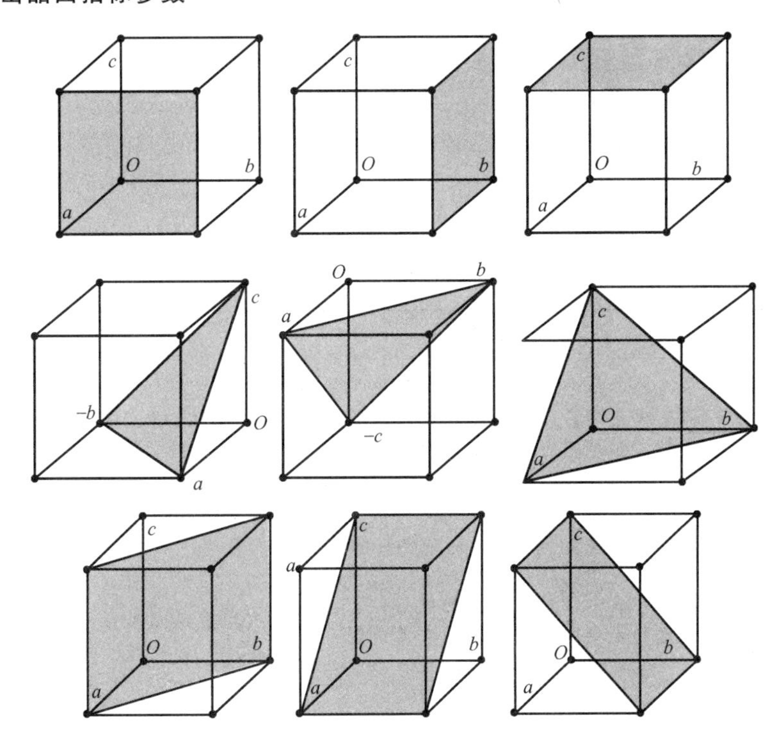

三、名词解释

点阵　复单位　晶面间距　弗伦克尔缺陷　肖特基缺陷

四、简答题

1. 简述晶面指数的确定方法。

2. 简述刃型位错、螺型位错和混合位错的特点。

3. 为什么色心缺陷的存在不仅可以使离子晶体显示特定的颜色，还可以大大提高其电导率？

第3章 化学科学知识

知识要点	掌握程度	相关知识
化学热力学	熟悉热力学第一定律、热力学第二定律及热力学第三定律的内容及其应用；掌握热力学基本方程；理解偏摩尔量的概念，了解偏摩尔量的应用；清楚多组分系统相平衡的特点；掌握化学反应方向及限度的判定依据	盖斯定律、基希霍夫公式、热力学基本方程、偏摩尔量、拉乌尔定律、亨利定律，理想稀溶液的依数性、标准平衡常数、化学平衡的移动
化学反应动力学	掌握化学反应速率的概念；掌握浓度对反应速率的影响及有关计算；初步掌握反应速率方程的积分形式；了解化学反应的相关机理	阿累尼乌斯方程、基元反应、复合反应、活化能、稳态近似处理、平衡态近似处理、质量作用定律
表面与界面	掌握表面张力的概念及其计算；了解分散度对系统物理化学性质的影响；掌握表面现象及其相关计算；清楚界面的吸附作用	表面张力、分散度、润湿现象、杨氏方程、毛细管现象、界面吸附的吉布斯方程、物理吸附、化学吸附
电化学基础	掌握电解质溶液的导电机理及其相应计算；熟悉电化学系统；掌握能斯特方程及其相应计算；了解电化学反应的速率及其影响因素	电导率、摩尔电导率、离子独立运动定律、活度、德拜-休克尔极限公式、电池反应、极化、超电势
相平衡与相图	理解相平衡的概念；掌握相律、杠杆规则的内容及其相关计算；掌握单组分系统相图及二组分匀晶、共晶相图；了解二组分包晶、偏晶相图等	相律、自由度、步冷曲线、热分析法、单组分系统相图、二组分系统相图

导入案例

1999 年，诺贝尔化学奖授予艾哈迈-泽维尔(埃及-美国双重国籍)，以表彰他使用飞秒(fs，1s 的千万亿分之一，即 10^{-15} s)技术对化学反应过程的研究。使用超短激光技术，使人类能研究和预测重要的化学反应，给该领域带来了一场革命。人类可以像观看“慢动作”那样观察处在化学反应过程中的原子和分子的转变状态，从根本上改变了人类对化学的认识。

现在的激光器可达 6fs，功率可达吉瓦($1GW=10^9 W$)～太瓦($1TW=10^{12} W$)级。我国从 1994 年开始研究，现在已有了自己的飞秒激光器，如图 3-1 所示。2001 年 7 月我国成功地将 5.4TW/46fs 级小型超短光束系统大幅度升级到 15TW/fs 级的更高层次，标志着我国在国际前沿开放场强超快激光与物质相互作用领域等的研究达到了国际一流水平。利用飞秒化学对 HI 光解反应过渡态的研究表明，此反应在 100fs 进入过渡态，200fs 就光解了；对 NaI 光解反应的飞秒化学研究表明，在光解中共价键与离子键存在共振交叉；又如丙酮光解反应生成 CH_3CHO 等。

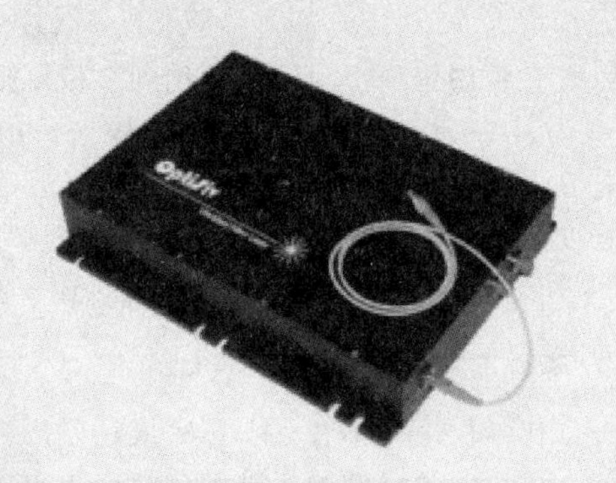

图 3-1 飞秒光纤激光器

超快电子束和飞秒 X 脉冲技术、化学反应的控制和选键化学(激光束可打破键，但不能打破指定的键)、生物分子动态学(如视觉的基元步骤，光合作用、蛋白质配体动力学、电子质子转移过程、DNA 双螺旋结构等)是飞秒化学今后的主要研究方向。

物理化学是从物质的物理现象和化学现象的联系入手，探求化学变化及其规律的一门科学。物理化学借助数学、物理等基础科学的理论及实验手段，研究化学变化中最普遍的宏观、微观规律和理论，是化学的理论基础。本章主要介绍与材料密切相关的物理化学知识，主要包括化学热力学、化学动力学、表面与界面化学、材料电化学等。

【美丽的化学反应】

3.1 化学热力学

化学热力学以热力学的 3 个定律为理论基础，研究物质系统发生状态变化、相变化和化学变化过程的方向与限度等问题，即系统的热力学平衡规律及物质变化过程的可能性。

3.1.1 热力学第一定律

封闭系统发生状态变化时，其热力学能的改变量 ΔU 等于变化过程中系统与环境所交换的热 Q 及功 W 之和，可用下式表示：

$$\Delta U = Q + W \qquad (3-1)$$

对于微小过程变化有

$$dU = \delta Q + \delta W \tag{3-2}$$

功 W 包含体积功和非体积功 W'，表面功、电功等都是非体积功。体系的基本热力学函数有 8 个，即热力学能 U、焓 H、熵 S、亥姆霍兹函数 A、吉布斯函数 G 以及压力 p、体积 V、温度 T。

1. 热力学第一定律在相变化过程中的应用

相变化指系统聚集状态发生的变化(包括汽化、凝固、熔化、凝华及晶型转化等)。在恒温恒压无非体积功时，系统发生的相变焓等于恒压热，即

$$Q_p = \Delta H \tag{3-3}$$

系统在恒温恒压下由 α 相变化到 β 相，则过程的体积功为

$$W = -p(V_\beta - V_\alpha)$$

若 β 为气相，α 为凝聚相，因 $V_\beta \gg V_\alpha$，故 $W = -pV_\beta$。

相变过程热力学能为

$$\Delta U = Q_p + W = \Delta H - p(V_\beta - V_\alpha) \tag{3-4}$$

2. 盖斯定律

一个化学反应，不管是一步完成还是经数步完成，反应的标准摩尔焓变相同。根据盖斯定律，可由若干已知的标准摩尔焓变求出未知的标准摩尔焓变。对于

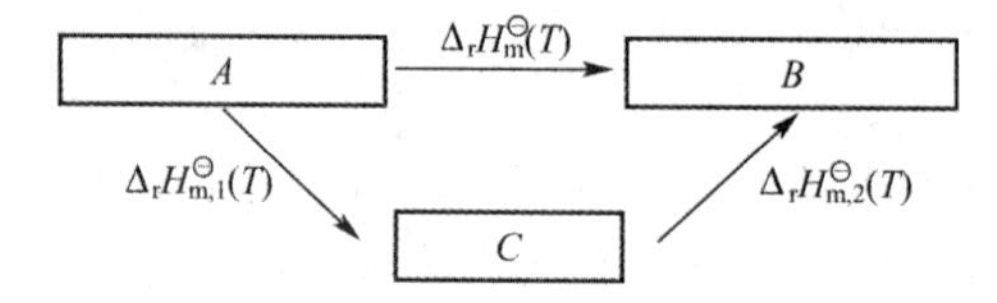

有 $\Delta_r H_m^\ominus(T) = \Delta_r H_{m,1}^\ominus(T) + \Delta_r H_{m,2}^\ominus(T)$，其中 $\Delta_r H_m^\ominus(T)$ 为化学反应过程中的标准摩尔焓变，可由物质 B 的标准摩尔生成焓变 $\Delta_f H_m^\ominus(T)$ 计算

$$\Delta_r H_m^\ominus = \sum \nu_B \Delta_f H_m^\ominus \tag{3-5}$$

也可由物质 B 的标准摩尔燃烧焓 $\Delta_c H_m^\ominus(T)$ 计算

$$\Delta_r H_m^\ominus = -\sum \nu_B \Delta_c H_m^\ominus \tag{3-6}$$

298.15K 下的 $\Delta_f H_m^\ominus(T)$ 或 $\Delta_c H_m^\ominus$ 可以由手册查出。

3. 基希霍夫公式

当反应温度不在常温(298.15K)时，可利用盖斯定律设计、计算任意温度 T 时的 $\Delta_r H_m^\ominus(T)$，如下所示。

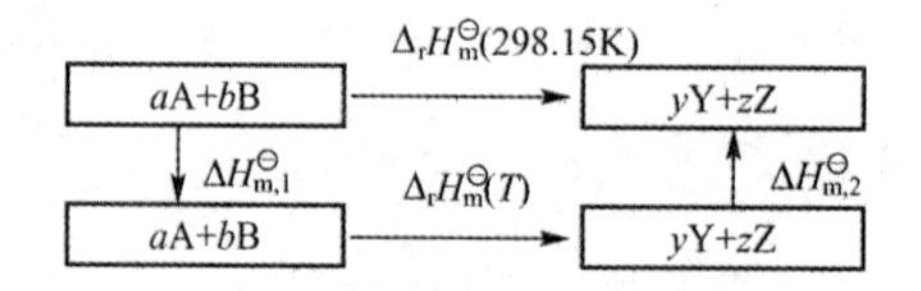

计算公式为

$$\Delta_r H_m^\ominus(T) = \Delta_r H_m^\ominus(298.15K) + \int_{298.15K}^{T} \sum_B \nu_B C_{p,m}^\ominus(B)\,dT \tag{3-7}$$

式中

$$\sum_{B}\nu_{B}C_{p,m}^{\ominus}(B) = yC_{p,m}^{\ominus}(Y) + zC_{p,m}^{\ominus}(Z) - aC_{p,m}^{\ominus}(A) - bC_{p,m}^{\ominus}(B)$$

若 $T_2=T$，$T_1=298.15\text{K}$，则上式变为

$$\Delta_r H_m^{\ominus}(T_2) = \Delta_r H_m^{\ominus}(T_1) + \int_{T_1}^{T_2}\sum_{B}\nu_{B}C_{p,m}^{\ominus}(B)\mathrm{d}T \tag{3-8}$$

式(3-8)称为**基希霍夫公式**，可计算任意温度 T 时的 $\Delta_r H_m^{\ominus}(T)$。

3.1.2 热力学第二定律

热力学第二定律的表达方式有多种，但实质都表示自然界中一切自发过程均为不可逆的，数学表达式可由过程的熵变来描述。熵定义为可逆过程的热温商，即

$$\mathrm{d}S=\frac{\delta Q_r}{T} \tag{3-9}$$

$$\Delta S = \int_{A}^{B}\frac{\delta Q_r}{T} \tag{3-10}$$

应用熵变可以判断某一过程的可逆或不可逆。

$$\mathrm{d}S\geqslant\frac{\delta Q}{T}\quad\begin{pmatrix}>\text{不可逆}\\=\text{可　逆}\end{pmatrix} \tag{3-11}$$

$$\Delta S\geqslant\int_{A}^{B}\frac{\delta Q}{T}\quad\begin{pmatrix}>\text{不可逆}\\=\text{可　逆}\end{pmatrix} \tag{3-12}$$

在绝热或隔离系统发生的变化过程，因 $\delta Q=0$，所以有

$$\mathrm{d}S_{\text{绝热}}\geqslant 0\quad\begin{pmatrix}>\text{不可逆}\\=\text{可　逆}\end{pmatrix} \tag{3-13}$$

或

$$\Delta S_{\text{绝热}}\geqslant 0\quad\begin{pmatrix}>\text{不可逆}\\=\text{可　逆}\end{pmatrix} \tag{3-14}$$

$$\Delta S_{\text{隔离}}\geqslant 0\quad\begin{pmatrix}>\text{不可逆}\\=\text{可　逆}\end{pmatrix}$$

以上公式表明，系统经绝热过程由一个状态变化到另一状态时，熵值不减少，这就是**熵增原理**。熵增原理表明，在绝热条件下，只可能发生 $\mathrm{d}S\geqslant 0$ 的过程，其中 $\mathrm{d}S=0$ 表示可逆过程，$\mathrm{d}S>0$ 表示不可逆过程(以下标注含义类似)。同一物质有 $S_m(s)<S_m(l)<S_m(g)$，s、l、g 分别代表固、液、气三相。对于实际气体、液体或固体发生 p、V、T 变化时熵的计算公式如下。

定压变温过程

$$\Delta S = \int_{A}^{B}\frac{\delta Q_p}{T} = \int_{T_1}^{T_2}\frac{nC_{p,m}\mathrm{d}T}{T} \tag{3-15}$$

定容变温过程

$$\Delta S=\int_A^B \frac{\delta Q_V}{T}=\int_{T_1}^{T_2} \frac{nC_{V,\mathrm{m}}\mathrm{d}T}{T} \tag{3-16}$$

对于相变化过程，因可逆相变在恒温恒压下进行，非体积功 $W'=0$，所以 $Q_p=\Delta H$，则

$$\Delta S=\frac{n\Delta H_{\mathrm{m}}}{T} \tag{3-17}$$

对于非平衡温度、压力下的不可逆相变，其 ΔS 需寻求可逆途径计算，如设计如下过程。

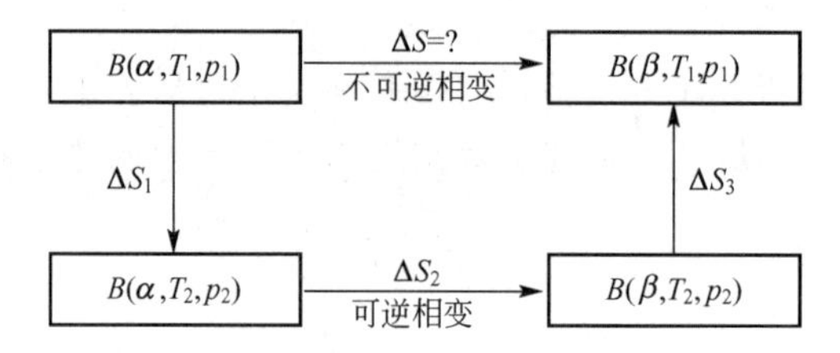

则有

$$\Delta S=\Delta S_1+\Delta S_2+\Delta S_3$$

3.1.3 热力学第三定律

热力学第二定律给出了熵变的求解方法，但熵的确切值求解需要设定一个基准，这是由热力学第三定律给出的，具体表述为**0K时，纯物质完美晶体的熵值为零**，数学表达式为

$$\lim_{T\to 0} S^*(\text{完美晶体}，T)=0\mathrm{J\cdot K^{-1}} \quad \text{或} \quad S^*(\text{完美晶体}，0\mathrm{K})=0\mathrm{J\cdot K^{-1}}$$

将热力学第二、三定律结合起来，可求出任意温度 T 时物质的规定熵 $S(T)$

$$S(T)-S(0\mathrm{K})=\int_{0\mathrm{K}}^{T} \frac{\delta Q_{\mathrm{r}}}{T}$$

标准状态下的规定熵称为标准熵，用 $S^{\ominus}(T)$ 表示。$S_{\mathrm{m}}^{\ominus}(\mathrm{B},T)$ 为物质B的**标准摩尔熵**，用其可以求出**标准摩尔反应熵**

$$\Delta_{\mathrm{r}}S_{\mathrm{m}}^{\ominus}(T)=\sum v_{\mathrm{B}}S_{\mathrm{m}}^{\ominus}(\mathrm{B},T) \tag{3-18}$$

通常在手册上可以查到物质B的标准摩尔熵 $S_{\mathrm{m}}^{\ominus}(\mathrm{B},\beta,298.15\mathrm{K})$。

3.1.4 热力学基本方程

熵增原理只能判断隔离或绝热条件下反应进行的方向，而大多数反应是在恒温恒容或恒温恒压条件下进行的，为了得到这两种条件下的判据，引入两个新的状态函数——亥姆霍兹函数（$A=U-TS$）和吉布斯函数（$G=H-TS$）。$\Delta G=\Delta H-T\Delta S$ 称为吉布斯-亥姆霍兹方程。当某热力学封闭系统由一平衡态，可逆转变为另一平衡态时，有 $p_{\mathrm{amb}}=p$，$\delta Q_{\mathrm{r}}=T\mathrm{d}S$ 代入热力学第一定律得

$$\mathrm{d}U=T\mathrm{d}S-p\mathrm{d}V+\delta W_{\mathrm{r}}' \tag{3-19}$$

同理，分别由焓 $H=U+pV$、亥姆霍兹函数 $A=U-TS$、吉布斯函数 $G=H-TS$ 得

$$\mathrm{d}H=T\mathrm{d}S+V\mathrm{d}p+\delta W_{\mathrm{r}}' \tag{3-20}$$

$$dA=-SdT-pdV+\delta W'_r \quad (3-21)$$

$$dG=-SdT+Vdp+\delta W'_r \quad (3-22)$$

对上述热力学基本方程做如下讨论。

(1) 对于封闭体系中发生的可逆过程，$\delta W'_r=0$，上述公式可相应简化。

(2) 利用函数的偏微分与微分先后顺序无关，如

$$\frac{\partial^2 z}{\partial x\,\partial y}=\frac{\partial^2 z}{\partial y\,\partial x}$$

可得到

$$\left(\frac{\partial T}{\partial p}\right)_S=\left(\frac{\partial V}{\partial S}\right)_p \quad (3-23)$$

$$\left(\frac{\partial T}{\partial V}\right)_S=-\left(\frac{\partial p}{\partial S}\right)_V \quad (3-24)$$

$$\left(\frac{\partial S}{\partial V}\right)_T=\left(\frac{\partial p}{\partial T}\right)_V \quad (3-25)$$

$$\left(\frac{\partial S}{\partial p}\right)_T=-\left(\frac{\partial V}{\partial T}\right)_p \quad (3-26)$$

这4个关系式称为麦克斯韦关系式。

麦克斯韦关系式可以把一些不能直接测量的物理量用易于测量的量表示出来，并应用于热力学关系式的推导中。例如，恒温下压力对物质熵值的影响可通过体积膨胀系数来计算，体积膨胀系数 $\alpha_V=\left(\frac{\partial V}{\partial T}\right)_p\Big/V$，由式(3-26)得$\left(\frac{\partial S}{\partial p}\right)_T=-V\alpha_V$。

3.1.5 偏摩尔量

1. 偏摩尔量的定义

设 X 代表系统的广度性质，如 U、H、S、A、G、V 等，对于多组分均相系统，其值不仅与温度、压力有关，还与系统组成有关，即 $X=f(T, p, n_A, n_B\cdots)$。对其进行全微分得

$$dX=\left(\frac{\partial X}{\partial T}\right)_{p,n_B}dT+\left(\frac{\partial X}{\partial p}\right)_{T,n_B}dp+\left(\frac{\partial X}{\partial n_B}\right)_{T,p,n_C}dn_B\cdots \quad (3-27)$$

定义 $X_B=\left(\frac{\partial X}{\partial n_B}\right)_{T,p,n_C}$，$X_B$ 为偏摩尔量，下标 T、p 表示温度、压力恒定；n_B 表示所有组分均保持不变；n_C 表示除组分B外，其余组分(以C表示)均保持恒定不变。

若 $dT=0$，$dp=0$，则

$$dX=X_A dn_A+X_B dn_B+\cdots=\sum X_B dn_B \quad (3-28)$$

当 X_B 为常数时，积分式(3-28)得

$$X=\sum_B n_B X_B \quad (3-29)$$

2．偏摩尔量的应用

在恒定温度、压力下，对式(3-29)微分，可得到

$$\sum_{B} n_B \mathrm{d}X_B = 0 \tag{3-30}$$

两边除以 $\sum_{B} n_B$，因 $\frac{n_B}{\sum_{B} n_B} = x_B$ 为组分B的摩尔分数，可得

$$\sum_{B} x_B \mathrm{d}X_B = 0 \tag{3-31}$$

式(3-31)称为吉布斯-杜亥姆方程，表示混合物或溶液中不同组分的同一偏摩尔量间的关系。偏摩尔吉布斯函数又称化学势，定义为

$$\mu_B = G_B = \left(\frac{\partial G}{\partial n_B}\right)_{T,p,n_C} \tag{3-32}$$

对于多组分均相系统(混合物或溶液)，吉布斯函数是温度、压力、组分的函数，即

$$G = f(T,\ p,\ n_A,\ n_B,\ \cdots)$$

对两边微分，可推导出

$$\mathrm{d}G = -S\mathrm{d}T + V\mathrm{d}p + \sum_{B} \mu_B \mathrm{d}n_B \tag{3-33}$$

$$\mathrm{d}H = T\mathrm{d}S + V\mathrm{d}p + \sum_{B} \mu_B \mathrm{d}n_B \tag{3-34}$$

类似地

$$\mathrm{d}U = T\mathrm{d}S - p\mathrm{d}V + \sum_{B} \mu_B \mathrm{d}n_B \tag{3-35}$$

$$\mathrm{d}A = -S\mathrm{d}T - p\mathrm{d}V + \sum_{B} \mu_B \mathrm{d}n_B \tag{3-36}$$

式(3-33)～式(3-36)为多组分均相系统的热力学基本方程，它不仅适用于组成可变的均相封闭系统，也适用于敞开系统。如果系统为多组分多相系统，则上述热力学基本方程的右边各式要加和(用 $\sum_{\alpha}$ 表示)，如

$$\mathrm{d}G = -\sum_{\alpha} S^{\alpha} \mathrm{d}T^{\alpha} + \sum_{\alpha} V^{\alpha} \mathrm{d}p^{\alpha} + \sum_{\alpha}\sum_{B} \mu_B^{\alpha} \mathrm{d}n_B^{\alpha} \tag{3-37}$$

当各相的 T、p 相同时，可简化为

$$\mathrm{d}G = -S\mathrm{d}T + V\mathrm{d}p + \sum_{\alpha}\sum_{B} \mu_B^{\alpha} \mathrm{d}n_B^{\alpha} \tag{3-38}$$

$$\mathrm{d}U = T\mathrm{d}S - p\mathrm{d}V + \sum_{\alpha}\sum_{B} \mu_B^{\alpha} \mathrm{d}n_B^{\alpha} \tag{3-39}$$

利用化学势可以判断系统是否达到相平衡或化学平衡。设系统封闭，但系统内物质可以从一相转移到另一相，或因发生化学反应而增多或减少，则对于处于热平衡及力平衡且 $\delta W'=0$ 的系统，由热力学第一定律 $\mathrm{d}U=\delta Q-p\mathrm{d}V$ 和热力学第二定律 $T\mathrm{d}S\geqslant\delta Q$，代入式(3-39)，得

$$\sum_{\alpha}\sum_{B}\mu_B^{\alpha}\mathrm{d}n_B^{\alpha} \leqslant 0 \quad \begin{pmatrix} <\text{不可逆} \\ =\text{可　逆} \end{pmatrix} \tag{3-40}$$

这是系统物质平衡判据的一般形式。

(1) 相平衡条件

在无非体积功及恒温恒压条件下，若 $\mathrm{d}n_B$ 的组分 B 由 α 相转到 β 相，即 $\mathrm{d}n_B^{\alpha}=-\mathrm{d}n_B^{\beta}$。由物质平衡判据有

$$\mu_B^{\alpha}\mathrm{d}n_B^{\alpha}+\mu_B^{\beta}\mathrm{d}n_B^{\beta}\leqslant 0 \quad \begin{pmatrix} <\text{自　发} \\ =\text{平　衡} \end{pmatrix} \tag{3-41}$$

因此

$$\mu_B^{\alpha}-\mu_B^{\beta}\geqslant 0 \tag{3-42}$$

该式称为**相平衡判据**。该式表明，在一定温度、压力条件下，若 $\mu_B^{\alpha}=\mu_B^{\beta}$，则组分 B 在 α、β 两相中达到平衡；若 $\mu_B^{\alpha}>\mu_B^{\beta}$，则物质 B 有自发从 α 相转移到 β 相的趋势。

(2) 化学反应平衡条件

对于一个化学反应 $a\mathrm{A}+b\mathrm{B}=y\mathrm{Y}+z\mathrm{Z}$，可写成通式：

$$0=\sum_{B}\nu_B \mathrm{B}$$

式中，B 表示反应物或生成物；ν_B 表示反应物或生成物的化学计量数，对于生成物取正值，对于反应物取负值。

将反应进度 $\mathrm{d}\xi$ 定义为

$$\mathrm{d}\xi=\frac{\mathrm{d}n_B}{\nu_B} \tag{3-43}$$

如反应在均相系统中进行，则 $\mathrm{d}n_B=\nu_B\mathrm{d}\xi$，有

$$\sum_{B}\mu_B\mathrm{d}n_B=\sum_{B}\nu_B\mu_B\mathrm{d}\xi\leqslant 0 \quad \begin{pmatrix} <\text{自　发} \\ =\text{平　衡} \end{pmatrix} \tag{3-44}$$

式(3-44)为**化学反应平衡判据**，该判据表明，当 $\sum_{B}\nu_B\mu_B<0$ 时，化学反应有自发进行的趋势，直至 $\sum_{B}\nu_B\mu_B=0$ 时达到平衡。

下面讨论单组分系统达到相平衡时温度、压力的关系。若纯物质 B^* 在温度 T、压力 p 下于 α、β 两相间达成平衡，即

$$B^*(\alpha, T, p)\xrightleftharpoons{\text{平衡}}B^*(\beta, T, p)$$

则有

$$G_m^*(B^*, \alpha, T, p)=G_m^*(B^*, \beta, T, p)$$

若改变平衡系统的温度、压力，在 $T+\mathrm{d}T$、$p+\mathrm{d}p$ 下建立新平衡，即

$$B^*(\alpha, T+\mathrm{d}T, p+\mathrm{d}p)\xrightleftharpoons{\text{平衡}}B^*(\beta, T+\mathrm{d}T, p+\mathrm{d}p)$$

同理

$$G_m^*(B^*, \alpha, T, p)+\mathrm{d}G_m^*(\alpha)=G_m^*(B^*, \beta, T, p)+\mathrm{d}G_m^*(\beta)$$

因此

$$\mathrm{d}G_m^*(\alpha)=\mathrm{d}G_m^*(\beta)$$

将热力学基本方程 $\mathrm{d}G=-S\mathrm{d}T+V\mathrm{d}p$ 代入得

$$\frac{\mathrm{d}p}{\mathrm{d}T}=\frac{S_{\mathrm{m}}^{*}(\beta)-S_{\mathrm{m}}^{*}(\alpha)}{V_{\mathrm{m}}^{*}(\beta)-V_{\mathrm{m}}^{*}(\alpha)}=\frac{\Delta_{\alpha}^{\beta}S_{\mathrm{m}}^{*}}{\Delta_{\alpha}^{\beta}V_{\mathrm{m}}^{*}}$$

因 $\Delta S=\frac{\Delta H}{T}$，所以

$$\frac{\mathrm{d}p}{\mathrm{d}T}=\frac{\Delta_{\alpha}^{\beta}H_{\mathrm{m}}^{*}}{T\Delta_{\alpha}^{\beta}V_{\mathrm{m}}^{*}} \tag{3-45}$$

式(3-45)称为克拉佩龙方程，该式表明纯物质在两相(α、β 相)平衡时，其平衡温度 T 与平衡压力 p 间的依赖关系。若需保持纯物质两相平衡，则温度、压力不能同时改变，若其中一个量变化，则另一个量必须按克拉佩龙方程相应改变，如纯物质发生汽化时，均有 $\Delta_{\alpha}^{\beta}H_{\mathrm{m}}^{*}>0$，$\Delta_{\alpha}^{\beta}V_{\mathrm{m}}^{*}>0$，因此$\frac{\mathrm{d}p}{\mathrm{d}T}>0$，即温度升高则蒸气压升高，或压力升高则沸点升高，这是水热合成的理论基础。类似地可推出，对于固体熔化，压力升高则熔点升高，这就是减压蒸馏提纯的理论基础。

当发生凝聚相$\xrightarrow{T,\ p}$气相两平衡时，克拉佩龙方程可写成$\frac{\mathrm{d}p}{\mathrm{d}T}=\frac{\Delta_{\alpha}^{\beta}H_{\mathrm{m}}^{*}}{TV_{\mathrm{m}}^{*}(\mathrm{g})}$，因

$$V_{\mathrm{m}}^{*}(\mathrm{g})\gg V_{\mathrm{m}}^{*}(\mathrm{l})、V_{\mathrm{m}}^{*}(\mathrm{s})$$

若将气体视为理想气体，以蒸发过程为例，则 $V_{\mathrm{m}}^{*}(\mathrm{g})=\frac{RT}{p}$，得

$$\frac{\mathrm{d}\ln p}{\mathrm{d}T}=\frac{\Delta_{\mathrm{vap}}H_{\mathrm{m}}^{*}}{RT^{2}} \tag{3-46}$$

式中，$\Delta_{\mathrm{vap}}H_{\mathrm{m}}^{*}$ 为摩尔蒸发焓。式(3-46)称为克劳休斯-克拉佩龙方程，简称克-克方程。对该式积分得到

$$\ln p=-\frac{\Delta_{\mathrm{vap}}H_{\mathrm{m}}^{*}}{RT}+B \tag{3-47}$$

或

$$\ln\frac{p_{2}}{p_{1}}=\frac{\Delta_{\mathrm{vap}}H_{\mathrm{m}}^{*}}{R}\left(\frac{1}{T_{2}}-\frac{1}{T_{1}}\right) \tag{3-48}$$

应用式(3-47)和式(3-48)可计算相变温度、压力及相变焓等参量。

3.1.6 溶液中的相平衡

1. 拉乌尔定律

气液平衡时，稀溶液中溶剂 A 在气相中的蒸气压 p_{A} 等于同一温度下该纯溶剂的饱和蒸气压 p_{A}^{*} 与溶液中溶剂的摩尔分数 x_{A} 的乘积，该定律称为拉乌尔定律，数学表达式为

$$p_{\mathrm{A}}=p_{\mathrm{A}}^{*}x_{\mathrm{A}} \tag{3-49}$$

若溶液由溶剂 A 和溶质 B 组成，式(3-49)可改写成

$$x_{\mathrm{B}}=(p_{\mathrm{A}}^{*}-p_{\mathrm{A}})/p_{\mathrm{A}}^{*} \tag{3-50}$$

由于 $x_{\mathrm{A}}<1$，故 $p_{\mathrm{A}}<p_{\mathrm{A}}^{*}$，因此拉乌尔定律表明，加入溶质后溶剂 A 的饱和蒸气压降低，且降低的程度与溶质 B 的摩尔分数成正比。

2. 亨利定律

在一定温度下，稀溶液中易挥发溶质 B 在平衡气相中的分压 p_{B} 与其在平衡液相中的组成摩尔分数 x_{B}（或质量摩尔浓度 b_{B}、摩尔浓度 c_{B}）成正比，该定律称为亨利定律，其

数学表达式为

$$p_B = k_{x,B}x_B \quad p_B = k_{b,B}b_B \quad p_B = k_{c,B}c_B \tag{3-51}$$

式中，$k_{x,B}$、$k_{b,B}$、$k_{c,B}$为亨利系数(单位不同)，亨利系数与温度、压力以及溶质和溶剂的性质均有关。设由易挥发组分 A、B 构成的理想液态混合物在一定温度、压力下达到气液平衡，则平衡蒸气压为

$$p = p_A + p_B$$

(1) 若两组分都遵守拉乌尔定律，且 $x_A = 1 - x_B$，则

$$p = p_A^* x_A + p_B^* x_B = p_A^* + (p_B^* - p_A^*)x_B \tag{3-52}$$

(2) 平衡气相组成与平衡液相组成的关系。由分压定义，气相中组分 A、B 的分压 $p_A = y_A p$，$p_B = y_B p$，而由拉乌尔定律 $p_A = p_A^* x_A$，$p_B = p_B^* x_B$，得

$$y_A / x_A = p_A^* / p, \quad y_B / x_B = p_B^* / p \tag{3-53}$$

若 $p_A^* > p_B^*$，则有 $p_A^* > p > p_B^*$，于是 $y_A > x_A$，$y_B < x_B$，即**易挥发组分(蒸气压大的组分)在气相中的摩尔分数大于在液相中的摩尔分数，而难挥发组分在气相中的摩尔分数较小。**

3. 理想稀溶液的化学势与依数性

理想稀溶液中的溶剂 A 和溶质 B 分别服从拉乌尔定律和亨利定律，溶剂 A 的化学势为

$$\mu_A(l) = \mu_A^\ominus(l, T) + RT\ln x_A \tag{3-54}$$

式中，$\mu_A^\ominus(l, T)$为溶剂 A 的标准化学势。溶质 B 的化学势为

$$\mu_B(l) = \mu_B^\ominus(l, T) + RT\ln \frac{b_B}{b^\ominus} \tag{3-55}$$

理想稀溶液存在依数性质，即溶剂的蒸气压下降、凝固点降低、沸点升高及渗透压的值均与溶液中溶质的数量有关，而与溶质的种类无关。对二组分理想稀溶液，溶剂的蒸气压降低值为

$$\Delta p = p_A^* - p_A = p_A^* x_B \tag{3-56}$$

溶液中析出固体时，凝固点的降低值为

$$\Delta T_f = T_f^* - T_f = k_f b_B \tag{3-57}$$

式中，T_f^*、T_f 分别为纯溶剂和理想稀溶液的凝固点。

当溶质不挥发时，溶液沸点升高值为

$$\Delta T_b = T_b - T_b^* = k_b b_B \tag{3-58}$$

式中，T_b^*、T_b 分别为纯溶剂和理想稀溶液的沸点。

理想稀溶液的渗透压 Π 与溶质的摩尔浓度 c_B 成正比，即

$$\Pi = c_B RT \tag{3-59}$$

理想稀溶液的依数性在溶液制备中有重要作用。如利用加入溶质后溶液凝固点下降，可以制成多种过冷液体。当用半透膜把某一稀溶液与纯溶剂隔开时，溶剂将透过膜进入溶液，使溶液的液面不断上升，此为**渗透现象**。若在溶液液面上施加的额外压力大于渗透压，溶液中的溶剂将会通过半透膜渗透到纯溶剂中，该现象称为**反渗透现象**。利用反渗透现象可以实现超细粒子从溶液中的分离。

3.1.7 化学反应方向与限度的判据

对于一个化学反应，在给定的条件下，反应向什么方向进行？反应的最高限度是什

么？如何控制反应条件，使反应朝人们需要的方向进行？这些是我们在采用化学方法制备材料前，在设计合成工艺参数时需要弄清楚的问题。化学平衡判据是运用热力学原理来研究化学反应的方向和限度。

将 $\mathrm{d}n_B=\nu_B\mathrm{d}\xi$ 代入多组分均相系统的热力学基本方程式(3-33)中，得

$$\mathrm{d}G=-S\mathrm{d}T+V\mathrm{d}p+\sum_B \nu_B\mu_B\mathrm{d}\xi$$

若反应在恒温、恒压下进行，则有

$$\left(\frac{\partial G}{\partial \xi}\right)_{T,p}=\sum_B \nu_B\mu_B \tag{3-60}$$

定义偏微商 $\left(\frac{\partial G}{\partial \xi}\right)_{T,p}=\Delta_r G_m$，$\Delta_r G_m$ 表示在温度、压力一定时，系统的吉布斯函数随反应进度的变化率，可得

$$\Delta_r G_m=\sum_B \nu_B\mu_B \tag{3-61}$$

或

$$\mathrm{d}G_{T,p}=\Delta_r G_m\mathrm{d}\xi \tag{3-62}$$

对式(3-62)积分，得

$$\Delta_r G_m=\Delta_r G/\Delta\xi \tag{3-63}$$

若以 G 为纵坐标，ξ 为横坐标作图，可得图3-2。如图3-2所示，$\left(\frac{\partial G}{\partial \xi}\right)_{T,p}$ 为 G-ξ 曲线的斜率。当 $\left(\frac{\partial G}{\partial \xi}\right)_{T,p}<0$，即 $\Delta_r G_m(T,\ p)<0$ 时，反应向右(ξ 增加的方向)进行；当 $\left(\frac{\partial G}{\partial \xi}\right)_{T,p}>0$，即 $\Delta_r G_m(T,\ p)>0$ 时，反应向左(ξ 减小的方向)进行；当 $\left(\frac{\partial G}{\partial \xi}\right)_{T,p}=0$，即 $\Delta_r G_m(T,\ p)=0$ 时，反应达到平衡，这即是化学反应进行的最大限度。因此 $\Delta_r G_m$ 是化学反应平衡的重要判据，如式(3-64)所示：

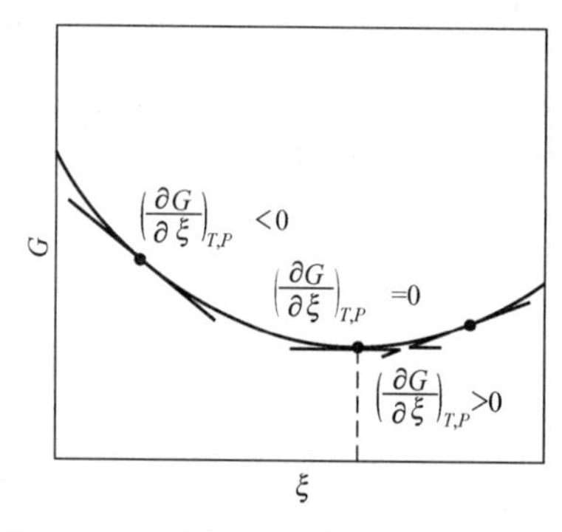

图3-2　吉布斯函数随反应进度的变化

$$\Delta_r G_m\leqslant 0\quad\begin{pmatrix}<\text{自　发}\\=\text{平　衡}\end{pmatrix} \tag{3-64}$$

1. 化学反应标准平衡常数的计算

(1) 化学反应标准平衡常数

对于化学反应 $0=\sum_B \nu_B B$，若反应物、生成物均处于标准态，有

$$\Delta_r G_m^{\ominus}(T)=\sum_B \nu_B\mu_B^{\ominus}(T) \tag{3-65}$$

化学反应标准平衡常数 $K^{\ominus}(T)$ 定义为

$$K^{\ominus}(T)=\exp\left[-\sum_B \nu_B\mu_B^{\ominus}(T)/(RT)\right] \tag{3-66}$$

结合式(3-65)得

$$\Delta_r G_m^{\ominus}(T)=-RT\ln K^{\ominus}(T) \tag{3-67}$$

或

$$K^{\ominus}(T)=\exp\left[-\frac{\Delta_r G_m^{\ominus}(T)}{RT}\right] \tag{3-68}$$

该计算式也适用其他气相、液相和固相反应。值得注意的是，$\Delta_r G_m^{\ominus}(T)$与化学反应方程的写法有关，故 $K^{\ominus}(T)$也与化学反应方程的写法有关。

例如合成氨的反应：

反应①：$N_2(g)+3H_2(g)\longleftrightarrow 2NH_3(g)\quad K_1^{\ominus}=\frac{[p(NH_3)/p^{\ominus}]^2}{[p(N_2)/p^{\ominus}]\cdot[p(H_2)/p^{\ominus}]^3}$

反应②：$\frac{1}{2}N_2(g)+\frac{3}{2}H_2(g)\longleftrightarrow NH_3(g)\quad K_2^{\ominus}=\frac{[p(NH_3)/p^{\ominus}]}{[p(N_2)/p^{\ominus}]^{\frac{1}{2}}\cdot[p(H_2)/p^{\ominus}]^{\frac{3}{2}}}$

反应③：$2NH_3(g)\longleftrightarrow N_2(g)+3H_2(g)\quad K_3^{\ominus}=\frac{[p(N_2)/p^{\ominus}]\cdot[p(H_2)/p^{\ominus}]^3}{[p(NH_3)/p^{\ominus}]^2}$

显然 $K_1^{\ominus}=(K_2^{\ominus})^2=1/K_3^{\ominus}$。

(2) 化学反应标准平衡常数的计算方法

对于化学反应 $0=\sum_{B}\nu_B B$，由式(3-66)所示关系可知，通过 $\Delta_r G_m^{\ominus}(T)$可计算 $K^{\ominus}(T)$。

① 由 ΔH、ΔS、C_p 计算 $\Delta_r G_m^{\ominus}(T)$。对于恒温反应，当反应物和产物均处于标准状态下，有

$$\Delta_r G_m^{\ominus}(T)=\Delta_r H_m^{\ominus}(T)-T\Delta_r S_m^{\ominus}(T) \tag{3-69}$$

式(3-69)为标准状态下的吉布斯-亥姆霍兹方程。由于 298.15K 时，物质的生成焓 $\Delta_f H_m^{\ominus}(B,\beta,T)$、燃烧焓 $\Delta_c H_m^{\ominus}(B,\beta,T)$、$C_p^{\ominus}(B)$可查表求出，且

$$\Delta_r H_m^{\ominus}(298.15K)=\sum\nu_B\Delta_f H_m^{\ominus}(B,\beta,298.15K)$$

$$\Delta_r H_m^{\ominus}(298.15K)=-\sum\nu_B\Delta_c H_m^{\ominus}(B,\beta,298.15K)$$

$$\Delta_r S_m^{\ominus}(298.15K)=\sum\nu_B S_m^{\ominus}(B,\beta,298.15K)$$

故可求出 298.15K 时的标准平衡常数 $K^{\ominus}(298.15K)$。若温度为 T，可由基希霍夫公式计算 $\Delta_r H_m^{\ominus}(T)$：

$$\Delta_r H_m^{\ominus}(T)=\Delta_r H_m^{\ominus}(298.15K)+\int_{298.15K}^{T}\sum_{B}\nu_B C_{p,m}^{\ominus}(B,\beta)dT$$

类似地

$$\Delta_r S_m^{\ominus}(T)=\Delta_r S_m^{\ominus}(298.15K)+\int_{298.15K}^{T}\frac{\sum_{B}\nu_B C_{p,m}^{\ominus}(B,\beta)dT}{T}$$

因此

$$K^{\ominus}(T)=\exp\left[-\frac{\Delta_r G_m^{\ominus}(T)}{RT}\right]=\exp\left[-\frac{\Delta_r H_m^{\ominus}(T)-T\Delta_r S_m^{\ominus}(T)}{RT}\right]$$

② 利用 $\Delta_f G_m^{\ominus}(B,\beta,T)$ 计算 $\Delta_r G_m^{\ominus}(T)$。物质的**标准摩尔生成吉布斯函数** $\boldsymbol{\Delta_f G_m^{\ominus}}(B,\beta,T)$是标准状态下，由元素最稳定单质生成 1mol 物质 B 时的反应的标准摩尔吉布斯函数；298.15K 时，物质的 $\Delta_f G_m^{\ominus}(B,\beta,298.15K)$ 可由手册查出。因此

$$\Delta_r G_m^{\ominus}(T)=\sum\nu_B\Delta_f G_m^{\ominus}(B,\beta,T) \tag{3-70}$$

$$\Delta_r G_m^{\ominus}(T)=\Delta_r H_m^{\ominus}(T)-T\Delta_r S_m^{\ominus}(T)$$

也可以通过设计反应途径计算 $\Delta_r G_m^{\ominus}(T)$。

2. 化学反应标准平衡常数与温度的关系

由式(3-67)结合吉布斯-亥姆霍兹方程

$$\left[\frac{\partial}{\partial T}\left(\frac{G}{T}\right)\right]_p = -\frac{H}{T^2}$$

得

$$\frac{\mathrm{d}\ln K^{\ominus}(T)}{\mathrm{d}T} = -\frac{\Delta_r H_m^{\ominus}(T)}{RT^2} \tag{3-71}$$

式(3-71)称为**范特霍夫方程**，其定量描述了 $K^{\ominus}(T)$ 与温度的关系。$\Delta_r H_m^{\ominus}$ 为常数时，对上式两边积分，得

$$\ln K^{\ominus}(T) = -\frac{\Delta_r H_m^{\ominus}}{RT} + B \tag{3-72}$$

3. 化学反应标准平衡常数的应用

对于理想气体混合物的反应，混合物中任意组分 B 的化学势为

$$\mu_B(g) = \mu_B^{\ominus}(g, T) + RT\ln(p_B/p^{\ominus}) \tag{3-73}$$

结合式(3-61)、式(3-65)和式(3-66)，且反应达到平衡时有 $\Delta_r G_m^{\ominus} = \sum_B \nu_B \mu_B^{\ominus} = 0$，又 $p_B^{eq} = p^{eq} \cdot y_B^{eq}$，故得

$$K^{\ominus}(T) = \prod_B (p_B^{eq}/p^{\ominus})^{\nu_B} = \prod_B (y_B^{eq} p^{eq}/p^{\ominus})^{\nu_B} \tag{3-74}$$

式(3-74)为理想气体混合物反应的标准平衡常数的表达式。以 $CaCO_3$ 分解反应为例：

$$CaCO_3(s) = CaO(s) + CO_2(g)$$

标准平衡常数为

$$K^{\ominus}(T) = p^{eq}(CO_2)/p^{\ominus}$$

4. 化学反应方向的判断

对于气体混合物反应，由式(3-61)、式(3-73) 有

$$\Delta_r G_m(T) = \sum_B \nu_B \mu_B^{\ominus}(T) + RT\ln\prod_B (p_B/p^{\ominus})^{\nu_B} \tag{3-75}$$

因此

$$\Delta_r G_m(T) = \Delta_r G_m^{\ominus}(T) + RT\ln\prod_B (p_B/p^{\ominus})^{\nu_B} \tag{3-76}$$

式中，p_B 为组分 B 的分压。式(3-76)称为**理想气体的范特霍夫等温方程**，定义

$$J^{\ominus}(T) = \prod_B (p_B/p^{\ominus})^{\nu_B} \tag{3-77}$$

因此

$$\Delta_r G_m(T) = \Delta_r G_m^{\ominus}(T) + RT\ln J^{\ominus}(T) \tag{3-78}$$

$$\Delta_r G_m(T) = -RT\ln K^{\ominus}(T) + RT\ln J^{\ominus}(T) \tag{3-79}$$

由式(3-79)可以判断化学反应进行的方向。

(1) 当 $J^{\ominus} < K^{\ominus}$ 时，$\Delta_r G_m(T) < 0$，正反应自发进行。

(2) 当 $J^{\ominus}=K^{\ominus}$时，$\Delta_r G_m(T)=0$，反应处于平衡状态。

(3) 当 $J^{\ominus}>K^{\ominus}$时，$\Delta_r G_m(T)>0$，逆反应自发进行。

5. 各种因素对化学平衡移动的影响

化学平衡是一种动态平衡，当外界条件发生变化时，平衡就会遭到破坏，使系统内物质的浓度(或分压)发生变化，直到达到新的平衡。这种因外界条件的改变而使反应从旧平衡状态转变到新平衡状态的过程，称为化学平衡的移动。浓度、压力、温度等因素都可以引起化学平衡的移动。

(1) 温度的影响

设温度 T_1、T_2 时的标准平衡常数分别为 $K_1^{\ominus}$、$K_2^{\ominus}$，对范特霍夫方程进行积分，得

$$\ln\frac{K_2^{\ominus}}{K_1^{\ominus}}=\frac{\Delta_r H_m^{\ominus}}{R}\left(\frac{T_2-T_1}{T_2 T_1}\right) \quad 或 \quad \lg\frac{K_2^{\ominus}}{K_1^{\ominus}}=\frac{\Delta_r H_m^{\ominus}}{2.303R}\left(\frac{T_2-T_1}{T_2 T_1}\right) \tag{3-80}$$

对放热反应，$\Delta_r H_m^{\ominus}<0$，若升高温度，$K_2^{\ominus}<K_1^{\ominus}$，即平衡向逆向移动；若降低温度，$K_2^{\ominus}>K_1^{\ominus}$，即平衡正向移动。同理，对吸热反应，升温使平衡常数增大，平衡正向移动；降温使平衡常数减小，平衡逆向移动。总之，系统温度升高，平衡向吸热方向移动，系统温度降低，平衡向放热方向移动。

(2) 压力的影响

对于理想气体有

$$K^{\ominus}(T)=\prod_B (p_B^{eq}/p^{\ominus})^{\nu_B}=\prod_B (y_B p^{eq}/p^{\ominus})^{\nu_B}=(p^{eq}/p^{\ominus})^{\sum\nu_B}\prod_B y_B^{\nu_B} \tag{3-81}$$

由于 $K^{\ominus}(T)$只是温度的函数，所以 T 一定时，$K^{\ominus}(T)$也一定。对压力改变的影响讨论如下。

① 若 $\sum_B \nu_B B<0$，则当 $p\uparrow$时，$(p^{eq}/p^{\ominus})^{\sum\nu_B}\downarrow$，$\prod_B y_B^{\nu_B}\uparrow$ 平衡正向移动，对生成产物有利。

② 若 $\sum_B \nu_B B>0$，则当 $p\uparrow$时，$(p^{eq}/p^{\ominus})^{\sum\nu_B}\uparrow$，$\prod_B y_B^{\nu_B}\downarrow$ 平衡逆向移动，对生成产物不利。

③ 若 $\sum_B \nu_B B=0$，则当 p 改变时，$(p^{eq}/p^{\ominus})^{\sum\nu_B}$，$\prod_B y_B^{\nu_B}$ 均不变，即平衡不因压力改变而发生移动。

(3) 惰性气体的影响

惰性气体不参与反应，但其存在会使反应物和生成物气体的分压发生变化，与压力的影响类似。

① 若 $\sum_B \nu_B B>0$，平衡正向移动，对生成产物有利。

② 若 $\sum_B \nu_B B<0$，平衡逆向移动，对生成产物不利。

③ 若 $\sum_B \nu_B B=0$，平衡不因惰性气体的存在而发生移动。

(4) 反应物比例的影响

对于理想气体反应

$$aA(g)+bB(g)\longrightarrow yY(g)+zZ(g)$$

可以证明，若反应开始时无产物存在，且两反应物的初始摩尔比等于其化学计量数比，即 $n_B/n_A=b/a$，平衡时反应进度最大，平衡混合物中产物 Y 和 Z 的摩尔分数也最高。

3.2 化学反应动力学

化学热力学理论较成功地预测了化学反应进行的方向和限度，但是无法判断化学反应进行的快慢，即无法确定反应速率问题。如汽车尾气污染物 CO 和 NO 之间的反应 $CO(g)+NO(g) = CO_2(g)+1/2N_2(g)$，在 298K 时，$\Delta_r G_m^{\ominus}=-344kJ\cdot mol^{-1}$，由热力学分析看，自发进行的趋势很大，但实际反应速率却很慢。要用此反应来治理汽车尾气的污染，还必须研究化学反应速率和影响反应速率的相关因素及反应机理等相关问题，即建立化学动力学理论。不同的化学反应，速率千差万别，炸药爆炸、酸碱中和反应可在瞬间完成，而塑料薄膜在田间降解，则需要几年甚至几十年的时间。即使是同一反应，在不同条件下的反应速率也可能有很大差别。

3.2.1 化学反应速率

对于化学反应 $\sum_B \nu_B B=0$，化学反应的转化速率定义为

$$\dot{\xi}=\frac{d\xi}{dt}=\frac{1}{\nu_B}\frac{dn_B}{dt} \tag{3-82}$$

化学反应通常在一定容器中发生，故反应系统的体积不随时间变化，B 的浓度用 c_B 表示：

$$c_B=\frac{n_B}{V}$$

定义化学反应速率为

$$\upsilon=\frac{\dot{\xi}}{V}=\frac{1}{\nu_B}\frac{dc_B}{dt} \tag{3-83}$$

例如，对于反应

$$aA+bB = yY+zZ$$

有

$$\upsilon=-\frac{1}{a}\frac{dc_A}{dt}=-\frac{1}{b}\frac{dc_B}{dt}=\frac{1}{y}\frac{dc_Y}{dt}=\frac{1}{z}\frac{dc_Z}{dt}$$

通过实验可得到上述反应的速率方程为

$$\upsilon_A=k_A c_A^{\alpha} c_B^{\beta} \tag{3-84}$$

式中，α、β 分别称为反应物 A、B 的反应级数，令 $n=\alpha+\beta$，称为反应总级数。反应级数表示反应物浓度对反应速率的影响程度，反应级数可以为零、整数或分数。k_A 为对反应物 A 的反应速率常数。

3.2.2 反应速率方程的积分形式

反应速率的微分表达式为

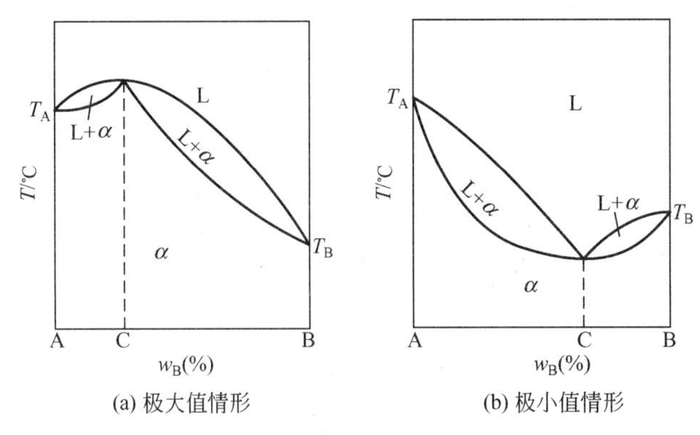

图 3-12 具有极大值和极小值的匀晶相图

在相图的 E 点处，α、β 两个固相同时结晶，因此 E 点称为共晶点(eutectic point)。该点对应的温度称为共晶温度(eutectic temperature)，对应的组成称为共晶成分(eutectic composition)。这种一个液相同时析出两种固相的反应，称为共晶反应(eutectic reaction)，可用下式表示：

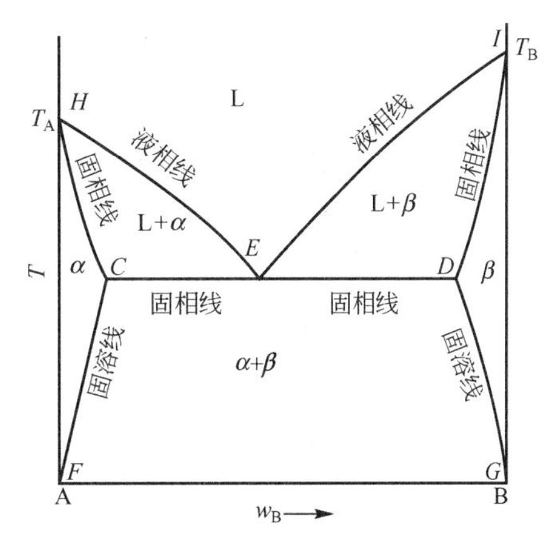

图 3-13 二组分共晶相图

$$L_E \rightarrow \alpha_C + \beta_D$$

共晶反应的产物($\alpha_C+\beta_D$)称为共晶体。根据相律，三相平衡时有 $f=c-p+1=2-3+1=0$，因此 3 个平衡相的成分及反应温度都是确定的。在冷却曲线中出现一个平台，也就是图中的水平线 CED，该水平线称为共晶反应线。共晶合金的结晶过程分析如下：当共晶合金由液态冷却到 E 点温度时，发生共晶反应，从组成为 w_E 的液相中同时结晶出成分为 w_C 的 α 相和成分为 w_D 的 β 相。两相的质量比 W_α/W_β 可用杠杆规则求得

$$\frac{W_\alpha}{W_\beta}=\frac{C_D-C_E}{C_E-C_C} \tag{3-154}$$

两相的百分含量为

$$\omega_\alpha=\frac{C_D-C_E}{C_D-C_C}\times 100\% \tag{3-155a}$$

$$\omega_\beta=\frac{C_E-C_C}{C_D-C_C}\times 100\% \tag{3-155b}$$

整个结晶过程在恒温下进行，直至液相完全消失。结晶产物($\alpha_C+\beta_D$)为细密的机械混合物。在 E 点温度下，α、β 相的溶解度沿固溶线变化。由于溶解度随温度的降低而减小，因而从 α 相中析出二次 β 相，从 β 相中析出二次 α 相。但次生相与共晶体中同类相混在一起，且数量少，故在显微镜下很难辨认。

下面以 Pb－Sn 合金为例，对其共晶相图进行分析，如图 3－14 所示。Pb－Sn 合金共晶成分为 61.9％，对于含 61.9％Sn 的合金 1，缓慢降温时沿虚线到达共晶点，开始共晶

反应，生成$(\alpha+\beta)$共晶体。两相的百分含量可通过式(3-155a)、式(3-155b)计算得到

$$\omega_\alpha=\frac{97.5-61.9}{97.5-19.2}\times100\%\approx45\% \quad \omega_\beta=\frac{61.9-19.2}{97.5-19.2}\times100\%\approx54.6\%$$

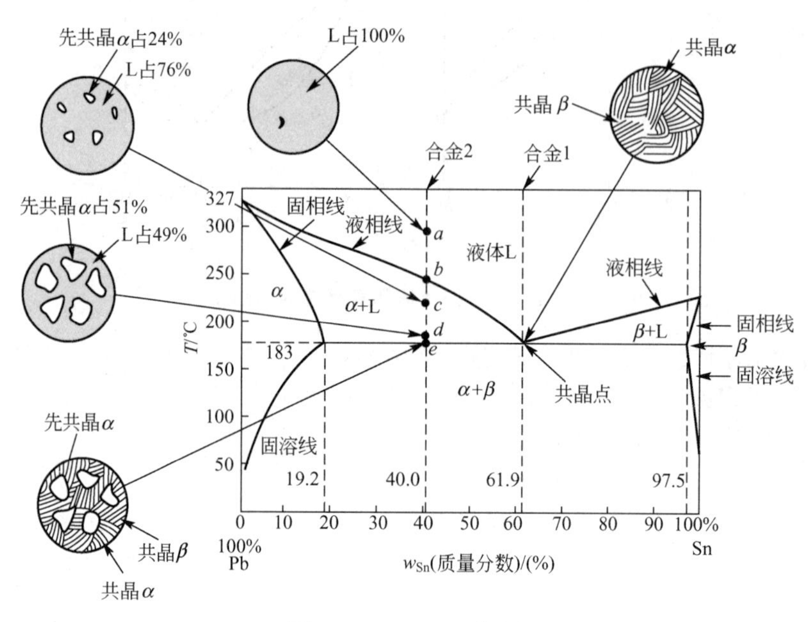

图 3-14　Pb-Sn 相图

对于含40% Sn的合金2，情况要复杂些。在a点时(温度为300℃)，体系全部是液体；随着降温，沿虚线到达液相线的b点，开始形成先共晶α(proeutectic α)，温度下降到230℃时(c点)，形成24%的先共晶α，液体含量为76%。这两个值可通过杠杆规则得到。继续降温至183℃(共晶温度)，到达d点，此时先共晶α含量为51%，尚余49%的液体，其成分等于共晶成分，剩余的液相开始共晶反应。温度低于183℃时，体系由先共晶α相和$(\alpha+\beta)$共晶体构成。

(3) 二组分包晶相图

二组分在液态时无限互溶，在固态时有限互溶，并发生包晶反应的相图，称为**包晶相图**。这类相图在有色合金材料中经常见到，以Pt-Ag合金为例，如图3-15所示。相图中有L、α、β 3个单相区，L+α、L+β和$\alpha+\beta$ 3个双相区，还有一条三相共存的水平线DPC，称为**包晶线**，P点为**包晶点**。所有在$D\sim C$成分范围内的合金从液态冷却时，都要发生包晶反应(peritectic reaction)。**包晶反应**是指在一定温度下，固定成分的液相与固定成分的固相作用，生成另一成分固相的反应。即图中D点成分的α相和C点成分的L相在1 186℃转变为P点成分的β相的过程，其反应可表示为

$$L_C+\alpha_D \xrightleftharpoons{\text{恒温}} \beta_P$$

图3-15中合金1冷却时，先从液相结晶出α相，剩余液相成分沿AC线至C，L_C与部分α_D发生包晶反应生成β，最后组织为$\alpha+\beta$两相。合金2在冷却时，由于在包晶反应前结晶生成的α相太少，不足以使所有剩余液体都通过包晶反应变成β相，因此只有部分液相和α相形成β相，剩余的液相进入L+β两相区，通过匀晶反应继续生成β相。

图3-15右侧标出了处于相图中各种位置点(处于液相的a位置、处于L+α相的b位

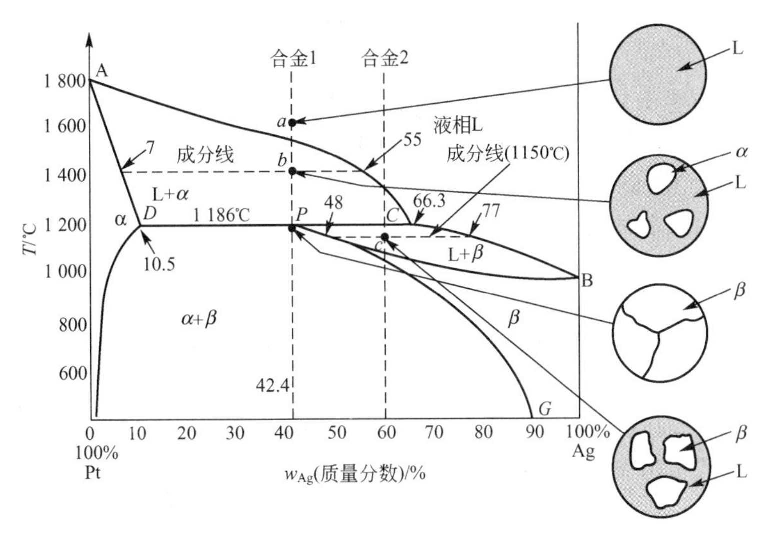

图 3－15　Pt－Ag 相图

置、处于 L＋β 相的 c 位置以及包晶点 P)时的相态。图中的虚线称为**成分线**(tie line)，即两平衡相成分点间的连线，成分线两端标出了该温度下两种相的成分，据此可通过杠杆规则计算该点(b 点、c 点)的两相含量。

如果把包晶相图中的液相 L 换成固相 γ，则

$$\gamma + \alpha \xleftrightarrow{\text{恒温}} \beta$$

此种反应称为**包析反应**(peritectoid reaction)，此类相图则称为包析相图。包析相图的分析方法与包晶相图相同。

(4) 二组分偏晶相图

偏晶相图如图 3－16 所示，图中包括由两种不互溶液体组成的两相区(L_1+L_2)。假设液体从 s 点冷却，当到达液相线(p 点)时，熔体分成两种液体 L_1(成分 p)和 L_2(成分 q)；继续降温，液体的成分将分别沿着液相线 pm 和 qn 变化；温度到达 T_m 时，液体 L_1(成分 m)分解为纯固体 A 和液体 L_2(成分 n)，该反应可表示为

$$L_{1,m} \xleftrightarrow{\text{恒温}} A + L_{2,n}$$

这种反应称为**偏晶反应**(monotectic reaction)，m 点称为**偏晶点**(monotectic point)。

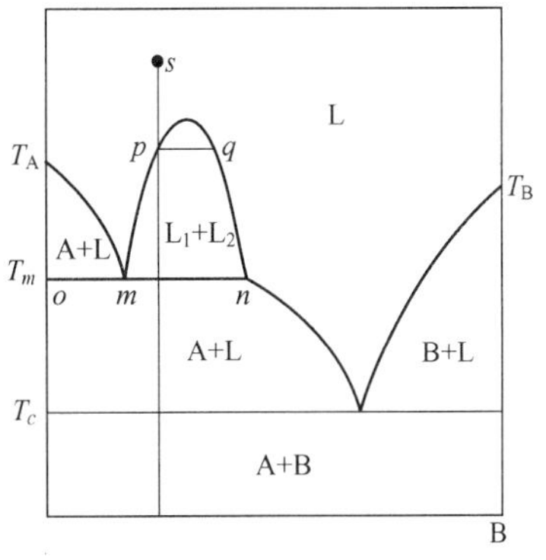

图 3－16　二组分偏晶相图

(5) 具有化合物的二组分相图

化合物存在于此类相图中间，故又称**中间相**。化合物分为稳定化合物和不稳定化合物。稳定化合物指具有确定的熔点，可熔化成与固态成分相同的液体化合物，又称一致熔融化合物；不稳定化合物则会在加热到一定温度时发生分解，转变为两个相。

(6) 二组分相图的一些基本规律

根据热力学原理可推导出如下基本规律，有利于理解和分析比较复杂的二组分相图。

① 相区接触法。指在二组分相图中，相邻相区的相数差为 1，点接触除外。例如，两

个单相区之间必有一个双相区，三相平衡水平线只能与两相区相邻，而不能与单相区有线接触。

② 在二组分相图中，三相平衡线一定是水平线，该线一定与三个单相区有点接触，其中两点在水平线的两端，另一点在水平线中间，三点对应于三个平衡相的成分。此外，该线一定与三个两相区相邻。

③ 两相区与单相区的分界线跟水平线相交处，前者的延长线应进入另一个两相区，而不能进入单相区。

(7) 复杂二元相图的分析方法

① 先看清相图组分，然后找出其单相区，分清哪些是固溶体，哪些是中间相，并注意它们存在的温度和成分区间。

② 根据相区接触法则，检查所有双相区是否填写完全并正确无误。

③ 找出所有的水平线，水平线表示存在三相反应，同时表明平衡状态下发生该反应的温度。

④ 在各水平线上找出 3 个特殊点，即水平线的两个端点和靠近水平线中部的第三个点。中部点表明产生三相反应的成分，如共晶点、包晶点、偏晶点等。确定中部点上方与下方的相，并分析其反应的类型，若平衡相在中部点之上，则该反应必为该相分解为另外两相；若平衡相在中部点的下面，则该相一定是反应生成相。各种三相平衡反应特征见表 3-3。

表 3-3　三相平衡反应特征

恒温转变类型		反应式	相图特征
分解型（共晶型）	共晶转变	$L \rightleftharpoons \alpha+\beta$	α　L　β
	共析转变	$\gamma \rightleftharpoons \alpha+\beta$	α　γ　β
	偏晶转变	$L_1 \rightleftharpoons L_2+\alpha$	L_2　L_1　α
	熔晶转变	$\delta \rightleftharpoons \gamma+L$	γ　δ　L
合成形（包晶型）	包晶转变	$L+\beta \rightleftharpoons \alpha$	L　α　β
	包析转变	$\gamma+\beta \rightleftharpoons \alpha$	γ　α　β
	合晶转变	$L_1+L_2 \rightleftharpoons \alpha$	L_2　α　L_1

⑤ 若相图中存在稳定化合物，则可把稳定化合物看成一个组分，把复杂相图从成分上划分为若干区域，化繁为简。

一、填空题

1. 热力学第三定律的具体表述为____________，数学表达式为____________。

2. 麦克斯韦关系式为__________、__________、__________、__________。

3. 偏摩尔吉布斯函数又称__________，定义为__________。

4. 理想稀溶液存在依数性质，即溶剂的________、________、________、________的量值均与溶液中溶质的数量有关，而与溶质的种类无关。

5. 人们将存在于两相间厚度为几个分子大小的薄层称为界面层，简称界面，有________、________、________、________、________界面，通常把________、________称为表面。

6. 表面张力一般随温度和压力的增加而降低，且 $\sigma_{金属键}$________ $\sigma_{离子键}$________ $\sigma_{极性共价键}$________ $\sigma_{非极性共价键}$。

7. 按照氧化态、还原态物质的状态不同，一般将电极分成________、________、________ 3 类。

8. 相律是描述相平衡系统中________、________、________之间关系的法则。其有多种形式，其中最基本的是吉布斯相律，其通式为________。

二、名词解释

拉乌尔定律　亨利定律　基元反应　质量作用定律　稳态近似处理　极化　相图

三、简答题

1. 简述什么是亚稳状态，其形成原因及在生产中应如何处理。

2. 简述物理吸附与化学吸附的区别。

3. 简述热分析法绘制相图的步骤。

四、计算题

1. 计算压力为 100kPa，温度为 298.15K 及 1 400K 时如下反应

$$CaCO_3(s) \longrightarrow CaO(s) + CO_2(g)$$

的 $\Delta_r G_m^{\ominus}$，判断在此两温度下反应的自发性，估算该反应可以自发进行的最低温度。

2. 已知反应 $1/2H_2(g) + 1/2Cl_2(g) \longrightarrow HCl(g)$，$\Delta_r H_m^{\ominus}(298K) = -92.2kJ \cdot mol^{-1}$，在 298.15K 时，$K^{\ominus} = 4.86 \times 10^{16}$，试计算 500K 时该反应的 $K^{\ominus}$ 和 $\Delta_r G_m^{\ominus}$。

3. 在 301K 时，鲜牛奶大约在 4h 后变酸；但在 278K 时，鲜牛奶要在 48h 后才变酸。假定反应速率与牛奶变酸时间成反比，求牛奶变酸反应的活化能。

第4章 材料的制备

知识要点	掌握程度	相关知识
晶体生长技术、非晶材料的制备	掌握晶体生长的主要技术； 了解熔体生长法、溶液生长法的特点、分类及相应装置； 了解非晶材料的制备方法、特点及设备	提拉法、坩埚下降法、区熔法、焰熔法、液相外延法、水溶液法、水热法、高温溶液生长法
气相沉积法	掌握物理气相沉积法、化学气相沉积法的种类、特点及应用； 了解两种沉积法的原理、装置； 了解化学气相沉积法的反应类型	真空蒸镀、阴极溅射法、离子镀、PECVD、PHCVD、APCVD、LPCVD、化学气相输运
溶胶-凝胶法、液相沉淀法	了解溶胶-凝胶法的基本原理、应用； 掌握溶胶-凝胶法的优缺点； 了解液相沉淀法的分类、特点及应用	水解、缩合、直接沉淀法、共沉淀法、均匀沉淀法
固相反应、插层法和反插层法	掌握固相反应的分类、特点及影响因素，了解其过程、机理和实例； 理解插层法和反插层法的概念，了解其特点及应用	固相反应、矿化剂、插层法、反插层法
自蔓延高温合成法	掌握自蔓延高温合成法的概念，了解其机理、化学反应类型及技术类型	SHS制粉技术、烧结技术、致密化技术、熔铸、焊接、涂层

导入案例

带状石墨烯的用处很大，在10nm左右宽度上，电子被迫纵向移动，使石墨烯可以像半导体一样起作用。传统方法使用化学试剂或超声波将石墨烯切成带状，但该方法无法用于大规模制造石墨烯带，也无法控制其宽度。Tour领导的研究组和Dai领导的研究组分别使用碳纳米管制造出了石墨烯带，如图4-1所示。Tour等使用高锰酸钾和硫酸的混合物，沿着一个轴心打开碳纳米管，他们得到的纳米带宽度较大，为100～500nm；这些纳米带虽不是半导体，但更容易大规模制造。Dai等使用从半导体工业借鉴过来的蚀刻技术切开纳米管，将碳纳米管黏附到聚合物薄膜上，再使用经过电离的氩气来蚀刻纳米管的一个条带，得到的石墨烯带的宽度仅为10～20nm，具有半导体特性，在电子工业上将具有广泛用途。

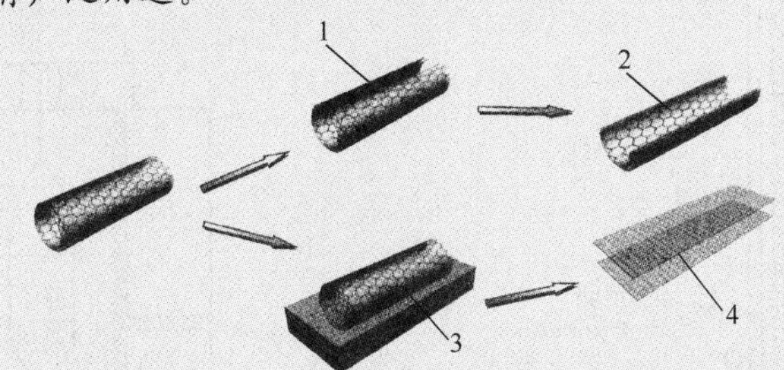

图4-1　石墨烯纳米带的制备示意图

1、2—采用混合物沿轴心打开碳纳米管；3、4—采用氩气打开聚合物薄膜上的碳纳米管

4.1　晶体生长技术

半导体工业和光学技术等领域常用到单晶材料，这些单晶材料原则上可以由固态、液态(熔体或溶液)或气态生长得到。液态法是最常用的方法，可分为熔体生长和溶液生长两大类，前者是通过让熔体达到一定的过冷而形成晶体，后者则是让溶液达到一定的过饱和而析出晶体。

4.1.1　熔体生长法

熔体生长法主要有提拉法、坩埚下降法、区熔法、焰熔法等。

1. 提拉法

【提拉法】

提拉法又称**丘克拉斯基法**或**CZ法**，至今已有百余年历史。此法是由熔体生长单晶的最主要方法，适合大尺寸完美晶体的批量生产。半导体锗、硅、砷化镓和氧化物单晶如钇铝石榴石、铌酸锂等均用此方法生长而得。图4-2为提拉法的装置示意图。与待生长晶体相同成分的原料熔体盛放在坩埚中，籽晶杆带着籽晶(seed crystal)由上而下插入熔体，由于固-液界面附近的熔体具有一定的过冷度，熔体沿籽晶结晶，以一定速度提拉并且逆时针旋转籽晶杆，随着籽晶的逐渐上升，即生长成棒状单晶。坩埚可以由射频感应或电阻加热。固-液界面的温度梯度、生长速率、晶转速率以及熔体的流体效应等是控制晶体品质的主要因素。

2. 坩埚下降法

坩埚下降法是通过将坩埚从炉内的高温区下移到低温区，从而使熔体过冷而结晶的方法。如图4-3所示，将盛满原料的坩埚放在竖直的炉内，炉的上部温度较高，能使坩埚内的材料维持熔融状态，下部则温度较低，两部分以挡板隔开。当坩埚在炉内由上缓缓下降到炉内下部位置时，熔体因过冷而开始结晶。坩埚的底部形状多半是尖锥形或带有细颈，便于优选籽晶，也有半球形状的，便于籽晶生长。最后所得晶体的形状与坩埚的形状一致。大的碱卤化合物及氟化物等光学晶体均是用此法生长的。

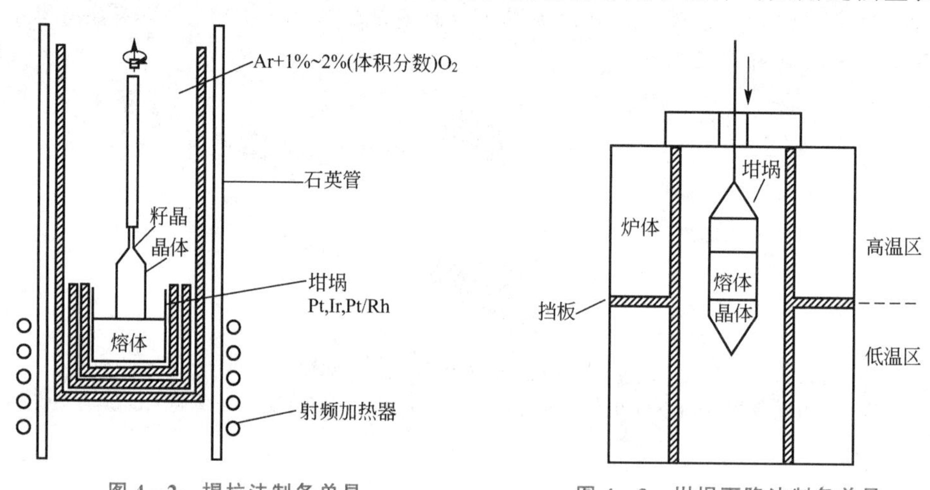

图4-2 提拉法制备单晶　　图4-3 坩埚下降法制备单晶

【区熔法】

3. 区熔法

区熔法(zone melting method)的原理如图4-4所示，狭窄的加热体在多晶原料棒上移动，在加热体所处区域，原料变成熔体，该熔体在加热器移开后因温度下降而形成单晶。随着加热体的移动，整个原料棒经历受热熔融到冷却结晶的过程，最后形成单晶棒，有时也会固定加热器而移动原料棒。这种方法可以使单晶材料在结晶过程后纯度很高，并且也能获得很均匀的掺杂。

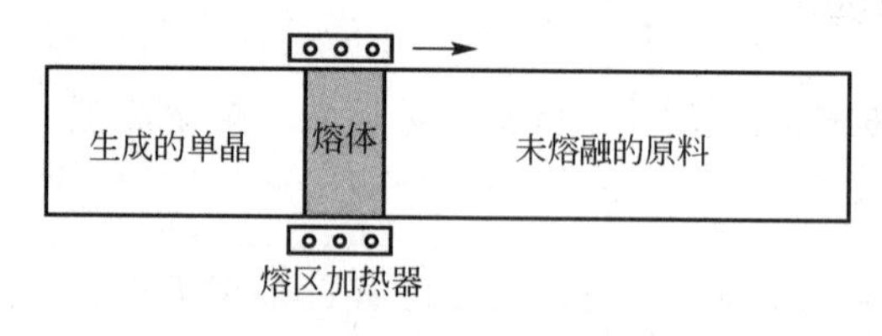

图4-4 区熔法制备单晶

在一些化合物晶体如InP和CdTe的合成中，原料并非采用相应的多晶，而是通过单质在熔融区发生反应形成化合物熔体。

InP单晶合成如图4-5所示。盛有铟的料舟置于密封的安瓿中，另一原料磷粉则置于料舟之外、安瓿的末端。整个安瓿处于不锈钢高压腔中，其温度分布如图 4－5 下方的曲线所示，料舟起始位置温度较高，但不足以使铟熔融。而处于高频感应加热线圈的部位温度最高，此处铟与磷蒸气结合形成 InP 熔体，该熔体离开高频线圈后因温度下降而结晶。

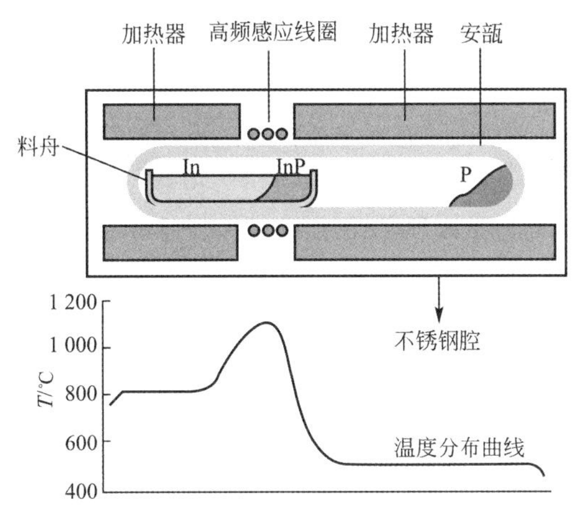

图 4－5　InP 单晶的合成

4. 焰熔法

焰熔法又称**维尔纳叶法**，是利用 H_2 和 O_2 燃烧的火焰产生高温，使粉体原料通过火焰熔融，并落在结晶杆或籽晶的头部。由于火焰在炉内形成一定的温度梯度，粉料熔体落在结晶杆上结晶。如图 4－6 所示，小锤周期性地敲打装在料斗里的粉末原料，粉料经筛网及料斗逐渐地往下掉。H_2 和 O_2 各自经入口在喷口处混合燃烧，将粉料熔融，并掉到结晶杆顶端的籽晶上。通过结晶杆下降，使落下的粉料熔体能保持同一高温水平而结晶。

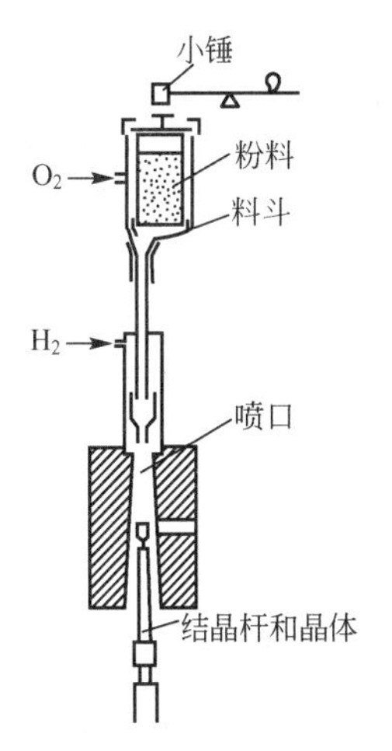

图 4－6　焰熔法制备单晶

焰熔法可以生长长达 1m 的晶体，可制备熔点高达 2 500℃的氧化物晶体，采用此法生长蓝宝石及红宝石已有 80 多年的历史。且此法不用坩埚，避免了材料被容器污染，缺点是生长的晶体内应力很大。

5. 液相外延法

如图 4－7 所示，料舟中装有待沉积的熔体，移动料舟经过单晶衬底时，缓慢冷却在衬底表面成核，外延生长为单晶薄膜。在料舟中装入不同成分的熔体，可以逐层外延不同成分的单晶薄膜。

液相外延法的优点是生长设备简单、生长速率快、外延材料纯度高、掺杂剂选择范围较广泛。另外，所得到的外延层的位错密度通常比其赖以生长的衬底要低，成分和厚度都可以比较精确地控制，而且重复性好。其缺点是当外延层与衬底的晶格失配大于 1％时，生长困难，且由于生长速率较快，难以得到纳米厚度的外延材料。

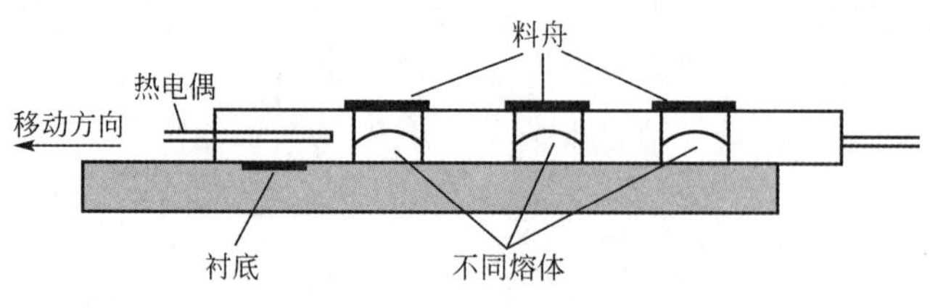

图 4-7　液相外延法制备单晶薄膜

4.1.2　溶液生长法

溶液生长法制备晶体的主要原理是使溶液达到过饱和的状态而结晶。达到过饱和的途径主要有两个：①利用晶体的溶解度随温度改变的特性，升高或降低温度而达到过饱和；②采用蒸发等办法移去溶剂，使溶液的浓度升高。所用溶液包括水溶液、有机和无机溶液、熔盐和在水热条件下的溶液等。无机晶体通常用水作溶剂，有机晶体则采用丙酮、乙醇等有机溶剂。

1. 水溶液法

水溶液法生长晶体的装置如图 4-8 所示，又称水浴育晶装置，其包含一个密封且能自转的掣晶杆，使结晶界面周围的溶液成分保持均匀，通过水浴严格控制溶液温度并达到结晶，合适的降温速度可使溶液处于亚稳态并维持适宜的过饱和度。溶液生长单晶的关键是消除溶液中的微晶，并精确控制温度。

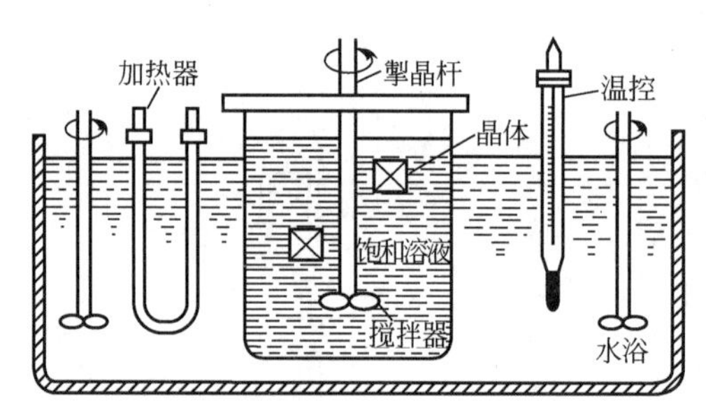

图 4-8　水溶液法生长晶体的装置图

对于具有负温度系数或溶解度对温度不敏感的晶体材料，可使溶液保持恒温，并不断移除溶剂而使晶体生长，即采用蒸发法结晶。

2. 水热法

水热法(hydrothermal method)指在高压釜中，通过对反应体系加热、加压，产生相对高温、高压的反应环境，使通常难溶或不溶的物质溶解而达到过饱和，进而析出晶体的方法。此法主要用来合成水晶，还可以生成刚玉、方解石、蓝石棉等其他晶体。水热法的装置如图 4-9 所示，关键设备是高压釜，它由耐高温、高压的钢材制成，通过自紧式或非自紧式的密封结构使水热生长保持在 200～1 000℃的高温及 1 000～10 000atm (1atm＝101 325Pa)的高压下进行。培养晶体所需的原材料放在高压釜内温度稍高的底部，而籽晶则悬挂在温度稍低的上部。由于高压釜内盛装一定充满度的溶液，且溶液上下部分存在温差，下部的饱和溶液通过对流而被带到上部，进而由于温度低形成过饱和析晶于籽晶上，被析出溶质的溶液又流向下部高温区而溶解培养料。水热法就是通过上述循环往复生长晶体的。

利用水热法在较低的温度下实现单晶的生长，避免了晶体相变引起的物理缺陷。此外，水热法还广泛用于结晶粉体的制备，所得粉体晶粒发育完整、粒径很小、分布均匀、团聚少，可以使用较便宜的原料。利用水热法，还可以在很低的温度下制取结晶完好的钙钛矿型化合物薄膜或厚膜，如 $BaTiO_3$、$SrTiO_3$、$BaFeO_3$ 等。

3. 高温溶液生长法

高温溶液生长法又称熔盐法，是采用液态金属或熔融无机化合物为溶剂，在高温下把晶体原料溶解，形成均匀的饱和溶液，通过缓慢降温或其他方法析出晶体的技术。其原理与一般的溶液生长晶体类似，很多高熔点的氧化物或具有高蒸气压的材料都可以用此法来生长晶体。相对于熔融法，此方法晶体生长时所需的温度较低，对于具有不同相成分熔化（包晶反应）或由高温冷却时出现相变的材料，都可用该法长好晶体。早年的 $BaTiO_3$ 晶体及 $Y_3Fe_5O_{12}$ 晶体的成功生长，都是应用此方法的代表性实例。

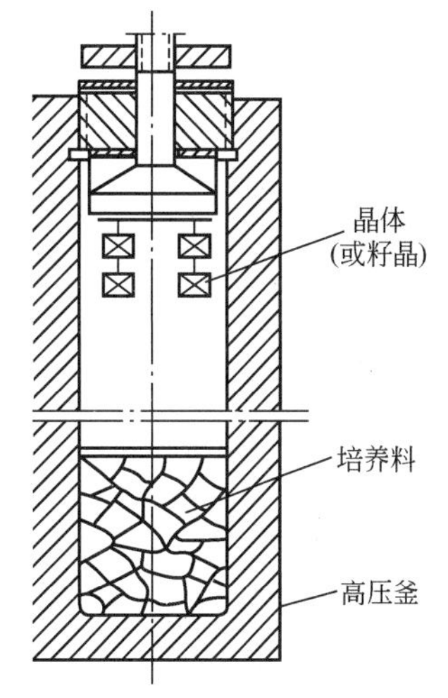

图 4-9 水热法生长晶体的装置图

高温溶液生长法的常用温度在 1 000℃左右，溶剂可用液态的金属或熔融无机化合物，如 $BaTiO_3$ 可以用 KF 作溶剂，Fe_2O_3 可以用 $Na_2B_4O_7$ 作溶剂等。

4.2 气相沉积法

气相沉积法分为物理气相沉积（physical vapor deposition，PVD）法和化学气相沉积（chemical vapor deposition，CVD）法，前者不发生化学反应，后者发生气相的化学反应。

4.2.1 物理气相沉积法

PVD 法是利用高温热源将原料加热，使之汽化或形成等离子体，在基体上冷却凝聚成各种形态的材料（如晶须、薄膜、晶粒等）的方法。所用的高温热源包括电阻、电弧、高频电场或等离子体等，由此衍生出各种 PVD 技术，其中以真空蒸镀法和阴极溅射法较为常用。

1. 真空蒸镀法

真空蒸镀法又称真空蒸发沉积（vacuum evaporation deposition）法，是在真空条件下通过加热蒸发某种物质使其沉积在固体表面的方法。此技术最早由 M. 法拉第于 1857 年提出，现已成为常用的镀膜技术之一，用于电容器、光学薄膜、塑料等方面，如制造光学镜头表面的减反增透膜等。

真空蒸镀的设备结构如图 4-10 所示。蒸发物质如金属、化合物等置于坩埚内或挂在热丝上作为蒸发源，待镀工件如金属、陶瓷、塑料等基片置于坩埚前方。待系统抽至高真空后，加热坩埚使其中的物质蒸发，蒸发物的原子或分子以冷凝方式沉积在基片表面。薄膜厚度可由数百埃至数微米，膜厚取决于蒸发源的蒸发速率和时间（或装料量），并与蒸发源和基片的距离有关。对于大面积镀膜，常采用旋转基片或多蒸发源的方式，以保证膜层厚度的均匀性。从蒸发源到基片的距离应小于蒸气分子在残余气体中的平均自由程，以免

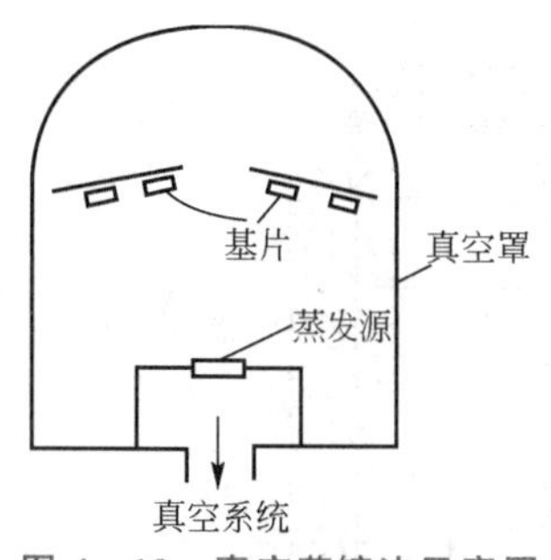

图 4-10　真空蒸镀法示意图

蒸气分子与残气分子碰撞引起化学作用。蒸气分子的平均动能为 0.1～0.2eV。

蒸发有 3 种类型：①电阻加热，用难熔金属如钨、钽制成舟箔或丝状，通以电流加热其上方或置于坩埚中的蒸发物，主要用于蒸发镉、铅、银、铝、铜、铬等材料；②用高频感应电流加热坩埚和蒸发物；③用电子束轰击材料使其蒸发，适用于蒸发温度较高(不低于 2 000℃)的材料。

蒸发镀膜法与其他真空镀膜方法相比，具有较高的沉积速率，可镀制单质和不易热分解的化合物膜。使用多种金属作为蒸发源可以得到合金膜，也可以直接利用合金作为单一蒸发源，得到相应的合金膜。

2. 阴极溅射法

阴极溅射(cathode sputtering)法又称溅镀，是利用高能粒子轰击固体表面(靶材)，使靶材表面的原子或原子团获得能量并逸出表面，并在基片(工件)表面沉积形成薄膜的方法，分为高频溅镀和磁控溅镀。常用的阴极溅射设备如图 4-11 所示，通常将欲沉积的材料制成板材作为靶，固定在阴极上，待镀膜的工件置于正对靶面的阳极上，距靶几厘米。系统抽至高真空后充入 1～10Pa 惰性气体(通常为氩气)，在阴极和阳极间加几千伏电压，两极间即产生辉光放电。放电产生的正离子在电场作用下飞向阴极，与靶表面原子碰撞，受碰撞从靶面逸出的靶原子称为溅射原子，其能量在一至几十电子伏特范围。溅射原子在工件表面沉积成膜。

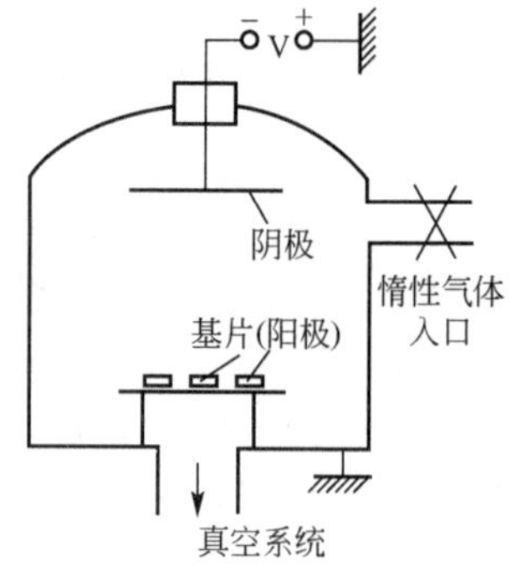

图 4-11　阴极溅射法示意图

阴极溅射法中，被溅射原子的能量较大，初始原子撞击基质表面即可进入几个原子层深度，这有助于薄膜层与基质间的良好附着。同时改变靶材料可产生多种溅射原子，形成多层薄膜且不破坏原有系统。溅镀的缺点是靶材的制造受限制、溅镀速率低等。溅射法广泛应用于由元素硅、钛、铌、钨、铝、金和银等形成的薄膜，碳化物、硼化物和氮化物等耐火材料在金属工具表面形成的薄膜，以及光学设备上防太阳光的氧化物薄膜等。相似的设备也可用于制备非导电的有机高分子薄膜。

3. 离子镀法

离子镀(ion plating)法指蒸发物质的分子被电子碰撞电离后以离子形式沉积在固体表面的方法，是真空蒸镀与阴极溅射技术的结合。离子镀系统如图 4-12 所示，将基片作为阴极，外壳作为阳极，充入工作气体(氩气等惰性气体)以产生辉光放电，从蒸发源蒸发的分子通过等离子区时发生电离。正离子被加速打到基片表面，未电离的中性原子(约占蒸发料的 95%)也沉积在基片或真空室壁表面。电场对离子化蒸气分子的加速作用(离子能量几百～几千电子伏特)和氩离子对基片的溅射清洗作用，使膜层附着强度大大提高。离子镀工艺综合了蒸发(高沉积速率)与溅射(良好的膜层附着力)工艺的特点，有很好的绕射性，可为形状复杂的工件镀膜，且提高了薄膜的耐磨性、耐腐蚀性等。

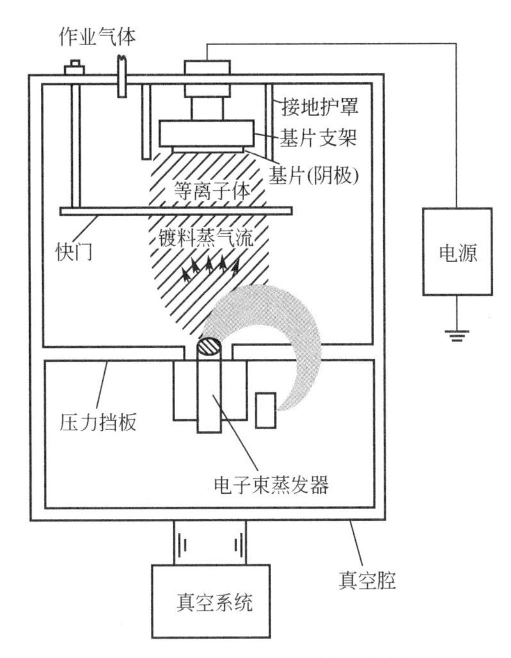

图4-12 离子镀系统示意图

真空蒸镀法、溅镀法、离子镀法是PVD法的3种主要镀膜方式，表4-1对3种方式进行了比较。

表4-1 真空蒸镀法、溅镀法、离子镀法的比较

项目		真空蒸镀法	溅镀法	离子镀法
压强/mmHg		10^{-6}～10^{-5}	0.02～0.15	0.005～0.02
粒子能量/eV	中性	0.1～1	1～10	0.1～1
	离子	—	—	数百到数千
沉积速率/(μm·min^{-1})		0.1～70	0.01～0.5	0.1～50
绕射性		差	较好	好
附着能力		不太好	较好	很好
薄膜致密性		低	高	高
薄膜中的气孔		低温时较多	少	少
内应力		拉应力	压应力	压应力

注：1mmHg=133Pa。

4.2.2 化学气相沉积法

CVD法指通过气相化学反应生成固态产物并沉积在固体表面的方法。CVD法可用于制造覆膜、粉末、纤维等材料，它是半导体工业中应用最为广泛的沉积多种材料的技术，包括制造大范围的绝缘材料、大多数金属材料和合金材料。

典型的 CVD 系统如图 4－13 所示。将两种或两种以上的气态原材料导入反应沉积室内，通过气体间发生化学反应，形成一种新的材料，沉积至基片表面上。气体的流动速率由质量流量控制器(mass flow control，MFC)控制。

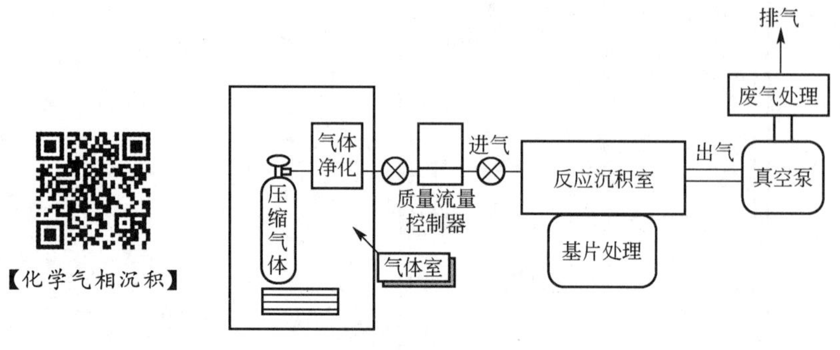

图 4－13　CVD 系统

1. CVD 的种类

CVD 技术按所采用的反应能源不同，可分为热能化学气相沉积(thermal CVD)法、等离子体增强化学气相沉积(plasma－enhanced CVD，PECVD)法和光化学气相沉积(photo CVD，PHCVD)法；按气体压力大小，可分为常压化学气相沉积(atmospheric pressure CVD，APCVD)法、低压化学气相沉积(low pressure CVD，LPCVD)法、亚常压化学气相沉积(sub-atmosphere CVD，SACVD)法、超高真空化学气相沉积(ultrahigh vacuum CVD，UHVCVD)法等。

(1) 热能化学气相沉积法

热能化学气相沉积法指利用热能引发化学反应，反应温度通常高达 800～2 000℃。其加热可采用电阻加热器、高频感应、热辐射、热板加热器等，也可几种进行组合。用于热能化学气相沉积的反应器有两种基本类型，即热壁式反应器(hot－wall reactor)和冷壁式反应器(cold－wall reactor)。

①热壁式反应器如图 4－14(a)所示，其实际上是一个等温炉，通常用电阻丝加热。把待涂覆的工件置于反应器内，温度升至设定值，然后通入反应气体，反应产物沉积在工件上。这种反应器通常较大，可以一次涂覆数百个部件。除了图示的水平式，热壁式反应器也可以制成垂直式。

②冷壁式反应器如图 4－14(b)所示，使用高频感应或热辐射对工件直接加热，而反应器的其他部位保持较低温度。很多 CVD 反应是吸热的，反应产物优先在温度最高的位置(工件)上沉积，而保持较低温度的反应器壁则不被涂覆。

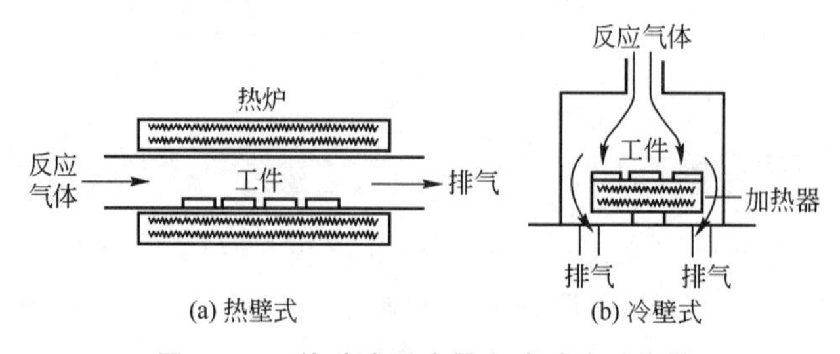

图 4－14　热壁式反应器和冷壁式反应器

(2) 等离子体增强化学气相沉积法

【化学气相沉积法制备石墨烯】

等离子体增强化学气相沉积法指利用等离子体激发化学反应，可以在较低温度下沉积。等离子体增强化学气相沉积包含化学和物理过程，可以认为是连接 CVD 和 PVD 的桥梁，与在化学环境下的 PVD 技术(如反应溅镀)相类似。

双原子分子气体(如 H_2)在一定高温下解离成原子状态，大部分原子失去电子而被离子化，形成等离子体，其由带正电的离子和带负电的电子以及一些未离子化的中性原子组成。实际上，离子化温度非常高(>5 000K)，而燃烧焰的最高温度约为3 700K，在这样的条件下离子化程度很低，如氢气燃烧时离子化程度大约为10%。因此，要形成高离子化的等离子体，需要有相当高的热能。在等离子体增强化学气相沉积中，通常利用微波、射频等电磁能使气体分子完全离子化而形成等离子体。

等离子体增强化学气相沉积所采用的等离子种类有辉光放电等离子体(glow - discharge plasma)、射频等离子体(radio frequency plasma)、电弧等离子体(arc plasma)。辉光放电等离子体是在较低压力下利用高频电磁场(如频率为 2.45GHz 的微波)形成的，电功率为 1～100kW；射频等离子体则是在 13.56MHz 的射频场作用下产生的；电弧等离子体采用的频率较低(约 1MHz)，但需要的电功率很大(1～20kW)。

等离子体增强化学气相沉积法的优点是工件温度较低、蒸镀反应可消除应力且反应速率较高；缺点是无法沉积高纯度的材料，反应产生的气体不易脱附，等离子体和生长的镀膜相互作用会影响生长速率。

(3) 光化学气相沉积法

光化学气相沉积法指采用光照射反应物，利用光能使分子中的化学键断裂而发生化学反应，沉积出特定薄膜的方法。该方法的缺点是沉积速率慢，因而其应用受到限制。除普通光源外，光化学气相沉积法也可采用激光作为光源，有人将这种技术称为 photo - laser CVD。

(4) 常压化学气相沉积法和低压化学气相沉积法

常压化学气相沉积法与低压化学气相沉积法主要是气体压力的不同，前者在接近常压的压力下进行，而后者的压力则低于 13.332 2kPa。气相反应在较高压力(如常压)下为扩散控制，而在低压下表面反应是决定性因素，因此低压化学气相沉积法可以沉积出均匀的、覆盖能力较佳的、质量较好的薄膜，但沉积速率较常压化学气相沉积法慢。常压化学气相沉积法在气压接近常压下进行，设备较简单、经济且分子间的碰撞频率很高，沉积速率极快，但容易产生微粒，可通入惰性气体加以缓解。

2. CVD 的化学反应类型

CVD 所涉及的化学反应主要有热分解、氢还原、金属还原、氧化、水解、碳化和氮化等反应。

(1) 热分解反应(thermal - decomposition)

在热分解反应中，化合物分子吸收热能而分解成单质或较小的化合物分子。这类反应通常只需要一种气体反应物，所以是 CVD 中最简单的反应类型。根据反应物的不同，热分解反应可以分成以下几种：

① 氢化物热分解。如石墨、金刚石和其他碳的同素异形体可以通过烃类热解得到，反应温度为 800～1 000℃。

$$CH_4(g) \longrightarrow C(s) + 2H_2(g) \quad (4-1)$$

单质硅、硼、磷可通过相应的氢化物热分解得到。例如，单质硅的获得：

$$SiH_4(g) \longrightarrow Si(s) + 2H_2(g) \quad (4-2)$$

二元化合物可通过两种氢化物共同热分解得到，例如：

$$B_2H_6 + 2PH_3 \longrightarrow 2BP + 6H_2 \quad (4-3)$$

② 卤化物热分解。一些金属沉积物可以通过其卤化物热分解获得，如钨和钛的沉积：

$$WF_6(g) \longrightarrow W(s) + 3F_2(g) \quad (4-4)$$

$$TiI_4(g) \longrightarrow Ti(s) + 2I_2(g) \quad (4-5)$$

③ 羰基化合物热分解。金属羰基化合物受热释放出一氧化碳并得到金属单质，例如：

$$Ni(CO)_4(g) \longrightarrow Ni(s) + 4CO(g) \quad (4-6)$$

④ 烷氧化物热分解。例如：

$$Si(OC_2H_5)_4 \xrightarrow{740℃} SiO_2 + 4C_2H_4 + 2H_2O \quad (4-7)$$

⑤ 金属有机化合物与氢化物体系的热分解。例如：

$$Ga(CH_3)_3 + AsH_3 \xrightarrow{630 \sim 675℃} GaAs + 3CH_4 \quad (4-8)$$

(2) 氢还原反应(hydrogen reduction)

氢还原反应主要是利用氢气将一些元素从其卤化物中还原出来。例如：

$$WF_6(g) + 3H_2(g) \longrightarrow W(s) + 6HF(g) \quad (4-9)$$

$$SiCl_4(g) + 2H_2(g) \longrightarrow Si(s) + 4HCl(g) \quad (4-10)$$

$$2BCl_3(g) + 3H_2(g) \longrightarrow 2B(s) + 6HCl(g) \quad (4-11)$$

氢还原反应的一个主要优势是所需温度较低，被广泛应用于过渡金属沉积，特别是第Ⅴ副族的钒、铌、钽和第Ⅵ副族的铬、钼、钨。而第Ⅳ副族的钛、锆、铪其卤化物较稳定，因此较难进行氢还原。非金属元素(如硅和硼)卤化物的氢还原是制造半导体和高强度纤维的主要手段。

除了单质材料外，氢还原还可用于二元化合物的沉积，如碳化物、氮化物、硼化物、硅化物等，反应物采用相应的两种卤化物，同时被氢还原生成化合物。例如，二硼化钛的沉积：

$$TiCl_4(g) + 2BCl_3(g) + 5H_2(g) \longrightarrow TiB_2(s) + 10HCl(g) \quad (4-12)$$

(3) 金属还原反应(metal reduction)

如前所述，第Ⅳ副族的钛、锆、铪较难通过氢气还原得到，而采用锌、镉、镁等金属单质为还原剂则较容易实现。例如可用金属镁从四氯化钛中还原金属钛，作为气相反应，反应温度应在金属还原剂的沸点以上。

$$TiCl_4(g) + 2Mg(s) \longrightarrow Ti(s) + 2MgCl_2(g) \quad (4-13)$$

以金属为还原剂时，还要考虑副产物氯化物的排放。氯化钾和氯化钠的沸点在1 400℃以上，挥发性较差，因此钾和钠作还原剂时需要较高的反应温度，且碱金属的还原性很强，反应不易控制，故钾和钠不太适合作还原剂使用。锌是最常用的金属还原剂，因为卤化锌有较好的挥发性，卤化物共沉积的机会较小。碘化锌的挥发性是卤化锌中最好的，因此采用碘化物作为前驱体效果更佳。例如，锌还原钛的反应如下：

$$TiI_4(g) + 2Zn(s) \longrightarrow Ti(s) + 2ZnI_2(g) \quad (4-14)$$

(4) 氧化反应(oxidation)

氧化反应是CVD法沉积氧化物的重要反应之一，氧化剂可采用氧气、臭氧或二氧化碳，如沉积二氧化硅可采用如下反应：

$$SiCl_4(g)+O_2(g)\longrightarrow SiO_2(s)+2Cl_2(g) \quad (4-15)$$

$$SiH_4(g)+O_2(g)\longrightarrow SiO_2(s)+2H_2(g) \quad (4-16)$$

$$SiCl_4(g)+2CO_2(g)+2H_2(g)\longrightarrow SiO_2(s)+4HCl(g)+2CO(g) \quad (4-17)$$

(5) 水解反应(hydrolysis)

水解反应也是生成氧化物的重要反应，如卤化物水解形成氧化物和卤化氢：

$$SiCl_4(g)+2H_2O(g)\longrightarrow SiO_2(s)+4HCl(g) \quad (4-18)$$

$$TiCl_4(g)+2H_2O(g)\longrightarrow TiO_2(s)+4HCl(g) \quad (4-19)$$

$$2AlCl_3(g)+3H_2O(g)\longrightarrow Al_2O_3(s)+6HCl(g) \quad (4-20)$$

(6) 碳化(carbidization)**和氮化**(nitridation)

碳化指碳化物的沉积，一般用于卤化物与烃类(如甲烷)的反应，如碳化钛的沉积：

$$TiCl_4(g)+CH_4(g)\longrightarrow TiC(s)+4HCl(g) \quad (4-21)$$

氮化指氮化物的沉积，前驱体可采用卤化物，如氮化钛的沉积：

$$4Fe(s)+2TiCl_4(g)+N_2(g)\longrightarrow 2TiN(s)+4FeCl_2(g) \quad (4-22)$$

通过氨解反应(ammonolysis)也可以沉积氮化物，氮气、氢气可与卤化物反应生成氮化物。例如半导体工业中普遍采用的CVD沉积氮化硅，总的反应如下：

$$3SiCl_4(g)+4NH_3(g)\longrightarrow Si_3N_4(s)+12HCl(g) \quad (4-23)$$

3. 化学气相输运

化学气相输运(chemical vapor transport)是指在一定条件下把材料转变成挥发性的中间体，再改变条件使原来的材料重新形成的过程。该技术可用于材料的提纯、单晶的气相生长和薄膜的气相沉积等，也可用于新化合物的合成。气相输运过程如图4-15所示，源区的固态物质A在温度T_2时与气体B反应，生成气体AB，后者在温度为T_1的沉积区沉积，从而达到提纯、改变形态(单晶或薄膜)等目的。其反应过程如下：

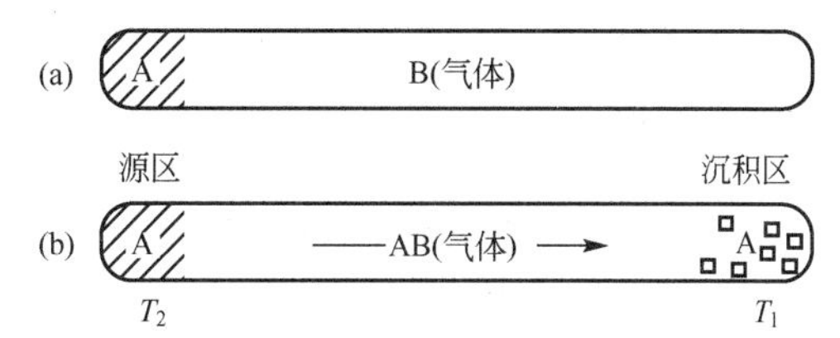

图4-15 化学气相输运示意图

$$A(s)+B(g) \underset{T_1}{\overset{T_2}{\rightleftarrows}} AB(g) \quad (4-24)$$

例如，以氧气为输运气体，对金属铂进行输运沉积：

$$Pt(s)+O_2(g) \underset{<1\,200℃}{\overset{>1\,200℃}{\rightleftarrows}} PtO_2(g) \quad (4-25)$$

高于1 200℃时Pt与O_2反应生成PtO_2蒸气，后者扩散到较低温度区域并沉积出来。

气相输运技术也可以合成新的化合物，即利用输运气体B在T_2温度下把固态反应物A变为气态中间体AB，再在温度T_1时与另一反应物C反应，生成新化合物，其反应过程可描述如下。

T_2 温度下：$A(s)+B(g) \longleftrightarrow AB(g)$

T_1 温度下：$AB(g)+C(s) \longleftrightarrow AC(s)+B(g)$

总反应：$A(s)+C(s) \longleftrightarrow AC(s)$ (4-26)

例如，亚铬酸镍($NiCr_2O_4$)的制备。如果用NiO与Cr_2O_3两种固体直接反应，则反应速率很慢，加入氧气则能有效加速反应。原因是Cr_2O_3与O_2反应生成气态的CrO_3，后者扩散到 NiO 处反应生成 $NiCr_2O_4$，反应过程如下：

$$Cr_2O_3(s)+3/2\ O_2(g)\longleftrightarrow 2CrO_3(g) \tag{4-27}$$

$$2CrO_3(g)+NiO(s)\longleftrightarrow NiCr_2O_4(s)+3/2O_2(g) \tag{4-28}$$

上述过程中，把原来固态与固态之间的反应转变成气态与固态的反应，反应速度因气态的高迁移性而大大提高。另外，也可以利用气相输运把反应的固态产物变成气态以便移走，从而促进反应的进行。

4. CVD 法的优缺点

真空蒸镀与溅镀等 PVD 技术常常受限于沉积视线，较难沉积在工件上的阴影部位。而 CVD 由于反应气体可以充满各个角落，因此不存在沉积视线阴影，可以对复杂的三维工件进行沉积镀膜。例如，利用 CVD 可以在集成电路上长径比为 10∶1 的通孔上镀钨。此外，CVD 还具有如下优点。

(1) 具有较高的沉积速率，可获得较厚的镀层(有时厚度可达厘米级)。

(2) 大于 99.9%的高密度镀层，有良好的真空密封性。

(3) 沉积的镀层对底材具有良好的附着性。

(4) 可在相当低的温度下镀上高熔点材料镀层。

(5) 可控制晶粒的大小与微结构。

(6) CVD 设备通常比 PVD 简单、经济。

CVD 的底材(工件)常常要承受高达 600℃以上的高温，因此不适合于低耐热性的工件镀膜。等离子体增强 CVD 可以一定程度上弥补这一缺陷，PHCVD 也可以在较低温度下进行，但由于涉及光化学反应，其应用范围有限。CVD 的其他缺点如下。

(1) 反应需要挥发性化合物，不适用于一般可电镀的金属，因其缺少适合的反应物，如锡、锌、金。

(2) 需可形成稳定固体化合物的化学反应，如硼化物、氮化物及硅化物等。

(3) 因有剧毒物质的释放，腐蚀性的废气及沉积反应需适当控制，需要封闭系统。

(4) 某些反应物价格昂贵；

(5) 反应物的使用率低，反应常受到沉积反应平衡常数的限制。

4.3 溶胶-凝胶法

溶胶-凝胶法(sol-gel process)是通过凝胶前驱体的水解缩聚制备金属氧化物材料的湿化学方法。它提供了一种常温、常压下合成无机陶瓷、玻璃等材料的方法。

溶胶-凝胶法出现于 1864 年，法国化学家 J. Ebelman 等人发现四乙氧基硅烷(TEOS)在酸性条件下可水解成二氧化硅，得到“玻璃状”材料。所形成的凝胶(gel)可以抽丝，制成块状透明光学棱镜或复合材料。但为了避免凝胶干裂成粉末，需长达一年之久的陈化、干燥过程，故其应用受到一定制约。直到 1950 年，鲁斯特姆·罗伊等人改变了传统的方法，将溶胶-凝胶过程应用到合成新型陶瓷氧化物中，使该过程合成的硅氧化物粉末在商业上得到了广泛的应用。经过长期研究，还可以控制 TEOS 水解后粉末的形态和颗粒大小，甚至可以制备纳米级的均匀颗粒。目前溶胶-凝胶法在化工、医药、生物、光电子学等领域都有广泛的实际应用，如制备陶瓷、涂料、颜料、超细和纳米级粉体、磁性材料和信息材料等。

4.3.1 溶胶-凝胶法的基本原理

溶胶-凝胶法一般以含高化学活性结构的化合物(无机盐或金属醇盐)为前驱体(起始原料),其主要反应步骤是首先将前驱体溶于溶剂(水或有机溶剂)中,形成均匀的溶液,并进行水解、缩合,在溶液中形成稳定的透明溶胶体系,然后经陈化胶粒间缓慢聚合,形成三维空间网络结构,网络间充满了失去流动性的溶剂,形成凝胶。凝胶经过后处理(如干燥、烧结固化)可制备出所需的材料。溶胶-凝胶法的基本反应如下。

1. 水解

金属醇盐作前驱体时,首先在水中发生水解(hydrolysis),$M(OH)_x(OR)_{n-x}$可继续水解,直至生成$M(OH)_n$:

$$M(OR)_n + xH_2O \longrightarrow M(OH)_x(OR)_{n-x} + xROH \tag{4-29}$$

采用无机盐作为前驱体时,则是无机盐的金属阳离子M^{z+}吸引水分子形成$M(H_2O)_n^{z+}$(z为M离子的价数),为保持它的配位数而具有强烈的释放H^+的趋势。

$$M(H_2O)_n^{z+} \longleftrightarrow M(H_2O)_{n-1}(OH)^{(z-1)} + H^+ \tag{4-30}$$

2. 缩合

水解产物通过失水或失醇而缩合(condensation)成—M—O—M—网络结构:

$$\begin{cases} -M-OH + HO-M- \longrightarrow -M-O-M- + H_2O \\ -M-OR + HO-M- \longrightarrow -M-O-M- + ROH \end{cases} \tag{4-31}$$

缩合反应最终形成的金属氧化物($MO_{n/2}$)为无定形网络结构。可以把上述失水和失醇过程合写为

$$M(OH)_x(OR)_{n-x} \xrightarrow{缩合} MO_{n/2} + (x-n/2)H_2O + (n-x)ROH \tag{4-32}$$

以合成二氧化钛为例,前驱体采用$Ti(OC_4H_9)_4$,其水解、缩合过程如下。

$$Ti(OC_4H_9)_4 + xH_2O \xrightarrow{水解} Ti(OH)_x(OC_4H_9)_{4-x} + xC_4H_9OH \tag{4-33}$$

$$Ti(OH)_x(OC_4H_9)_{4-x} \xrightarrow{缩合} TiO_2 + \frac{x}{2}H_2O + \frac{4-x}{2}C_4H_9OC_4H_9 \tag{4-34}$$

得到无定形的TiO_2,在一定温度下烘烤可以转变成锐钛矿(anatase)型或金红石(rutile)型结晶。

采用硅氧烷如四乙氧基硅烷$Si(OC_2H_5)_4$(简写为TEOS)作前驱体,可合成二氧化硅微球,其反应过程与二氧化钛类似。

4.3.2 溶胶-凝胶法的应用

利用溶胶-凝胶法可以制备颗粒、陶瓷纤维、陶瓷薄膜和块状陶瓷等,如图4-16所示。此外,还可以通过该法制备复合材料。

1. 制备颗粒材料

利用沉淀、喷雾热分解或乳液技术等手段可以从溶胶中制备均匀的无机颗粒,且凝胶中含有大量液相或气孔,热处理过程中不易使粉末颗粒产生团聚,故在制备过程中易控制粉末的颗粒度。

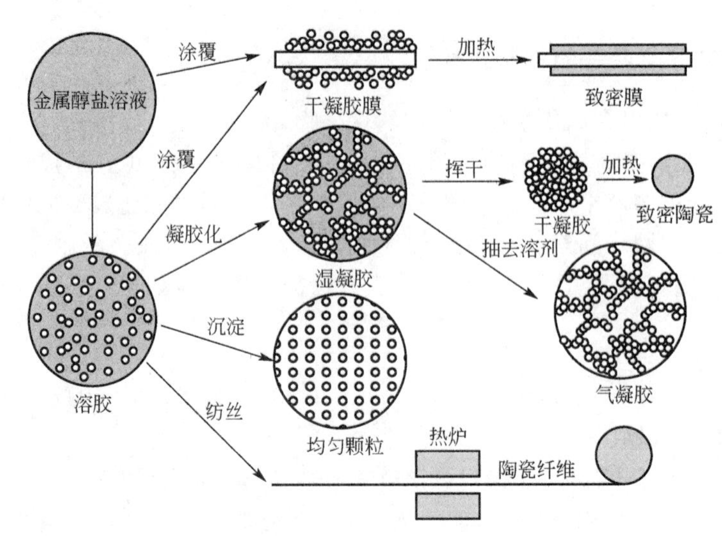

图 4-16　溶胶-凝胶法的应用

以 $Mg(OCH_3)_2$ 和 $Al(OCH_2CH_2CH_2CH_3)_3$ 为前驱体，经混合、水解、缩合、干燥后得到无定形凝胶，再经 250℃ 热处理，可得到极细的尖晶石颗粒。相对于固相合成(1 500℃加热数日)，溶胶-凝胶法可以大大节省能源，但其所需试剂价格偏高。

利用超临界干燥技术把溶剂移去，可制得超多孔性、极低密度的材料，即气凝胶(aerogel)。超临界干燥指在干燥介质(如 CO_2) 的临界温度和临界压力条件下进行的干燥，其可避免物料在干燥过程中的收缩和碎裂，从而保持物料原有的结构与状态，防止初级粒子的团聚和凝结。

2. 制备纤维材料

通常氧化铝都是粉末或陶瓷状，但通过溶胶-凝胶法可以制得纤维状的氧化铝。如 ICI 公司生产的氧化铝纤维，商品名为“Saffil”，可代替石棉作为绝热材料。前驱体为 $Al(OCH_2CH_2CH_2CH_3)_3$，制备纤维的关键是在拉纤阶段控制溶胶黏度(10～100Pa・s)。适当加入硅酸酯前驱体，可得到 $Al_2O_3-SiO_2$ 陶瓷纤维，其杨氏模量达 150GPa 以上，且可得到长纤维。而采用离心喷出法只能制备短纤维。

3. 制备表面涂膜

将溶液或溶胶通过浸渍法或转盘法在基板上形成液膜，凝胶化后通过热处理可转变成无定形态(或多晶态)膜或涂层，主要用来制备减反射膜、波导膜、着色膜、电光效应膜、保护膜、导电膜、热致变色膜、电致变色膜等。

4. 制备块状材料

溶胶-凝胶法制备的块状材料是指每一维尺度大于 1mm 的各种形状并且无裂纹的产物，其可在较低温度下形成各种复杂形状并保持致密化，主要应用于制备光学透镜、梯度折射率玻璃和透明泡沫玻璃等。

传统熔融法很难制备纯的二氧化硅玻璃，且费用较高，这是因为熔融态的二氧化硅即使在 2 000℃下黏度仍较高。使用四乙氧基硅烷 $Si(OC_2H_5)_4$ 为前驱体，用溶胶-凝胶法可以制备出无定形的二氧化硅，其与二氧化硅玻璃类似，属于亚稳态，在 1 200℃热处理时应避免产生结晶。

此外，利用溶胶-凝胶法可制备一般方法难以得到的块状材料。如成分为 $Ba(Mg_{1/3}Ta_{2/3})O_3$ 的复合钙钛矿型材料，一般烧结温度达 1 600℃以上，而溶胶-凝胶法的烧结温度为 1 000℃左右。

5. 制备复合材料

用溶胶-凝胶法制备复合材料，可以把各种添加剂、功能有机物或分子、晶种均匀地分散在凝胶基质中，经热处理致密化后，此均匀分布状态仍能保存下来，使材料更好地显示复合材料的特性。

4.3.3 溶胶-凝胶法的优缺点

溶胶-凝胶法与其他方法相比具有许多独特的优点：

(1) 由于溶胶-凝胶法中所用的原料首先被分散到溶剂中形成低黏度的溶液，因此可在很短的时间内获得分子水平的均匀性，在形成凝胶时，反应物之间很可能是在分子水平上被均匀地混合；

(2) 经过溶液反应，很容易均匀定量地掺入一些微量元素，实现分子水平上的均匀掺杂；

(3) 一般认为溶胶-凝胶体系中组分的扩散在纳米范围内，而固相反应时组分扩散在微米范围内，因此化学反应较容易进行且所需温度较低；

(4) 选择合适的条件可以制备各种新型材料。

溶胶-凝胶法存在的问题如下：

(1) 所使用的原料价格比较昂贵，有些原料为有机物，对健康有害；

(2) 通常整个溶胶-凝胶过程所需时间较长，常需要几天或几周；

(3) 凝胶中存在大量微孔，在干燥过程中会逸出许多气体及有机物，并产生收缩。

4.4 液相沉淀法

液相沉淀法是指在原料溶液中添加适当的沉淀剂，从而形成沉淀物的方法。该法分为直接沉淀法、共沉淀法和均匀沉淀法。

4.4.1 直接沉淀法

直接沉淀法是在金属盐溶液中直接加入沉淀剂，在一定条件下生成沉淀析出，沉淀经洗涤、热分解等处理工艺后得到超细产物。利用不同的沉淀剂可以得到不同的沉淀产物，常见的沉淀剂为 $NH_3 \cdot H_2O$、NaOH、$(NH_4)_2CO_3$、Na_2CO_3、$(NH_4)_2C_2O_4$ 等。

直接沉淀法操作简单易行，对设备技术要求不高，不易引入杂质，产品纯度很高，有良好的化学计量性，成本较低。缺点是洗涤原溶液中的阴离子较难，得到的粒子粒径分布较宽，分散性较差。

4.4.2 共沉淀法

共沉淀法是在含有多种阳离子的溶液中加入沉淀剂，使金属离子完全沉淀，将沉淀物经热分解而制得微小粉体的方法。该法可获得含两种以上金属元素的复合氧化物，如$BaTiO_3$、$PbTiO_3$等PZT系电子陶瓷。以CrO_2为晶种的草酸沉淀法，可制备La、Ca、Co、Cr掺杂氧化物及掺杂$BaTiO_3$等。另外，向$BaCl_2$与$TiCl_4$的混合水溶液中滴草酸溶液，可以得到高纯度的$BaTiO(C_2O_4)_2 \cdot 4H_2O$草酸盐沉淀，再经550℃以上热解可得$BaTiO_3$粉体。

与传统的固相反应法相比，共沉淀法可避免引入对材料性能不利的有害杂质，生成的粉末具有较高的化学均匀性，粒度较细，颗粒尺寸分布较窄且具有一定形貌。共沉淀法的设备简单，便于工业化生产。

4.4.3 均匀沉淀法

均匀沉淀法是利用化学反应使溶液中的构晶离子缓慢均匀地释放出来，通过控制溶液中沉淀剂的浓度，保证溶液中的沉淀处于一种平衡状态，从而均匀析出的方法。通常加入的沉淀剂不立刻与被沉淀组分发生反应，而是通过化学反应使沉淀剂在整个溶液中缓慢生成，避免了由外部向溶液中直接加入沉淀剂而造成沉淀剂的局部不均匀性。

对于氧化物纳米粉体的制备，常用的沉淀剂为尿素，其水溶液在70℃左右可发生分解反应而生成水合NH_3，起到沉淀的作用，得到金属氢氧化物或碱式盐沉淀，分离后干燥、煅烧可以得到金属氧化物，如氧化锌的合成：

$$CO(NH_2)_2 + 3H_2O \xrightarrow{\triangle} 2NH_3 \cdot H_2O + CO_2\uparrow \quad (4-35)$$

$$Zn^{2+} + 2NH_3 \cdot H_2O \longrightarrow Zn(OH)_2\downarrow + 2NH_4^+ \quad (4-36)$$

$$Zn(OH)_2 \longrightarrow ZnO + H_2O\uparrow \quad (4-37)$$

硫化物的制备可采用硫代乙酰胺作为硫源，如硫化铅的合成：

$$CH_3CSNH_2 \xrightarrow{\triangle} CH_3CN + H_2S \quad (4-38)$$

$$(CH_3COO)_2Pb + H_2S \longrightarrow PbS\downarrow + 2CH_3COOH \quad (4-39)$$

硫代硫酸盐溶液加热会释放出硫化氢，因此常作为硫源用于均匀沉淀法，其热分解反应如下：

$$S_2O_3^{2-} + H_2O \xrightarrow{\triangle} SO_4^{2-} + H_2S \quad (4-40)$$

4.5 固相反应

固相反应是指固体与固体间发生化学反应，生成新的固相产物的过程。在广义上，凡是有固相参与的化学反应都可称为**固相反应**，如固体的热分解、氧化以及固体与固体、固体与液体之间的化学反应等。

4.5.1 固相反应的分类

固相反应按反应物状态不同，可分为纯固相反应、气固相反应(有气体参与的反应)、**液固相反应**(有液体参与的反应)及**气液固相反应**(有气体和液体参与的三相反应)。按反应机理不同，分为扩散控制过程、化学反应速率控制过程、晶核成核速率控制过程和升华控制过程等。按反应性质不同，分为氧化反应、还原反应、加成反应、置换反应和分解反应。

4.5.2 固相反应的特点

(1) 固态直接参与化学反应。

(2) 一般包括相界面上的反应和物质迁移两个过程。由于固体质点间作用力很大，扩散受到限制，反应只能在界面上进行，此时反应物浓度对反应的影响很小，均相反应动力学不适用。

(3) 固相反应开始温度常远低于反应物的熔点或系统低共熔温度。这一温度与反应物内部出现明显扩散作用的温度相一致，称为泰曼温度或烧结开始温度。不同物质的泰曼温度与其熔点(T_M)间存在一定的关系。例如，金属的泰曼温度为 (0.3～0.4) T_M，盐类和硅酸盐的泰曼温度则分别为 0.57T_M 和 (0.8～0.9) T_M。当反应物之一存在多晶转变时，此转变温度往往是反应开始变得显著的温度，这一规律称为海德华定律。

4.5.3 固相反应的过程和机理

从热力学角度看，没有气相或液相参与的固相反应，会随着放热反应而进行到底。但实际上，由于固相反应主要通过扩散进行，当反应物固体不能充分接触时，扩散受限，反应就不能进行到底，即反应会受到动力学因素的限制。固体混合物在室温下没有可觉察的反应发生，为提高反应速率，需将其加热至高温，通常为 1 000～1 500℃。这表明热力学和动力学因素在固体反应中都极为重要，热力学因素判断反应能否发生，动力学因素则决定反应进行的速率。

固相反应过程一般包括相界面上的反应和物质的迁移。以铁氧体晶体尖晶石类三元化合物的生成反应为例，其反应式如下。

$$MgO(s)+Al_2O_3(s)\longrightarrow MgAl_2O_4(s) \quad (4-41)$$

该反应属于反应物通过固相产物层扩散的加成反应。瓦格纳认为，尖晶石形成是由两种正离子逆向经过两种氧化物界面扩散所决定的，氧离子则不参与扩散迁移过程，为使电荷平衡，每 3 个 Mg^{2+} 扩散到右边界面，就有 2 个 Al^{3+} 扩散到左边界面，如图 4-17 所示。在理想情况下，两个界面上进行的反应可写成如下形式。

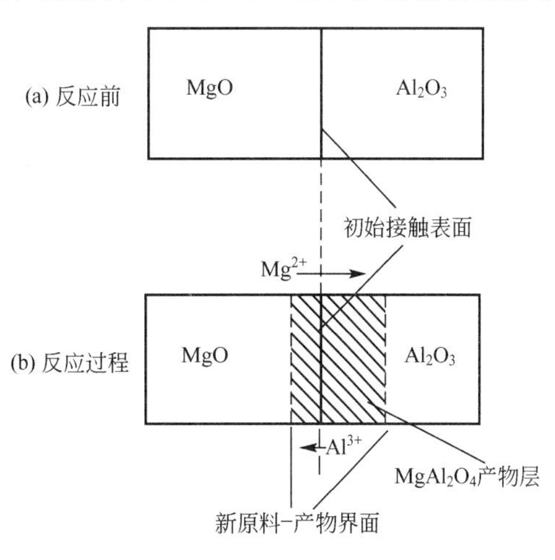

图 4-17 MgO 和 Al_2O_3 粉末固相反应合成 $MgAl_2O_4$ 示意图

$MgO/MgAl_2O_4$ 界面：

$$2Al^{3+}+4MgO\longrightarrow MgAl_2O_4+3Mg^{2+} \quad (4-42)$$

$MgAl_2O_4/Al_2O_3$ 界面：

$$3Mg^{2+}+4Al_2O_3\longrightarrow 3MgAl_2O_4+2Al^{3+} \quad (4-43)$$

4.5.4 影响固相反应的因素

固相反应过程涉及相界面的化学反应和相内部或外部的物质扩散等若干环节，因此，除反应物的化学组成、特性和结构状态，以及温度及压力等因素外，促进物质内外传输的因素均会影响反应。

1. 反应物化学组成与结构的影响

化学组成是影响固相反应的内因，是决定反应方向和速度的重要条件。从热力学角度看，在一定温度、压力下，反应向吉布斯函数减少的方向进行，且 ΔG 的负值越大，该过程的推动力也越大。

同一反应系统中，固相反应速率还与各反应物间的比例有关。颗粒相同的 A 和 B 反应生成物 AB，若改变 A 与 B 比例，则会改变产物层温度、反应物表面积和扩散截面积的大小，从而影响反应速率。如增加反应混合物中“遮盖”物的含量，则产物层厚度变薄，相应的反应速率也增加。

从结构的观点看，反应物的结构状态、质点间的化学键性质以及各种缺陷都将对反应速率产生影响。如在实际应用中，可利用多晶转变、热分解、脱水反应等过程引起晶格效应来提高生产效率。例如 Al_2O_3 和 CoO 反应合成 $CoAl_2O_4$ 的反应如下：

$$Al_2O_3(s)+CoO(s) \longrightarrow CoAl_2O_4(s) \tag{4-44}$$

实际操作中常用轻烧 Al_2O_3 做原料，因为轻烧 Al_2O_3 中有 $\gamma-Al_2O_3$ 向 $\alpha-Al_2O_3$ 转变，后者有较高的反应活性。

2. 反应物颗粒尺寸及分布的影响

在其他条件不变的情况下，反应速率受到颗粒尺寸大小的强烈影响。

(1) 物料颗粒尺寸越小，比表面积越大，反应界面和扩散截面增加，产物层厚度减少，反应速率增大。理论分析表明，反应速率常数反比于颗粒半径的平方，反应物料粒径的分布对反应速率也有重要影响，颗粒尺寸分布越均一，对反应速率越有利。

(2) 同一反应物系由于物料尺寸不同，反应速率可能属于不同动力学控制范围。如 $CaCO_3$ 与 MoO_3 反应，当取等分子比成分并在较高温度(600℃)进行时，若 $CaCO_3$ 颗粒大于 MoO_3，反应属扩散控制，反应速率随 $CaCO_3$ 颗粒减少而加速；若 $CaCO_3$ 颗粒度小于 MoO_3，由于产物层厚度减薄，扩散阻力很小，则反应将由 MoO_3 升华过程所控制，并随 MoO_3 粒径减少而加剧。

3. 反应温度、压力与气氛的影响

通常温度升高有利于反应进行。这是因为温度升高，固体结构中质点热振动动能增大、反应能力和扩散能力均得到增强。

对于化学反应，其速率常数为

$$k=A\exp\left(-\frac{E_a}{RT}\right) \tag{4-45}$$

对于扩散，其扩散系数为

$$D=D_0\exp\left(-\frac{Q}{RT}\right) \tag{4-46}$$

式中，Q 为扩散活化能(activation energy)。

从上两式可见，温度上升时，反应速率常数和扩散系数都增加，但由于扩散活化能通常比反应活化能小，温度的变化对化学反应的影响远大于对扩散的影响。

压力是影响固相反应的另一外部因素，对于纯固相反应，提高压力可显著改善颗粒间的接触状态，如缩短颗粒间距离、增加接触面积等，以提高固相反应速率。但对于有液相、气相参与的固相反应，扩散过程不是主要通过固相粒子直接接触进行的，因此压力的作用不很明显。

此外气氛对固相反应也有重要影响，其可以通过改变固体吸附特性而影响表面反应活性。对于一系列能形成非化学计量的化合物如 ZnO、CuO 等，气氛可直接影响晶体表面缺陷的浓度、扩散机制和扩散速度。

4. 矿化剂及其他影响因素

在固相反应系统中加入少量非反应物质或由于原料中含有的杂质，常会对反应产生特殊的作用，这些物质在反应过程中不与反应物或产物起化学反应，但以不同的方式和程度影响着反应的某些环节。矿化剂的作用主要如下：

(1) 改变反应机制，降低反应活化能；

(2) 影响晶核的生成速率；

(3) 影响结晶速率及晶格结构；

(4) 降低系统的共熔点、改善液相性质等。

如在 Na_2CO_3 和 Fe_2O_3 反应系统中加入 NaCl，可使反应转化率提高 1.5～1.6 倍；在硅砖中加入 1%～3% [$Fe_2O_3+Ca(OH)_2$]，能使大部分 α-石英熔解析出 α-鳞石英，促进石英间的转化。

4.5.5 固相反应实例

1. Li_4SO_4 的合成

Li_4SO_4 是各种锂离子导体的母相，其制备方法如下：

$$2Li_2CO_3+SO_2 \xrightleftharpoons[24h]{约800℃} Li_4SO_4+2CO_2 \tag{4-47}$$

该反应的主要问题是 Li_2CO_3 在高于 720℃时会熔融和分解，并容易与容器材料发生反应，包括 Pt 和二氧化硅玻璃坩埚。解决的办法是用 Au 容器，使 Li_2CO_3 在 650℃下预反应及分解数小时，再在 800～900℃烘烤过夜。

2. $YBa_2Cu_3O_7$ 的合成

$YBa_2Cu_3O_7$ 简称 YBCO，是一种著名的 90K 超导体，它由 Y_2O_3、BaO 与 CuO 在 O_2 存在下反应制得：

$$Y_2O_3+4BaO+6CuO+\frac{1}{2}O_2 \xrightarrow{950℃} 2YBa_2Cu_3O_7 \tag{4-48}$$

合成中要解决的问题是：BaO 很容易与空气中的 CO_2 反应变成 $BaCO_3$，后者很难分解；CuO 在高温下与很多容器都有较高的反应活性；YBCO 中氧含量会有变化，而为了获得较好的 T_c，必须控制产物中的氧含量。

针对上述问题，在合成中采取如下措施：使用 $Ba(NO_3)_2$ 作为 BaO 的起始原料，在不含 CO_2 的环境下反应；$Ba(NO_3)_2$ 分解后，反应原料制成小球状，在流化床中反应合成 YBCO；在大约 950℃反应后，再在大约 350℃反应一段时间，使产物继续吸氧至达到 $YBa_2Cu_3O_7$ 所需的化学计量值。

4.6 插层法和反插层法

合成新材料的一个巧妙方法是以现有的晶体材料为基础，把一些新原子导入其空位或有选择性地移除某些原子，前者称为**插层法**(intercalation)，后者称为**反插层法**(deintercalation)。引入或抽取原子后其结构一般保持不变，这是拓扑反应(topotactic reactions)的例子，在拓扑反应中，起始相与产物的三维结构具有高度相似性。

多数插层反应和反插层反应涉及离子(Li^+、Na^+、H^+、O^{2-}等)的引入或移去，如Li^+插入或逸出$LiMn_2O_4$或Li_xCoO_2(均为固态锂离子电池的阴极材料)；O^{2-}插入$YBa_2Cu_3O_x$和其他钙钛矿类铜酸盐以优化超导体的T_c值。当发生离子的插入或逸出时，为保持电中性，必须同时加入或移去电子，这属于固态氧化还原过程。相应主体材料必须对离子和电子都有较好的传导性。

采用插层法可在绝缘性的锐钛矿型TiO_2中引入Li^+，得到具有超导性的钛酸锂，性质上发生了巨大的变化。

反插层法移去Li^+时，溶解在乙腈CH_3CN中的I_2是一种有效的除锂剂，如从$LiCoO_2$中移去部分Li^+时，其反应为

$$LiCoO_2 + I_2/CH_3CN \longrightarrow Li_xCoO_2 + LiI/CH_3CN \tag{4-49}$$

通过调节I_2用量可以控制Li^+的移去量，即x值。

石墨基质晶体呈层状的平面环状结构，在其各碳层间可以插入各种碱金属离子、卤素负离子、氮和胺等，使局部结构发生变化，从而显著改变材料的性质。当外来原子或离子渗透进入层与层之间的空间时，层可以被推移开；而发生逆反应(反插层)时，原子从晶体逸出，结构层则互相靠近，恢复原状。

4.7 自蔓延高温合成法

自蔓延高温合成(self-propagating high-temperature synthesis，SHS)法是利用反应物间化学反应热的自加热和自传导作用来合成材料的一种技术。它是在1967年苏联科学院的马尔察诺夫(Merzhanov)等人研究火箭固体燃料过程中发现的“固体火焰”的基础上提出并命名的。由于该方法基于化学燃烧过程，所以又称燃烧合成(combustion synthesis，**CS**)。

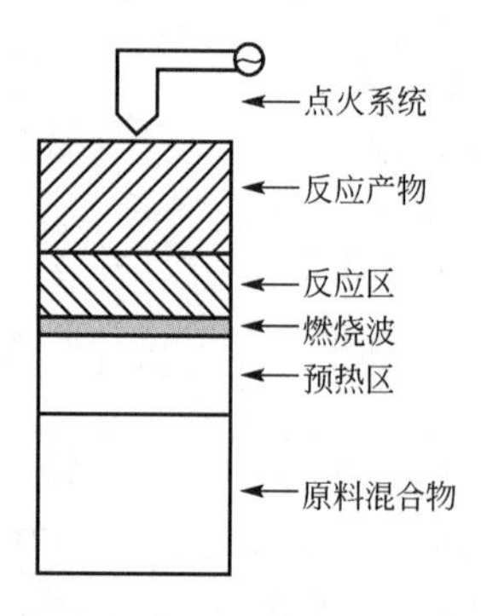

图4-18 SHS的技术原理

SHS的技术原理如图4-18所示。外部热源将原料粉或预先压制成一定密度的坯件进行局部或整体加热，当温度达到点燃温度时，撤掉外部热源，利用原料颗粒间发生的固-固或固-气反应放出的大量反应热，使反应继续进行，最后所有原料反应完毕原位生成所需材料。

4.7.1 自蔓延高温合成法的机理

SHS过程如图4-19所示。反应从图的右侧开始，向左蔓延。图中记载了某一反应时刻，在不同位置的温度、转变率、产物浓度和放热速率。从位置上，可以将反应体系沿燃烧波反方向划分为起始原料、预热区、放热区、完全反应区、结构化区和最终产物；从时间上，任一位置都将经历上述各个区的变化。因此，以反应进程(时间)来描述某一反应位置上的变化，即原料受热(点火或反应热的蔓延)后温度逐渐上升，但不足以引起反应，属于预热区；温度继续升高，反应开始，并放出热量，此时属于放热区，在该区随着反应进行，放热速率达到最大，温度不断上升；当原料大部分发生转变后，燃烧波继续蔓延，该处剩下的少量未转变原料继续反应，温度达到最高，直到反应完全，此时该段属于完全反应区，在该区虽然原料在化学组成上全部转变了，但仍需要经历结构化过程才能形成最终产物；进入结构化区，燃烧反应的生成物在高温下进行结构转变(晶型变化、烧结等)，最终产物开始形成，浓度上升，直至全部变为最终产物。

典型的SHS参数为：①最高温度为1 500～4 000℃；②反应推进速度为0.1～15cm·s^{-1}；③合成区域厚度为0.1～5.0mm；④加热速率为1 000～1 000 000℃；⑤点火能量密度为49～418h·W·m^{-1}·K^{-1}；点火时长为0.05～4.0s。

上述的SHS过程是先发生燃烧反应，然后反应产物经历结构化过程变成具有一定结构的最终产物，即化学反应和结构化不同步，因此称为非平衡机制(nonequilibrium mechanism)。如果燃烧波推进速度较慢或结构化过程在较低温度下发生，则燃烧反应与结构化同步进行，称为平衡机制(equilibrium mechanism)，如图4-20所示。此时放热区和结构化区合为一个区，即合成区(zone of synthesis)，转变率和产物浓度变化趋势相同，因此只标出转变率曲线。

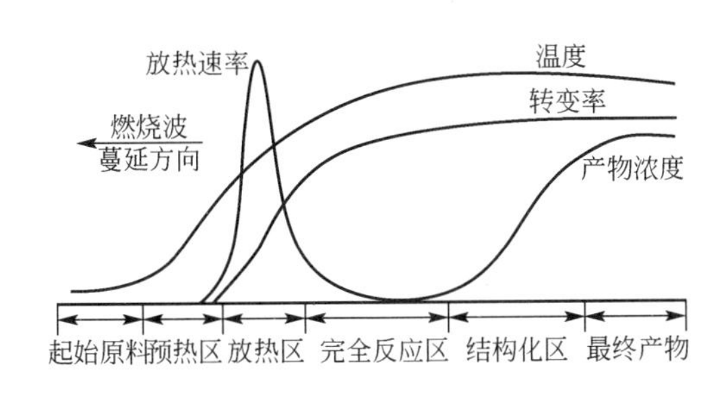

图4-19 非平衡机制的SHS过程

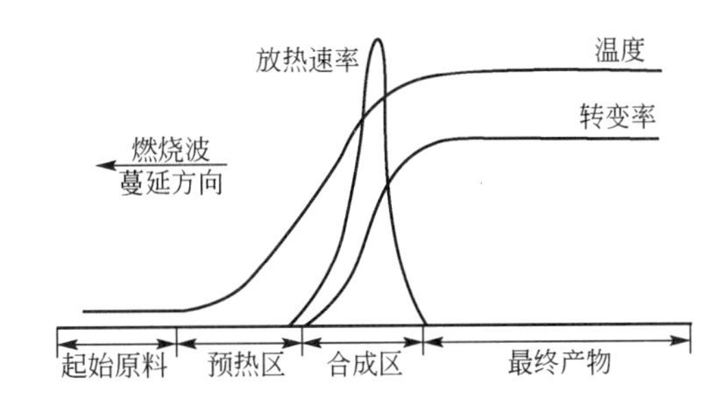

图4-20 平衡机制的SHS过程

在非平衡机制中，还有一种情形，即燃烧波所在区域(放热区)发生反应，当燃烧波过后，继续进行另一步反应，从而形成最终产物。如Ta在N_2中的燃烧反应：

$$4Ta \xrightarrow{N_2} 2Ta_2N \quad (燃烧区) \tag{4-50}$$

$$2Ta_2N \xrightarrow{N_2} 4TaN \quad (后燃烧区) \tag{4-51}$$

首先是燃烧放热生成Ta_2N，燃烧波过后继续在高温下反应生成TaN，后一阶段称为后燃烧区，相当于图4-19中的结构化区。实际上，产物的结构化过程也是在后燃烧区进行的，最终形成产物。

4.7.2 自蔓延高温合成法的化学反应类型

1. 按机理分类

根据反应机理不同，可以把 SHS 反应分为如下 5 类。

（1）不涉及中间产物的反应。例如：

$$Ti+C \longrightarrow TiC \tag{4-52}$$

（2）涉及一个中间产物的反应。例如：

$$Ta+C \longrightarrow 0.5Ta_2C+0.5C \longrightarrow TaC \tag{4-53}$$

（3）涉及多个中间产物的反应。例如：

$$Ti+C \xrightarrow{N_2} TiC+TiN \longrightarrow Ti_2CN \tag{4-54}$$

著名的高温超导体铜酸钇钡 $YBa_2Cu_3O_{7-x}$ 的合成，就是典型的多中间体反应。

（4）含分支反应。例如：

$$Ti+C \begin{cases} \longrightarrow TiC+H_2 \\ \longrightarrow TiH_2+C \longrightarrow TiC+H_2\uparrow \end{cases} \tag{4-55}$$

（5）单一热耦反应。例如：

$$W+C \longrightarrow WC \tag{4-56}$$

2. 按原料组成分类

（1）元素粉末型。利用粉末间的生成热，例如：

$$Ti+2B \longrightarrow TiB_2 \qquad 280kJ\cdot mol^{-1} \tag{4-57}$$

（2）铝热剂型。利用氧化-还原反应，例如：

$$Fe_2O_3+2Al \longrightarrow Al_2O_3+2Fe \qquad 850kJ\cdot mol^{-1} \tag{4-58}$$

（3）混合型。上述两种类型的组合，例如：

$$3TiO_2+3B_2O_3+10Al \longrightarrow 3TiB_2+5Al_2O_3 \tag{4-59}$$

3. 按反应形态分类

SHS 的反应物至少有一种为固态，另外还可能涉及液态、气态的反应物。

（1）固体-气体反应。例如：

$$3Si+2N_2(g) \longrightarrow Si_3N_4 \tag{4-60}$$

（2）固体-液体反应。例如：

$$3Si+4N(l) \longrightarrow Si_3N_4 \tag{4-61}$$

（3）固体-固体反应。例如：

$$3Si+\frac{4}{3}NaN_3(s) \longrightarrow Si_3N_4+\frac{4}{3}Na \tag{4-62}$$

4.7.3 自蔓延高温合成技术类型

根据燃烧合成所采用的设备以及最终产物的结构等，可以将 SHS 分为 6 种主要技术形式。

1. SHS 制粉技术

此为 SHS 中最简单的技术，反应物料在一定的气氛中燃烧，再粉碎、研磨燃烧产物，能得到不同规格的粉末。利用此技术，可以得到高质量的粉末，如 Ti 粉和 C 粉合成 TiC，Ti 粉和 N_2 反应合成 TiN 等。利用 SHS 方法制得的粉末具有较好的研磨性能，这是因为燃烧合成温度很高(2 000～4 000℃)，反应物所吸附的气体和杂质剧烈膨胀逸出使产物孔隙率很高，利于粉碎、研磨。所得粉末可用于陶瓷和金属陶瓷制品的烧结、保护涂层、研磨膏及刀具制造中的原材料。

2. SHS 烧结技术

SHS 烧结是通过固相反应烧结，制得一定形状和尺寸的产品，它可以在空气、真空或特殊气氛中烧结。

利用 SHS 烧结技术可制得高质量、高熔点的难熔化合物产品。如由 SHS 技术得到的 55%孔隙率的 TiC 产品，其压缩强度为 100～120MPa，远高于通过粉末冶金方法制得的 TiC 产品。由于 SHS 烧结体往往具有多孔结构(孔隙率为 5%～70%)，因而可用于过滤器、催化剂载体和耐火材料等。

3. SHS 致密化技术

SHS 烧结体有一定的孔隙率，而把 SHS 技术同致密化技术相结合便能得到致密产品。常用的 SHS 致密化技术有如下几种：

(1) SHS -加压法。利用常规压力和对模具中燃烧着的 SHS 坯料施加压力，制备致密制品，如 TiC 基硬质合金辊环、刀片等。图 4 - 21 为高压 SHS 的装置示意图。

(2) SHS -挤压法。对挤压模中燃烧着的物料施加压力，制备棒条状制品，如硬质合金麻花钻等。

(3) SHS -等静压。利用高压气体对自发热的 SHS 反应坯进行热等静压，制备大致密件，如 BN 坩埚、Si_3N_4 叶片等。

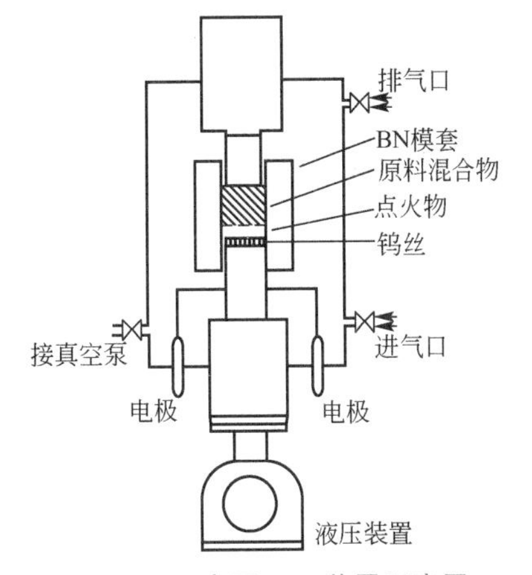

图 4 - 21　高压 SHS 装置示意图

4. SHS 熔铸

SHS 熔化技术在 SHS 工艺中起着重要的作用，它通过选择高放热性反应物形成超过产物熔点的燃烧温度，从而获得难熔物质的液相产品。高温液相可以进行传统的铸造处理，以获得铸锭或铸件，故该技术称为 SHS 熔铸。其包括由 SHS 制取高温液相和用铸造方法对液相进行处理两个阶段。此项技术可用于陶瓷内衬钢管的离心铸造、钻头或刀具的耐磨涂层等。

5. SHS 焊接

在待焊接的两块材料之间填进合适的燃烧反应原料，以一定的压力夹紧待焊材料，待中间原料的燃烧反应过程完成以后，即可实现两块材料之间的焊接，这种方法已被用来焊接 SiC - SiC、耐火材料-耐火材料、金属-陶瓷、金属-金属等系统。利用该技术可获得在高温环境使用的焊接件。

6. SHS涂层

SHS制备涂层的工艺包括以下几种。

(1) SHS熔铸涂层：在一定压力下利用预涂于基体表面高放热体系物料间强烈的化学反应放热，使反应物处于熔融状态，冷却后形成有冶金结合过渡区的金属陶瓷涂层。过渡区的厚度为0.5～1.0mm，涂层厚度可达1～4mm。根据对熔融产物所施加的致密化工艺的不同，可分为重力分离熔铸涂层、离心熔铸涂层和压力熔铸涂层等。SHS硬化涂层技术已开始在耐磨件中得到应用。

(2) SHS铸渗涂层：利用SHS铸造过程中高温钢水或铁水的热量，使粘贴在铸型壁上的反应物料压坯熔融或烧结致密，同时引发原位高温化学反应，从而在铸件表面获得涂层。

(3) SHS烧结涂层：通过料浆喷射、人工刷涂或与基体一起冷压成坯等形式，在基体表面预置一层均匀的反应物料，然后放入热压炉、化学炉等烧结炉中引燃SHS反应并进行一定时间的烧结，从而形成与基体结合良好的涂层。

(4) 气相传输SHS涂层：用适当的气体作为载体来输送反应原料，并在工件表面发生化学反应，反应物沉积于工件表面，可在不同工件表面沉积10～250μm厚的涂层。

气相传输SHS反应的原理与前面提及的CVD化学气相输运类似，对于不同的反应物料，可以采用不同的气体载体。例如，氢可以传递碳，卤素气体可以传输金属，原料粉末中氧化物杂质的高温蒸气也可起气相传输作用。

目前最广泛采用的SHS涂层有两种类型：①钢工件表面的Cr-B和Cr-C涂层，在钢件表面涂覆C-Cr涂层时，反应原料为Cr_2O_3+Al+炭黑+气体载体；②硬质合金(切削刀片)上的TiN涂层。

(5) SHS喷射沉积涂层：利用传统热源熔化并引燃高放热体系喷涂原料的SHS反应，将合成放出的熔滴经雾化喷射到基材表面而形成涂层。

(6) 自反应涂层：指被涂覆工件所含全部或部分化学成分作为原始反应物之一，与预涂于工件表面的另一反应物发生SHS反应，在工件表面形成涂层。

4.8 非晶材料的制备

【玻璃的生产过程】

非晶态固体与晶态固体相比，微观结构的有序性偏低，热力学自由能偏高，因而是一种亚稳态。基于这样的特点，制备非晶态固体必须解决下述两个问题。

(1) 形成原子或分子混乱排列的状态。

(2) 将这种热力学上的亚稳态在一定的温度范围内保存下来，使之不向晶态转变。

对于一些结晶倾向较弱的材料如玻璃、高分子等，很容易满足上述条件，在熔体自然冷却下就能得到非晶态。而对于结晶倾向很强的固体如金属，则需要采用特别的工艺方法才能得到非晶态，**最常见的非晶态制备方法有液相骤冷法和从稀释态凝聚**，包括蒸发、离子溅射、辉光放电和电解沉积等，近年来还发展了离子轰击、强激光辐照和高温压缩等新技术。

液相骤冷法是目前制备非晶态金属和合金的主要方法之一，并已进入工业化生产阶段。它的基本特点是先将金属或合金加热熔融成液态，然后通过不同途径使熔体急速降温，降温速度高达 10^5～10^8℃ · s^{-1}，以致晶体生长来不及成核就降温到原子热运动足够低的温度，从而把熔体中的无序结构“冻结”并保留下来，得到结构无序的固体材料，即非晶或玻璃态材料。样品可以制成几微米到几十微米的薄片、薄带或细丝状。

液相骤冷制备非晶金属薄片的方法主要有：①**喷枪法**，即将熔融的金属液滴用喷枪以极高的速度喷射到导热性好的大块金属冷却板上；②**活塞法**，即使金属液滴被快速移动的活塞压到金属砧板上，形成厚薄均匀的非晶态金属箔片；③**抛射法**，即将熔融的金属液滴抛射到导热性好的冷却板上。图 4－22 为这 3 种工艺的示意图。

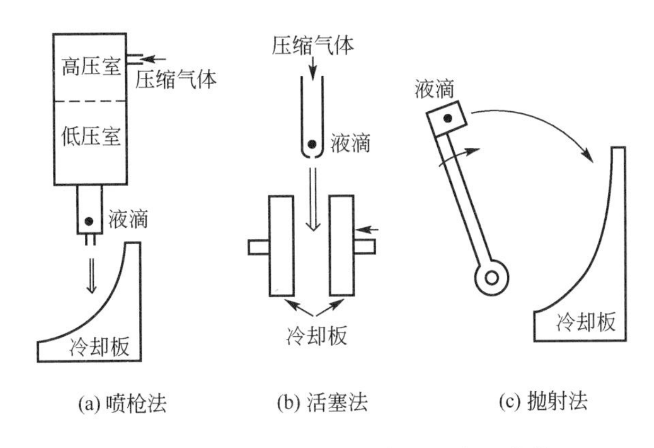

图 4－22　液相骤冷法制备非晶金属薄片

液相骤冷制备非晶金属薄带的方法是用加压惰性气体把液态金属从直径为几微米的石英喷嘴中喷出，形成均匀的熔融金属细流，连续喷到高速旋转(2 000～10 000r · min^{-1})的冷却圆筒表面或一对轧辊之间而形成非晶态，这两种工艺分别称为**单辊法**和**双辊法**，如图 4－23(a)、(b)所示。非晶金属条带还可通过将熔体喷射到运动着的金属基板上进行快速冷却而制得，即**急冷喷铸技术**，如图 4－23(c)所示。另外还有立式或卧式离心法、行星法等。

此外，气相沉积法、溶胶-凝胶法也可得到非晶态的无机陶瓷薄膜或粉状材料。

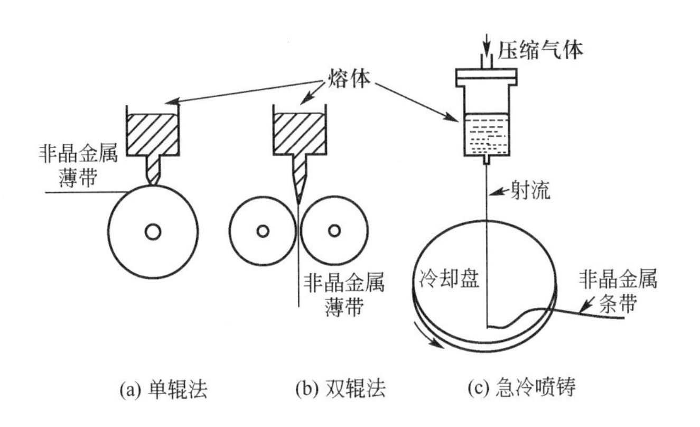

图 4－23　液相骤冷法制备非晶金属薄带或条带

一、填空题

1. 熔体生长法主要有__________、__________、__________、焰熔法等。

2. 物理气相沉积法是利用__________将原料加热，使之汽化或形成__________，在基体上冷却凝聚成各种形态的材料（如晶须、薄膜、晶粒等）的方法。其中以__________、__________较为常用。

3. 等离子体增强化学气相沉积所采用的等离子种类有__________、__________、__________。

4. 液相沉淀法是指在原料溶液中添加适当的__________，从而形成沉淀物的方法。该法分为__________、__________、__________。

5. 固相反应按反应物状态不同分为__________、__________、__________及气液固相反应，按反应机理不同分为__________、__________、__________和升华控制过程等，按反应性质不同分为__________、__________、加成反应、置换反应和分解反应。

6. 合成新材料的一个巧妙方法是以现有的晶体材料为基础，把一些新原子导入其空位或有选择性地移除某些原子，前者称为__________，后者称为__________。引入或抽取原子后其结构一般保持不变。

二、名词解释

水热法　高温溶液生长法　离子镀　化学气相输运　溶胶-凝胶法　自蔓延高温合成法

三、简答题

1. 何为化学气相沉积法？简述其应用及分类。
2. 简述溶胶-凝胶法的原理及优、缺点。
3. 简述矿化剂的主要作用。
4. 简述自蔓延高温合成的技术类型。
5. 简述液相骤冷法的特点。

第5章 材料的性能

知识要点	掌握程度	相关知识
材料的化学性能	掌握材料的耐氧化性、耐酸碱性和耐老化性； 了解材料的耐有机溶剂性	化学腐蚀、电化学腐蚀、腐蚀电池、光稳定剂、老化
材料的力学性能	掌握材料的强度、硬度及疲劳性能的测试方法； 掌握应力-应变曲线； 了解疲劳试验的 $S-N$ 曲线	应力、应变、弹性模量、弹性极限、屈服强度、抗拉强度、布氏硬度、洛氏硬度、维氏硬度、疲劳
材料的热学性能、电学性能	掌握材料的导热性、热膨胀性等热学性能； 掌握材料导电性、介电性能等电学性能； 了解超导现象和压电效应的本质	导热性、热膨胀性、热容、热稳定性、热防护、导电性、介电性能、超导现象、压电性
材料的磁学性能、光学性能	掌握常见的磁性参数；了解磁性材料的种类及性能； 掌握光的吸收和透过、光的折射与反射；了解光的散射和物质颜色产生的原因	饱和磁感应强度、剩磁、矫顽力、居里温度、抗磁性、顺磁性、铁磁性、反铁磁性、亚铁磁性、镜反射、漫反射
材料的工艺性能	了解材料的工艺性能	铸造性能、塑性加工性能、热处理性能、焊接性能、切削性能

导入案例

随着科学技术的发展，各种探测手段越来越先进。例如，用雷达发射电磁波可以探测飞机，利用红外探测器可以发现放射红外线的物体。当前，世界各国为了提高在军事对抗中的竞争实力，将隐身材料作为重要的研究对象。

1991 年海湾战争中，美国第一天出动的战斗机就躲过了伊拉克严密的雷达监视网，迅速到达首都巴格达上空，直接摧毁了电报大楼和其他军事目标。在历时 42 天的战斗中，执行任务的飞机达 1 270 架次，使伊军 95%的重要军事目标被毁，而美国战斗机却无一架受损。这场高技术的战争一度使世界震惊。为什么伊拉克的雷达防御系统对美国战斗机束手无策，重要的原因就是美国 F－117A 型战斗机(图 5－1)表面包覆了含有多种超微粒子的红外与微波隐身材料，它具有优异的宽频带微波吸收能力，可以逃避雷达的监视。而伊拉克的军事目标和坦克等武器没有防御红外线探测的隐身材料，很容易被美国战斗机上灵敏的红外线探测器所发现，通过先进的激光制导武器很准确地击中目标。超微粒子对红外和电磁波有隐身作用是因为：①纳米微粒尺寸远小于红外及雷达波波长，因此纳米微粒材料对这种波的透光率比常规材料要强得多，大大减少了波的反射率，使得红外探测器和雷达接收到的反射信号变得很微弱，从而达到隐身的目的；②纳米微粒材料的比表面积比常规粗粉大 3～4 个数量级，对红外线和电磁波的吸收率也比常规材料大得多，使红外探测器及雷达得到的反射信号强度大大降低，因此很难发现被探测目标。目前，隐身材料虽在很多方面都有广阔的应用前景，但真正发挥作用的隐身材料大多使用在航空航天与军事有密切关系的部件上。纳米级的硼化物、碳化物包括纳米纤维及碳纳米管，在隐身材料方面的应用将大有作为。

图 5－1　F－117A 型隐形战斗机

材料化学的主要目的是从分子水平到宏观尺度认识结构与性能的相互关系，在合成和加工材料过程中有意识地控制材料的组成和结构，从而获得具有预期使用性能的材料。材料的性能包括使用性能和工艺性能。**使用性能**是指材料的物理、化学、力学性能等；**工艺性能**是指加工过程中所反映出来的性能。材料的用途取决于其性能，不同的应用场合对材料的性能有不同的要求。例如，结构材料首先关注材料的力学性能，电子材料重点关注其电性能，光学材料则关注其光学性能等。本章介绍材料的各种性能与其组成、结构的关系，以及对性能的测试表征方法。

5.1 材料的化学性能

材料的化学性能指材料抵抗各种化学作用的能力，即化学稳定性。由于组成和结构的差异，不同材料化学性能的特点不同。金属材料主要涉及氧化、腐蚀问题，即生锈现象；无机非金属材料主要关注其耐酸碱性；高分子材料则主要关注耐有机溶剂性以及老化问题。

1. 耐氧化性

除少数贵金属(如金、铂)外，多数金属在空气中会被氧化而形成金属氧化物，如铁或钢铁会生锈，铜会形成铜绿等。腐蚀对于金属材料和制品有严重的破坏作用，钢材如果腐蚀1%，其强度就要降低5%～10%。在不同的使用环境中，金属的腐蚀情况也会有所不同。例如，铁在潮湿的空气中或水里(特别是海水里)很容易生锈，而在干燥空气中则相对稳定。这是因为存在不同的腐蚀机理，即化学腐蚀和电化学腐蚀。

化学腐蚀是指金属直接与周围非电解质接触发生的纯化学作用。以空气中的金属为例，首先是金属吸附空气中的氧气分子，发生氧化还原反应形成金属氧化物，氧化物成核、生长并形成氧化膜。当生成的氧化膜很致密时，氧分子不能穿过氧化膜，阻止了金属进一步被氧化。由于致密氧化膜本身很薄，一般情况下并不影响金属的使用性能，并使金属具有良好的耐腐蚀性。如在钢中加入对氧的亲和力比铁强的Cr、Si、Al等，可以优先形成稳定、致密的Cr_2O_3、SiO_2、Al_2O_3等氧化物保护膜，从而提高钢的抗腐蚀性能。

电化学腐蚀指金属在电解质溶液中由于原电池作用而引起的腐蚀，包括金属在潮湿空气中的大气腐蚀，在酸、碱、盐溶液和海水中发生的腐蚀，在地下土壤中的腐蚀，以及在不同金属的接触处的腐蚀等。电化学腐蚀的原理是原电池作用，即当两种金属材料在电解质溶液中构成原电池时，作为阳极的金属会被腐蚀。这种能导致金属腐蚀的原电池称为腐蚀电池。只要形成腐蚀电池，阳极金属就会发生氧化反应而遭到电化学腐蚀。如铁的电化学腐蚀过程如下：

$$\text{阳极：}Fe \longrightarrow Fe^{2+} + 2e^-$$

$$\text{阴极：}H_2O + \frac{1}{2}O_2 + 2e^- \longrightarrow 2OH^-$$

由电极反应产生下述后果：

$$Fe^{2+} + 2OH^- \longrightarrow Fe(OH)_2$$

$$4Fe(OH)_2 + O_2 \longrightarrow 2(Fe_2O_3 \cdot H_2O) + 2H_2O$$

形成腐蚀电池必须具备3个基本条件。①不同金属或同种金属的不同区域间有电位差存在，且电位差越大，腐蚀越剧烈。较活泼金属的电位较低，成为阳极而遭受腐蚀；较不活泼金属电位较高，作为阴极起传递电子的作用，不受腐蚀。②两极材料共处于相连通的电解质溶液中。潮湿的空气因溶解了SO_2等酸性气体，而构成了电解质溶液。③具有不同电位的金属之间必须有导线连接或直接接触。

由于空气中存在大量的水蒸气、一定量的酸性气体，所以**电化学腐蚀要比化学腐蚀更普遍**，危害性也更大。为防止金属发生电化学腐蚀，可通过抑制上述3个条件中的任一条件，使腐蚀电池不能形成。例如，在金属涂料底漆中加入缓蚀剂，可借助界面吸附作用将金属表面吸附的水置换出来；底漆中所含的水分，可被缓蚀剂的胶粒或界面膜稳定在油中，不与金属直接接触。还可采用牺牲阳极的保护法，在金属材料上外加较活泼的金属作为阳极，而被保护金属作为阴极，发生电化学腐蚀时阳极被腐蚀，阴极金属材料则得以保护。

2. 耐酸碱性

除了金刚石、石墨、单质硅等少数单质材料外，无机非金属材料大多数为化合物，价态较稳定、不易发生氧化还原反应，但接触碱或酸时可能被侵蚀。

根据无机非金属材料对酸碱的耐受性不同，将其分为耐酸材料和耐碱材料。二氧化硅是酸性氧化物，以其为主要成分的材料在酸性环境下稳定，而在碱液中将会被溶解或侵蚀，如盛碱液的瓶子不能用玻璃盖、碱式滴定管有别于酸式滴定管等。其侵蚀反应为

$$SiO_2 + 2NaOH \longrightarrow Na_2SiO_3 + H_2O$$

另外，硅酸盐材料会被氢氟酸所腐蚀，其反应为

$$SiO_2 + 4HF \longrightarrow SiF_4 \uparrow + 2H_2O$$

$$SiF_4 + 2HF \longrightarrow H_2[SiF_6]$$

大多数金属氧化物是碱性氧化物，以其为主要成分的材料具有较强的耐碱性，而易受酸侵蚀或溶解。

在一些应用领域，金属材料的耐酸碱性也必须考虑。如在氯碱工业中，使用很多的不锈钢、碳钢和灰铸铁直接接触碱液，耐碱性是重要问题。为此，人们不断研究开发耐碱蚀的金属材料，如高镍奥氏体铸铁是一种发展较早、用途广泛的耐碱蚀合金铸铁。此外，铸铁中加入适量的Mn、Cr、Cu，通过热处理得到奥氏体+碳化物的白口组织，这种合金铸铁在海水中的耐蚀性可以与高镍耐蚀合金铸铁相比，并且没有高镍耐蚀合金铸铁的点蚀及石墨腐蚀现象。镍铬铸铁中加入稀土，可以降低材料成本，同时保证合金铸铁良好的耐碱蚀性。其耐蚀机理是，碱蚀后稀土高镍铬铸铁表面生成完整、致密的γ-$(Fe, Cr)_2O_3$氧化膜和Na_2SO_4、$FeCl_3$等附着物，使材料本体受到保护。

对于高分子材料来说，其主链原子以共价键结合，化学稳定性较好，一般对酸和碱都有较好耐受性。

3. 耐有机溶剂性

金属材料和无机非金属材料有良好的耐有机溶剂性能，而高分子材料则要考虑其对有机溶剂的耐受性。热塑性高分子材料一般由线形高分子构成，很多有机溶剂都可以将其溶解；热固性高分子在有机溶剂中不溶解，但能溶胀，使材料体积膨胀，性能变差。不同的高分子材料，其分子链及侧基不同，对各种有机溶剂表现出不同的耐受性。此外，组织结构对耐溶剂性也有较大影响。例如，作为结晶性聚合物，聚乙烯在大多数有机溶剂中难溶，因而具有很好的耐溶剂性。

4. 耐老化性

高分子材料在使用过程中面临的重要问题是老化，即性质、状态发生变化，力学性能下降等。很多高分子材料在太阳光照射下容易老化，这主要因为聚合物分子链吸收太阳光中的紫外线能量而发生光化学降解反应。含不饱和结构的聚合物，如聚异戊二烯等能直接吸收紫外光，在消除氢原子后生成共轭的烯丙基自由基。

$$\sim\sim CH_2\overset{\overset{CH_3}{|}}{C}=CHCH_2\sim\sim \xrightarrow[-H^+]{h\nu} \sim\sim CH_2\overset{\overset{CH_3}{|}}{C}=CH-\dot{C}H\sim\sim$$

空气中的氧气可参与光降解过程，在紫外线(太阳光)的照射下，与高分子材料进行自由基反应。自由基形成后容易导致高分子链的断裂，使高分子材料被降解。羰基容易吸收紫外光，因此含羰基的聚合物在太阳光照射下容易被氧化降解。例如，聚氯乙烯氧化腐蚀时，首先氧化生成烷氧自由基，接着进行氧化裂解，生成物能进一步进行反应，生成羰基。氧化降低了相对分子质量，并引入了其他官能团，使聚氯乙烯的渗透和溶解能力大大增加，造成腐蚀破坏。

高分子的化学结构和物理状态对其老化变质有着极其重要的影响。如聚四氟乙烯有极好的耐老化性能，如图5-2所示，这是因为电负性最大的氟原子与碳原子形成牢固的化学键。同时，氟原子的尺寸大小适中，能把碳链紧紧包围住，如同形成了一道坚固的"围墙"，保护碳链免受外界攻击。聚乙烯相当于把聚四氟乙烯的所有氟换成氢，而C—H键不如C—F键结合牢固，且氢原子的尺寸很小，在聚乙烯分子中不像氟原子那样能把碳链包围住。因此，聚乙烯的耐老化性能比聚四氟乙烯差。聚丙烯分子的每一个链节中都有一个甲基支链(含有叔碳原子)，其上的氢原子容易脱掉而成为活性中心，引起迅速老化。所以，聚丙烯的耐老化性能还不如聚乙烯。此外，分子链中含有不饱和双键、聚酰胺的酰胺键、聚碳酸酯的酯键等，都会降低高分子材料的耐老化性。

图5-2 聚四氟乙烯板材

为了防止或减轻高分子材料的老化，在制造成品时通常加入适当的抗氧化剂和光稳定剂。其中光稳定剂主要有光屏蔽剂、紫外线吸收剂、猝灭剂等。光屏蔽剂指能在聚合物与光辐射源之间起屏障作用的物质，如聚乙烯的铝粉涂层以及分散于橡胶中的炭黑；紫外线吸收剂可吸收并消散能引发聚合物降解的紫外线辐射，其能透可见光，但吸收紫外线；猝灭剂能消散聚合物分子激发态的能量，是很有效的光稳定剂。

5.2 材料的力学性能

材料在实际应用中要受到外界各种力的作用，力对材料的作用方式有**拉伸**(tensile)、**压缩**(compressive)、**弯折**(bending)、**剪切**(shear)等，如图5-3所示。材料受到外力作

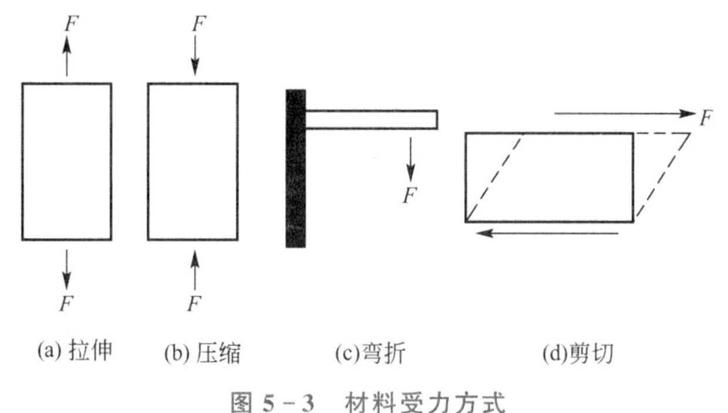

图5-3 材料受力方式

用时，表现出一定程度的形变，当受力足够大时，则发生破坏(如断裂)。材料的力学性能，就是材料抵受外力作用的能力，其表征方法包括强度(strength)、韧性(toughness)以及硬度(hardness)等。

5.2.1 材料的强度

【拉伸实验测定低碳钢的力学性能】

通过测量材料受力时的形变情况，可以获得材料强度的数据。在工程学上，材料受力用**应力**(stress)表示，等于样品在单位横断面积上所承受的负荷 F。若样品的原始横断面积为 A_0，则应力 $\boldsymbol{\sigma}$ 为

$$\sigma = F/A_0 \tag{5-1}$$

材料受力发生的形变为**应变**(strain)，符号为 $\boldsymbol{\varepsilon}$，等于样品受力时相对长度的变化，可表示为

$$\varepsilon = (l - l_0)/l_0 \tag{5-2}$$

式中，l_0 为试样的原始长度；l 为试样受力变形后的长度。

利用如图 5-4 所示的装置可以测量材料应变随应力变化的情况，测量时，施加恒定而缓慢的拉力，得到的 **$\boldsymbol{\sigma}$-$\boldsymbol{\varepsilon}$ 曲线**称为**应力-应变曲线**。典型的应力-应变曲线如图 5-5 所示。不同力学性能的材料，其 σ-ε 曲线有所不同，曲线 A 对应于韧性较大的材料，曲线 B 对应于韧性较低(即脆性)的材料。

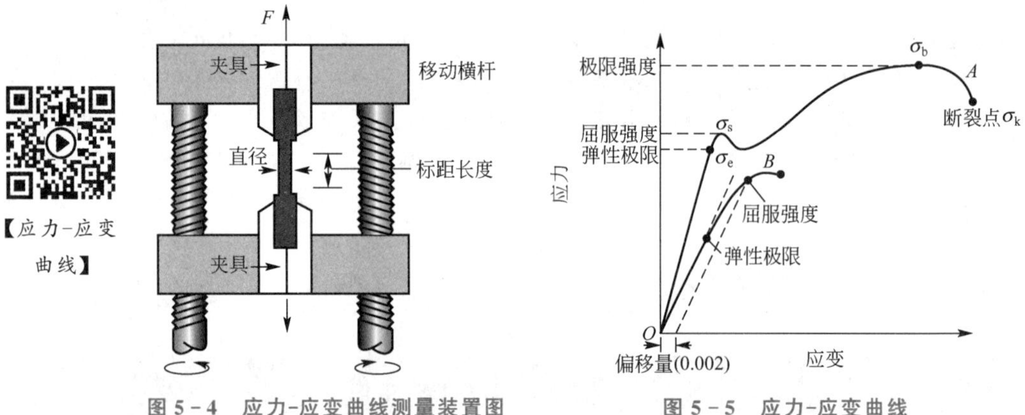

图 5-4　应力-应变曲线测量装置图

图 5-5　应力-应变曲线

以曲线 A 为例，在起始阶段，材料受力作用而发生变形，当外力撤去后，可以恢复原状，这称为**弹性形变**，属于非永久性形变。在该阶段中，应力与应变呈线性关系，即

$$\sigma = E\varepsilon \tag{5-3}$$

此式是**虎克定律**(Hooke's law)的表达式，式中 $\boldsymbol{E}$ 称为**弹性模量**(modulus of elasticity)或**杨氏模量**(Young's modulus)，反映材料的坚硬程度或抵抗弹性形变的能力。金属材料具有较高的杨氏模量，如不锈钢为 204GPa，钨为 407GPa，镁为 45GPa。无机非金属材料的杨氏模量通常也较高，如玻璃为 120GPa，混凝土为 25～37GPa。典型高分子材料的杨氏模量为 2GPa，刚性较差。在弹性形变阶段，弹性变形的最大值所对应的应力称为**弹性极限**，用 $\boldsymbol{\sigma_e}$ 表示。

超过弹性极限后，应力与应变之间的直线关系被破坏，当撤去应力时，试样的变形只能部分恢复，即材料进入塑性形变阶段。应力随应变增加而继续增大，但达到某一个值后

反而下降，该值即为材料的**屈服强度**(yield strength，$\boldsymbol{\sigma}_s$)，表示材料开始发生明显塑性形变的抗力。对于没有明显屈服点的材料，规定以**产生 0.2%残余变形的应力值 $\boldsymbol{\sigma}_{0.2}$** 为其屈服强度。可以把应力-应变曲线的弹性形变段直线向右平移 0.002 应变量，其延长线与应力-应变曲线的交点所对应的应力即为屈服强度，如图 5-5 中曲线 B 所示。因为塑性形变意味着材料尺寸发生不可恢复的改变，所以屈服强度往往是材料选择的主要依据。

从结构上讲，塑性形变的产生，对于晶体材料是由于位错的滑移，或者原子面通过位错的形成和移动而依次的滑移。而非晶体材料则是基于黏性流动(viscous flow)。影响材料屈服强度的内在因素主要有结合键、组织和结构等。无机非金属材料是共价键或离子键结合，故具有很高的屈服强度；高分子材料分子链间的结合力弱，故屈服强度很低。固溶强化、形变强化、弥散强化等是提高材料屈服强度的常用手段。

过了屈服点，应力有时会稍降，然后继续增大，试样发生明显而均匀的塑性变形。当应力达到最大值 σ_b 时，试样的均匀变形中止，$\boldsymbol{\sigma}_b$ 值称为材料的**抗拉强度**(tensile strength)或极限强度，表示材料在载荷作用下发生断裂前的最大应力。金属材料中，铝的 σ_b 为 50MPa，高强度钢的 σ_b 为 3 000MPa。在 σ_b 以后，试样开始发生不均匀塑性变形并形成颈缩(necking)，应力下降，当应力达到 σ_k 时，试样断裂。$\boldsymbol{\sigma}_k$ 称为材料的**断裂应力**(fracture stress)，表示材料对塑性变形的极限抗力。

上述的 σ_e、σ_s(或 $\sigma_{0.2}$)、σ_b 和 σ_k 为材料的强度指标，而材料的延展性或塑性(ductility)则与材料断裂时的伸长程度有关，可以用**伸长率**(elongation，$\boldsymbol{\delta}$)和**断面收缩率**(reduction of area，ψ)表示。伸长率是试样拉断后长度的相对伸长量，计算公式为

$$\delta=\frac{l_f-l_0}{l_0}\times100\% \tag{5-4}$$

式中，l_f 为试样拉断后的长度。将 **$\boldsymbol{\delta}\geqslant$5%的材料称为塑性材料；$\boldsymbol{\delta}<$5%的材料称为脆性材料。**

试样拉伸后其断面积减小，断面收缩率是试样拉断后横断面的相对收缩值，用下式计算：

$$\psi=\frac{A_0-A_f}{A_0}\times100\% \tag{5-5}$$

式中，A_0 为试样原始横断面积；A_f 为断口处的横断面积。

很多金属材料既有高强度，又有良好的延展性。多晶材料的强度高于单晶材料，这是因为多晶材料中的晶界可中断位错的滑移，改变滑移的方向，通过控制晶粒的生长，可以达到强化材料的目的。此外，固溶体或合金的强度高于纯金属，简单来说是因为杂质原子的存在对位错运动具有牵制作用。无机非金属材料中的原子以离子键和共价键结合，由于共价键的方向性，晶体中的位错很难运动，所以多数无机非金属材料的延展性很差，屈服强度高。例如，SiC 的屈服强度为 10GPa，NbC 的屈服强度为 6GPa。

除了拉伸试验，材料的强度还可用弯折试验、冲击试验等方法测量表征。

5.2.2 材料的硬度

硬度是材料局部抵抗硬物压入其表面的性能。材料的硬度越大，其他物体压入其表面越困难。硬度是材料的重要力学性能之一，表示材料表面抵抗局部塑性变形和破坏的能力，是材料弹性、塑性、强度和韧性等力学性能的综合指标。常用的硬度表示方法如下。

1. 布氏硬度

布氏硬度(Brinell hardness)测量如图 5-6(a)所示，在直径为 D(一般为 10mm)的硬钢

球上施加负荷 F，压入被测金属表面，保持规定时间后卸载，根据被测金属表面压痕直径 D_i，使用下式计算布氏硬度 **HB**：

$$HB=\frac{F}{(\pi/2)D(D-\sqrt{D^2-D_i^2})} \tag{5-6}$$

布式硬度压痕较大，测量值准，适用于测定未经淬火的钢、铸铁、有色金属或质地轻柔的轴承合金等，不适用于测定硬度较高的材料。

2. 洛氏硬度

洛氏硬度(Rockwell hardness)测量如图 5-6(b)所示。将一个顶角 120°的金刚石圆锥体或直径为 1.59mm、3.18mm 的钢球，在一定载荷 F 下压入被测材料表面，由压入深度 h 求出材料的硬度。压入深度 h 越大，硬度越低；反之则硬度越高。计算中为了使数值越大硬度越高，采用一个常数 K 减去 h 来表示硬度的高低，并用每 0.002mm 的压入深度为一个硬度单位。由此获得的硬度称为洛氏硬度，用 **HR** 表示，即 $HR=(K-h)/0.002$。根据试验材料硬度的不同，分 **HRA**、**HRB** 和 **HRC** 3 种不同的标度，其中 HRA 和 HRC 的 K 值取 0.2，HRB 的 K 值取 0.26。HRA 是采用 60kg 载荷和钻石锥压入器求得的硬度，用于硬度极高的材料(如硬质合金等)；HRB 是采用 100kg 载荷和直径 1.58mm 淬硬的钢球求得的硬度，用于硬度较低的材料(如退火钢、铸铁等)；HRC 是采用 150kg 载荷和钻石锥压入器求得的硬度，用于硬度很高的材料(如淬火钢等)。洛式硬度压痕很小，测量值有局部性，需测数点求平均值，适用于成品和薄片。

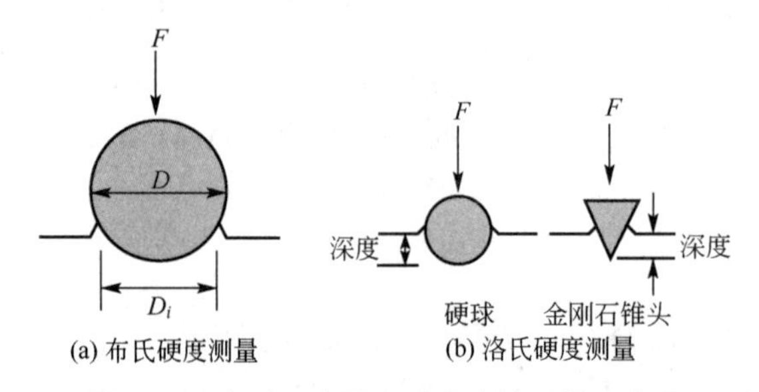

图 5-6　布氏硬度及洛氏硬度的测量示意图

3. 维氏硬度

维氏硬度(Vickers hardness)是以 49.03～980.7N 的负荷，将相对面夹角为 136°的方锥形金刚石压入器压在材料表面，保持规定时间后卸载，测量压痕对角线长度，再按下式计算得到的硬度：

$$HV=0.189F/d^2 \tag{5-7}$$

式中，F 为作用在压头上的载荷，单位 N；d 为压痕两对角线长度的平均值，单位 mm；**HV** 的单位为 $N\cdot mm^{-2}$，但习惯上只写出硬度值而不标出单位。维氏硬度适用于较大工件和较深表面层的硬度测定。还有小负荷维氏硬度，试验负荷为 1.961～49.03N，适用于较薄工件、工具表面或镀层硬度的测定；显微维氏硬度，试验负荷小于 1.961N，适用于金属箔、极薄表面层的硬度测定。

硬度有很重要的实用意义，如在加工(切削、冲压)零件时，加工工具(车刀或模具)的硬度应高于被加工零件，才能切除零件多余的边角且保持原状。无机非金属材料由离子键和共价键构成，由于两种键的强度均较高，故一般都具有较高硬度；金属材料的硬度主要受金属晶体结构的影响，形成固溶体或合金时可显著提高材料的硬度；高分子材料的分子链以共价键结合，但分子链之间主要以范德华力或氢键结合，键力较弱，因此硬度通常较低。

5.2.3 疲劳性能

疲劳(fatigue)指材料在循环受力(拉伸、压缩、弯折、剪切等)下，在某点或某些点产生局部的永久性损伤，并在一定循环次数后形成裂纹或使裂纹进一步扩展直到完全断裂的现象。疲劳破坏是一种损伤积累的过程，因此它的力学特征不同于静力破坏。在循环应力远小于静强度极限情况下破坏就可能发生，但不是立刻发生的，而要经历一段时间甚至很长的时间。在疲劳破坏前，塑性材料有时也没有显著的残余变形。

【疲劳曲线】

疲劳性能就是材料抵抗疲劳破坏的能力，常以 $S-N$ 曲线表征，S 为应力水平，N 为疲劳寿命，即在循环载荷下，产生疲劳破坏所需的应力或应变循环数。在 $S-N$ 曲线上，对应某一寿命值的最大应力称为疲劳强度。由图5-7可见，高应力下寿命较短，随着应力降低，寿命不断增加。经过无限多次循环应力作用而材料不发生断裂的最大应力，称为疲劳极限，用 σ_{-1} 表示。鉴于疲劳极限存在较大的分散性，把疲劳极限定义为指定循环基数下中值的疲劳强度。对于 $S-N$ 曲线具有水平线段的材料，如图5-7中的工具钢，循环基数取 10^7；对于 $S-N$ 曲线无水平线段的材料，如图5-7中的铝合金，循环基数取 $10^7 \sim 10^8$。

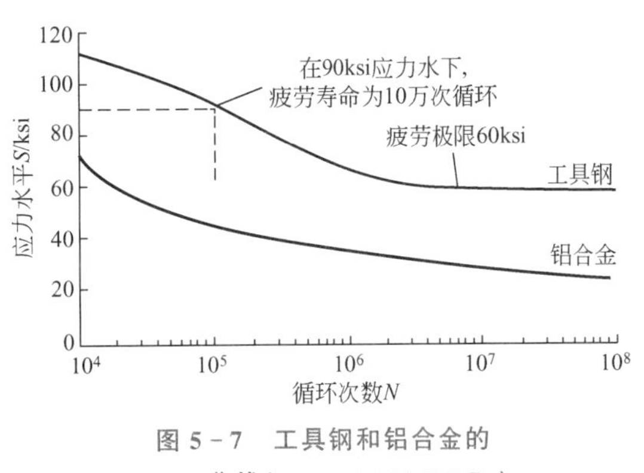

图5-7 工具钢和铝合金的 $S-N$ 曲线(1ksi=6 894.76kPa)

陶瓷、高分子材料的疲劳强度很低，金属材料的疲劳强度较高，纤维增强复合材料也有较好的抗疲劳性能。循环应力特征、温度、材料组成和组织、残余应力等因素对材料的疲劳强度有较大的影响。

5.3 热学性能

材料的热学性能在现代机械装备制造中是非常重要的。先进航空发动机的涡轮温度接近1 800℃；航天飞机在重返大气层时要能承受1 600℃或更高的温度，这就需要根据材料的热学性能进行选材。材料的热学性能主要包括导热性、热膨胀性等。

1. 导热性

导热性是材料受热(温度场)作用而反映出来的性能，用热导率表示，符号为 λ，单位为 $W \cdot m^{-1} \cdot ℃^{-1}$ 或 $W \cdot m^{-1} \cdot K^{-1}$，表示在单位温度梯度下，单位时间内通过单位垂直面积的热量。

导热性好的材料可以实现迅速而均匀地加热，而导热性差的材料只能缓慢加热。一旦导热性差的材料快速加热，将产生变形，甚至开裂。材料的导热性能与原子和自由电子的能量交换密切相关。金属材料的导热性优于陶瓷和高聚物，这是因为金属材料的导热性主要通过自由电子运动来实现，而非金属材料(陶瓷和高聚物)中自由电子较少，导热靠原子热振动来完成，故一般其导热能力差。导热性差的材料可减慢热量的传输过程。

2. 热膨胀性

大多数物质的体积随温度的升高而增大，这种现象称为热膨胀。热膨胀性用**热膨胀系数**表示，即**体积膨胀系数 β** 或**线膨胀系数 α**，单位为℃$^{-1}$。材料的热膨胀性与材料中原子结合情况有关，结合键越强则原子间作用力越大，原子离开平衡位置所需的能量越高，则热膨胀系数越小。结构紧密的晶体的热膨胀系数比结构松散的非晶体的热膨胀系数大；共价键材料与金属相比，一般具有较低的热膨胀系数；离子键材料与金属相比，具有较高的热膨胀系数；高分子材料与大多数金属和陶瓷相比有较大的热膨胀系数；塑料的线膨胀系数一般高于金属的3～4倍。由热膨胀系数大的材料制造的零部件或结构，在温度变化时，尺寸和形状变化较大。在装配、热加工和热处理时应考虑材料热膨胀的影响，异种材料组成的复合结构还要考虑热膨胀系数的匹配问题。

3. 热容

将1mol材料的温度升高1K时所需要的热量称为**热容**，单位质量的材料温度升高1K所需要的能量称为**比热容**，工程上通常使用比热。金属热容实质上反映了金属中原子热振动能量状态改变时需要的热量。当金属被加热时，金属吸收的热能主要为点阵所吸收，从而增加金属离子的振动能量。另外还被自由电子所吸收，从而增加了自由电子的动能。因此，金属中离子热振动对热容做出了主要的贡献，而自由电子的运动为辅。

4. 热稳定性

热稳定性是指材料承受温度的急剧变化而不致破坏的能力，又称**抗热振性**。由于无机材料在加工和使用过程中，经常会受到环境温度起伏的热冲击，因此，热稳定性是无机材料的一个重要性能。

材料在热冲击循环作用下表面开裂、剥落，并不断发展，最终碎裂或变质，抵抗这种破坏的性能称为抗热冲击损伤性。热稳定性一般以承受的温度差来表示，但材料不同，表示方法也不同；应用场合的不同，对材料热稳定性的要求也各异。例如，对于一般日用瓷器，只要求能承受温度差为200K左右的热冲击，而火箭喷嘴则要求瞬时能承受高达3 000～4 000K的热冲击，而且要经受高热气流的机械和化学作用。

【防蒸汽避火服(上)】

5. 热防护

根据材料的热学性能对工作在高温环境中的机械装备进行热防护，对保证结构的安全可靠性是非常重要的。热防护是航天器的关键技术之一，如再入防热结构可使航天器在气动加热环境中免遭烧毁和过热。再入防热方式主要有热容吸热防热、辐射防热和烧蚀防热等。

【防蒸汽避火服(下)】

(1) 热容吸热防热

该方法利用防热材料本身热容在升温时的吸热作用作为主要吸、散热的机理，要求防热材料具有高的热导率、比热容和熔点，通常采用表面涂镍、铜或铍等金属。这种方式的优点是结构简单，再入时外形不变，可重复使用；缺点是工作热流受材料熔点的限制，质量大，已为其他防热方法所代替。

（2）辐射防热

该方法利用防热材料在高温下表面的再辐射作用作为主要散热机理。辐射热流与表面温度的四次方成正比，因此，表面温度越高，防热效果越显著，但工作温度受材料熔点的限制。根据航天器表面不同的辐射平衡温度，一般选用镍铬合金或铌、钼等难熔金属合金板来制作辐射防热的外壳。随着陶瓷复合材料的出现和低密度化，带有表面涂层的轻质泡沫陶瓷块开始在辐射防热方式中得到应用。辐射式防热结构的最大优点是适合于低热流环境下长时间使用，缺点是适应外部加热变化的能力较差。

（3）烧蚀防热

该方法利用表面烧蚀材料在烧蚀过程中的热解吸收等一系列物理、化学反应带走大量的热来保护构件。烧蚀防热广泛应用于航天器的高热流部位的热防护，如导弹头部、航天器返回舱外表面、固体火箭发动机的壳体及喷管等。烧蚀防热材料如图5-8所示。碳-碳复合材料是用得最多的烧蚀材料，它是以碳纤维织物为增强物质、以碳为基体的一种强度极高的材料。当这种复合材料和大气发生强烈摩擦且温度超过3 400℃时会直接变成气体，并且带走大量的热。用这种材料作为火箭头部的保护层，可以保证火箭高速、安全地穿越大气层。

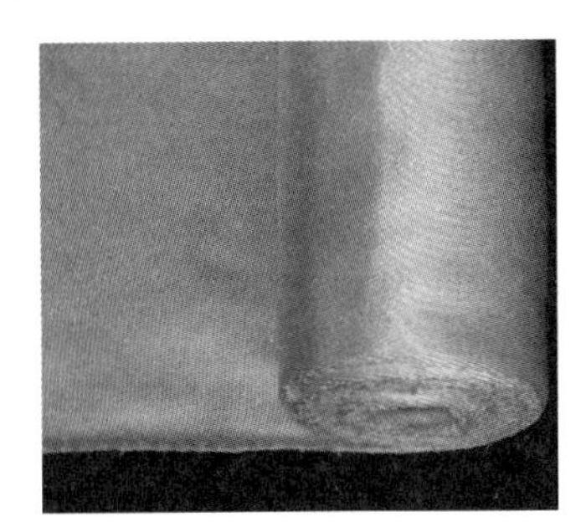
图5-8 烧蚀防热材料——高硅氧布

5.4 电学性能

材料的电学性能是指材料受电场作用而反映出来的各种物理现象，主要包括导电性、介电性能和压电性等。

1. 导电性

导电性是指材料传导电流的能力。导电性的大小用**电导率** $\boldsymbol{\sigma}$ 表示，电导率为电阻率 ρ 的倒数，即 $1/\rho$，单位为 $S \cdot m^{-1}$。根据电导率或电阻率数值的大小，可将材料分成超导体、导体、半导体、绝缘体等，其电阻率分布为：超导体 $\rho \to 0$；导体 $\rho = 10^{-8} \sim 10^{-5}\ \Omega \cdot m$，半导体 $\rho = 10^{-5} \sim 10^{7}\ \Omega \cdot m$；绝缘体 $\rho = 10^{7} \sim 10^{22}\ \Omega \cdot m$，如图5-9所示。

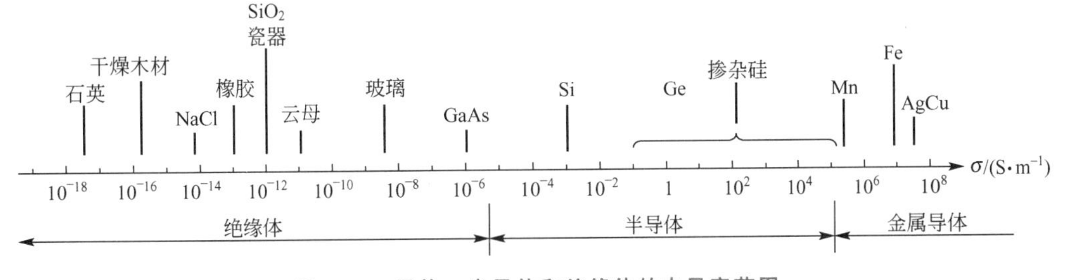

图5-9 导体、半导体和绝缘体的电导率范围

金属材料的导电性比非金属(陶瓷、聚合物)材料大很多倍。一般金属材料的导电性随温度的升高而降低。陶瓷材料大多数是良好的绝缘体，故可用于制作从低压(1kV以下)至超高压(110kV以上)的隔电瓷质绝缘器件。

绝大多数聚合物材料通常是绝缘体。一般纯的聚合物是不导电的，某些聚合物能够通过掺入特殊杂质并控制其数量而获得导电性，这就是导电聚合物。导电聚合物具有防静电的特性，因此，它可以用于电磁屏蔽。导电聚合物同时具有掺杂和脱掺杂特性，因此，可以做可充放电的电池、电极材料。导电聚合物能够吸收微波，可以做隐身飞机的涂料。利用导电聚合物可由绝缘体变为半导体再变为导体的特性，可以使巡航导弹在飞行过程中隐形，然后在接近目标后绝缘起爆。

2. 介电性能

介电性能是指在电场作用下，材料表现出对静电能的储蓄和损耗的性质。其是由于在外电场作用下材料产生电极化所致，在电场作用下能建立极化的物质称为电介质。电介质的主要功能是作为绝缘体和电容极板间的介质。

介电性能用**介电常数 ε** 来表示，表征材料极化和储存电荷的能力。介电常数与材料成分、温度、电场频率等因素有关。衡量材料介电性能的另两个指标是**介电强度**(dielectric strength)和**介电损耗**。**介电强度**是一定间隔的平板电容器的极板间可以维持的最大电场强度，又称击穿电压，单位为 $V \cdot m^{-1}$。当电容器极板间施加的电压超过该值时，电容器将被击穿和放电。**介电损耗**是指电介质在电压作用下所引起的能量损耗，它是由电荷运动而造成的能量损失。介电损耗越小，绝缘材料的质量越好，绝缘性能也越好。该值通常用**介电损耗角的正切 $\tan\delta$** 衡量。一些材料的介电性能见表 5-1。

表 5-1　一些材料的介电性能

材料	介电常数 ε		介电强度 /(10^{-6} $V \cdot m^{-1}$)	$\tan\delta$(10^6 Hz)
	60Hz	10^6 Hz		
聚乙烯	2.3	2.3	20	0.000 10
聚四氟乙烯	2.1	2.1	20	0.000 07
聚苯乙烯	2.5	2.5	20	0.000 20
聚氯乙烯	3.5	3.2	40	0.050 00
尼龙	4.0	3.6	20	0.040 00
橡胶	4.0	3.2	24	—
酚醛树脂	7.0	4.9	12	0.050 00
环氧树脂	4.0	3.6	18	—
石蜡	—	2.3	10	—
熔融氧化硅	3.8	3.8	10	0.000 04
钠钙玻璃	7.0	7.0	10	0.009 00
三氧化二铝	9.0	6.5	6	0.001 00
氧化钛	—	14～110	8	0.000 20

续表

材料	介电常数 ε		介电强度 /(10^{-6} V · m^{-1})	tanδ(10^6 Hz)
	60Hz	10^6 Hz		
云母	—	7.0	40	—
水	—	78.3	—	—

普通高聚物材料具有较高的耐电强度，因而广泛应用于约束和保护电流。介电体的其他性能还有电致伸缩、压电效应和铁电效应等。

3. 超导现象

【改变世界的超导】

导体在温度下降到某一值时，电阻会突然消失，这一现象称为超导现象。超导现象是在1911年由荷兰物理学家昂尼斯首先发现的。电阻突然变为零时的温度称为临界温度，具有超导性的物质称为超导体。超导体在超导状态下的电阻为零，可输送大电流而不发热、不损耗，具有高载流能力，可长时间无损耗地储存大量的电能并能产生极强的磁场。

目前发现具有超导电性的金属元素有钛、钒、锆、铌、钼、钽等，非过渡族元素有铋、铝、锡等。但由于实现超导的温度太低，获得低温所消耗的电能远远超过超导所节省的电能，因而阻碍了超导技术的推广。要实现超导体的大规模应用，关键是大幅度提高超导体的临界温度。

超导技术在军事上有广泛的应用前景。例如，超导电磁测量装备使极微弱的电磁信号都能被采集、处理和传递，实现高精度的测量和对比。采用超导量子干涉仪的磁异常探测系统，不但可探测敌方的地雷、潜艇，而且能制成灵敏度极高的磁性水雷。由于超导材料(图5-10)具有高载流能力和零电阻的特点，可长时间无损耗地储存大量电能，需要时储存的能量可以连续释放出来，因此，在此基础上可制成超导储能系统。超导储能系统容量大，体积却很小，可代替军车、坦克上笨重的油箱和内燃机。

图5-10 超导材料

4. 压电性

压电性指晶体材料按所施加的机械应力成比例地产生电荷的能力。为了获得压电性所需要的极性，可以通过暂时施加强电场的方法，使原来各向同性的多晶陶瓷发生“极化”，这种“极化”可以在压电陶瓷中发生，类似于永久磁铁的磁化过程。近年来，压电材料(图5-11)发展较快，在不少场合已经取代了压电单晶，其在电、磁、光、声、热和力等交互效应的功能转换器件中得到了广泛的应用。

当对石英晶体在一定方向上施加机械应力时，在其两端表面上会出现数量相等、符号相反的束缚电荷；当作用力反向时，表面电荷电性也反号，而且在一定范围内电荷密度与作用力成正比。反之，石英晶体在一定方向的电场作用下，则会产生外形尺寸的变化，在一定范围内，其形变与电场强度成正比。前者称为正压电效应，后者称为逆压电效应，统称压电效应。具有压电效应的物体称为压电体。

图 5-11　压电材料

晶体压电效应的本质是机械作用(应力与应变)引起了晶体介质的“极化”，从而导致介质两端表面上出现符号相反的束缚电荷，其机理如图 5-12 所示。图 5-12(a)表示压电晶体中质点在某方向上的投影。此时晶体不受外力作用，正电荷重心与负电荷重心重合，整个晶体总电矩为零(这是简化了的假定)，因而晶体表面无荷电。但是当沿某一方向对晶体施加机械力时，晶体由于形变导致正、负电荷重心不重合，即电矩发生变化，从而引起晶体表面荷电。图 5-12(b)为晶体在压缩时的荷电情况，图 5-12(c)为拉伸时的荷电情况。在后两种情况下，晶体表面电荷符号相反。

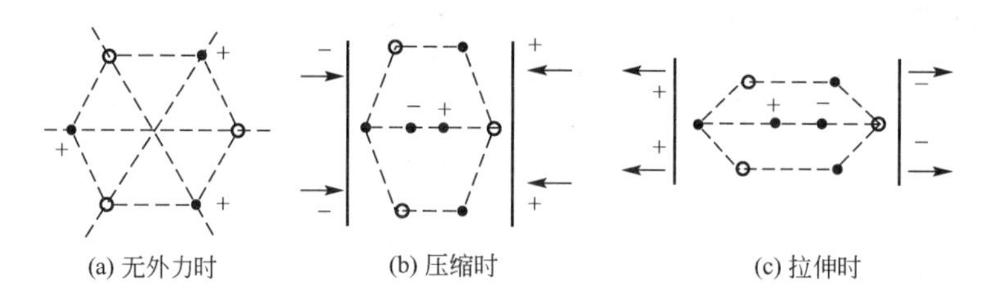

图 5-12　压电效应机理示意图

【浮起来的列车(上)】

5.5　磁学性能

磁学性能是材料受磁场作用而反映出来的性能。磁性材料在电磁场的作用下，将会产生多种物理效应和信息转换功能。利用这些物理特性可制造出具有各种特殊用途的元器件，在电子、电力、信息、能源、交通、军事、海洋与空间技术中得到广泛的应用。

1. 磁性参数

(1) 饱和磁感应强度：磁性体被磁化到饱和状态时的磁感应强度。在实际应用中，饱和磁感应强度往往是指某一指定磁场(基本上达到磁饱和时的磁场)下的磁感应强度。

(2) 剩余磁感应强度(简称剩磁)：从磁性体的饱和状态，把磁场(包括自退磁场)单调地减小到零时残留的磁感应强度。

(3) 矫顽磁场强度(矫顽力)：从磁性体的饱和磁化状态，沿饱和磁滞曲线单调改变磁场强度，使磁感应强度减小到零时的磁场强度。

(4) 居里温度(居里点)：铁磁性材料(或亚铁磁性材料)由铁磁状态(或亚铁磁状态)转变为顺磁状态的临界温度。在此温度下，材料表现为强顺磁性。

2. 磁性的分类

根据材料的磁化率，可以将材料的磁性大致分为 5 类，即抗磁性、顺磁性、铁磁性、反铁磁性和亚铁磁性。

(1) 抗磁性

【浮起来的列车(下)】

某些材料在外磁场的作用下，被磁化的介质感生出的磁偶极子与外磁场方向相反，使得磁化强度为负，这类材料的磁性称为抗磁性，如 Bi、Cu、Ag、Au 等金属。

(2) 顺磁性

顺磁性物质的主要特征是不论外加磁场是否存在，原子内部都存在永久磁矩。但在无外加磁场时，由于顺磁场的原子做无规则的热运动，宏观表现为无磁性，如图 5－13(a)所示。在外加磁场的作用下，每个原子磁矩呈比较规则的取向，物质呈现极弱的磁性。顺磁性物质主要有过渡元素、稀土元素、镧系元素及铝、铂等金属。

(3) 铁磁性

抗磁性和顺磁性物质的磁化率绝对值较低，因而属于弱磁性物质。铁、钴、镍室温下的磁化率可达 10^3 数量级，磁偶极子同向排列，属于强磁性物质，这类物质的磁性称为铁磁性，如图 5－13(b)所示。但这些金属加热至居里温度时，会突然失去磁性。铁、钴、镍的居里温度分别为 768℃、350℃、1 100℃。

(4) 反铁磁性

某些材料在外磁场作用下，尽管每个磁偶极子的强度很高，但相邻的磁偶极子所产生的磁矩反向排列，磁化强度大小相等、方向相反，相互抵消。这类材料称为反铁磁性材料，其磁化强度为零，如图 5－13(c)所示。反铁磁性物质大多数是非金属化合物。

(5) 亚铁磁性

在铁氧体(Fe_3O_4)中 A 位离子与 B 位离子的磁偶极子存在反向平行特性，磁偶极子的强度和离子数目也可能不相等，从而导致其磁性不会完全消失，往往保留了剩余磁矩，表现出一定的铁磁性，称为亚铁磁性或铁氧体磁性，如图 5－13(d)所示。铁氧体磁性材料可以对外加磁场提供相当高的放大作用。

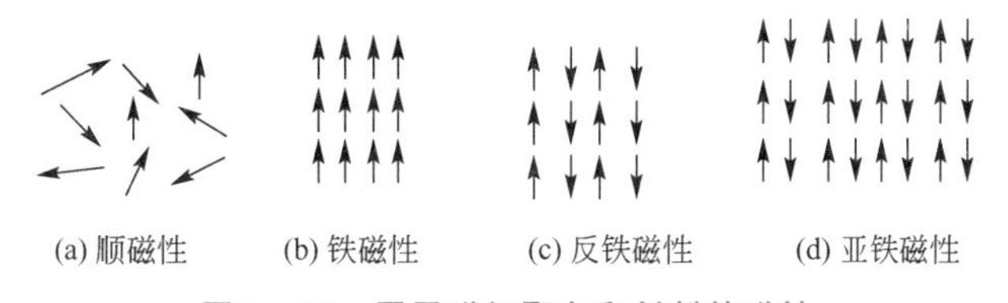

图 5－13 原子磁矩取向和材料的磁性

3. 材料的磁学性能

(1) 金属材料的磁学性能

金属材料中仅有 3 种金属(铁、钴、镍)及其合金具有显著的磁性，称为铁磁性材料。铁磁性材料很容易磁化，在低磁场作用下，就可以得到很大的磁化强度。

(2) 无机非金属材料的磁学性能

磁性无机材料具有高电阻、低损耗的优点，在电子、自动控制、计算机、信息存储等方面应用广泛。磁性无机材料一般是含铁及其他元素的复合氧化物，通常称为**铁氧体**，属于半导体范畴。

(3) 聚合物材料的磁学性能

大多数聚合物材料为抗磁性材料。顺磁性仅存在于两类有机物中：一类是含有过渡族金属的；另一类是含有属于定域态或较少离域的未成对电子(不饱和键、自由基等)。例如，由顺磁性离子和有机金属乳化物可合成顺磁聚合物，电荷转移络合物一般也具有顺磁性，在900～1 100℃热解的聚丙烯腈也具有中等饱和磁化强度的铁磁性。

4. 磁性材料

铁磁性物质和亚铁磁性物质属于强磁性物质，通常将这两类物质统称磁性材料，如图5－14所示。常用的磁性材料主要有以下几种。

图5－14　磁性材料

(1) 铁氧体磁性材料：一般指氧化铁和其他金属氧化物的复合氧化物。铁氧体磁性材料多具有亚铁磁性，电阻率远比金属高，饱和磁化强度低。

(2) 铁磁性材料：指具有铁磁性的材料，如铁、镍、钴及其合金，以及某些稀土元素的合金。在居里温度以下，加外磁场时材料具有较大的磁化强度。

(3) 亚铁磁性材料：指具有亚铁磁性的材料，如各种铁氧体。亚铁磁性材料主要应用于变压器铁芯、电感器、存储器件等。

(4) 永磁材料：指磁体被磁化后去除外磁场仍具有较强的磁性，又称硬磁材料。其特点是矫顽力高和磁能积大，主要有金属永磁材料、铁氧体永磁材料等。

(5) 软磁材料：指容易磁化和退磁的材料。软磁材料与硬磁材料之间的主要区别在于矫顽力的大小。工程中将矫顽力小于800A・m^{-1}的材料称为**软磁材料**，矫顽力大于1 000A・m^{-1}的材料称为**硬磁材料**，介于两者之间的材料称为**半硬磁材料**。软磁材料主要有铁铝合金、铁钴合金、铁镍合金等。

【磁性材料应用】

磁性材料在军事领域得到了广泛应用。例如，在水雷上安装磁性传感器，当军舰接近时，传感器就可以探测到磁场的变化而使水雷爆炸。此外，军舰在地球磁场的长期磁化和机器运转、海浪拍打等内外力作用下，其磁性会不断积累，逐渐变成一个“大磁铁”，这对军舰来说是潜在的致命威胁。为提高舰船的生存和防护能力，保障航行安全，军舰要定期进行消磁处理。

材料在磁场作用下发生长度或体积的变化，这种现象称为**磁致伸缩**。稀土超磁致伸缩材料具有比铁、镍等大得多的磁致伸缩值，能够实现磁能、电能与机械能的高效转换。稀土超磁致伸缩材料可用于卫星定位系统、阻尼减振、太空望远镜的调节机构、飞机机翼调节器等。

5.6 光学性能

【光立方】

光波是一种电磁波，人眼所能感受的电磁波的波长范围为380～780nm，称为**可见光**。波长小于380nm的相邻波段称为**紫外线**；大于780nm的相邻波段称为**红外线**。此外还有波长更短的X射线和γ射线及波长更长的微波、无线电波等波段的电磁波。与材料的光学性能相关的光波通常是指紫外线、可见光和红外线这3个波段的电磁波。光和物质的相互作用取决于物质电磁性质的基本参数，即电导率、介电常数、磁导率等。材料的光学特性包括光的吸收、透射、反射、折射等性质，是现代功能材料设计与选用的重要特性之一。光学材料如图5-15所示。

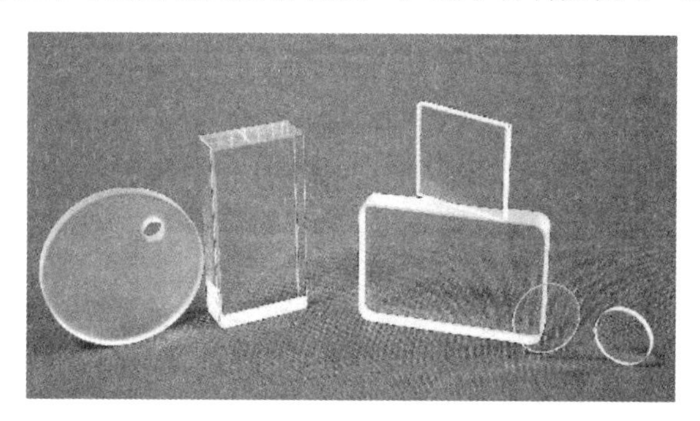

图5-15 光学材料

5.6.1 光的吸收和透过

一束光强为I_0的平行单色光照射均匀材料时，一部分光被材料表面所反射，剩余部分进入材料内部，其中一部分光被材料吸收，另一部分光透过材料。入射光的原始光强为

$$I_0=I_R+I_A+I_T \tag{5-8}$$

式中，I_R、I_A、I_T分别为反射、吸收和透过的光强。将等式两边同时除以I_0，可得

$$1=R+A+T \tag{5-9}$$

式中，R为反射率(reflectivity，I_R/I_0)；A为吸光率(absorptivity，I_A/I_0)；T为透光率(transmissivity，I_T/I_0)。各种材料在光学性能上的差异主要是由于其对光的反射、吸收和透过程度不同。

材料对光的吸收源于电磁波作用于材料中原子时产生的电子极化和电子跃迁，前者引起能量吸收和光速变慢，后者则把光能消耗在电子的激发上。

对于金属来说，电磁波可激发电子到能量较高的未填充态，从而被吸收。但光波只能进入金属约100nm深处，所以厚度超过100nm的金属是不透明的。对于半导体和其他非金属材料来说，对光的吸收取决于能隙E_g。当材料的$E_g>3.1eV$时，将不能通过电子跃迁吸收可见光，材料是无色透明的；当$E_g<1.59eV$时，则所有可见光都可以被吸收，材料不透明；当$1.59eV<E_g<3.1eV$时，部分光波被吸收，材料呈现不同的颜色。此外，晶格热振动对可见光和红外光产生吸收，使无机非金属晶体(陶瓷)材料都可以吸收红外波段的光波。

图5-16所示为一些无机材料的透光特性。一般玻璃在紫外光区(320nm以下)有较强吸收，而石英和蓝宝石则可以较好地透过紫外线，因此紫外线波段的应用中常使用石英或蓝宝石作为材料，如紫外光谱测量必须使用石英比色皿。Si在红外波段有大约50%的透过率，且没有杂峰，可用作红外光谱测量的样品基片。

隐形飞机所使用的隐形材料就是采用具有吸波功能的复合材料、涂料等。吸波材料的机理是使入射电磁波能量在分子水平上产生振荡，转化为热能，有效地衰减雷达回波强度。按吸收机理不同，可分为吸收型、谐振型和衰减型三大类。

许多纯净的无机非金属材料本质是透明的，但由于加工过程中留下孔洞而变得不透明。例如，常规烧结的氧化铝是不透明的，而没有孔洞的多晶氧化铝是半透明的。对于高

【聚集诱导发光】

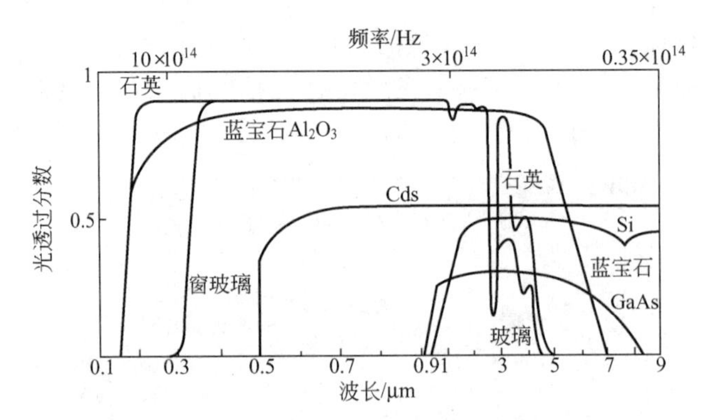

图 5-16　一些无机材料的光透过曲线

分子材料，无定形高分子通常都无色透明，光透过率高，而高度结晶的高分子不透明或透明性较差，这是由晶粒对光的散射作用造成的。当晶粒尺寸小于光波长时对光的影响较小，也可以呈现透明。

5.6.2　光的折射与反射

当光线由一种介质进入另一种介质时，光在界面上分成了反射光和折射光，如图 5-17 所示。反射和折射可以连续发生，如光线从空气进入介质时，一部分被反射，另一部分折射进入介质，当遇到另一界面时类似。

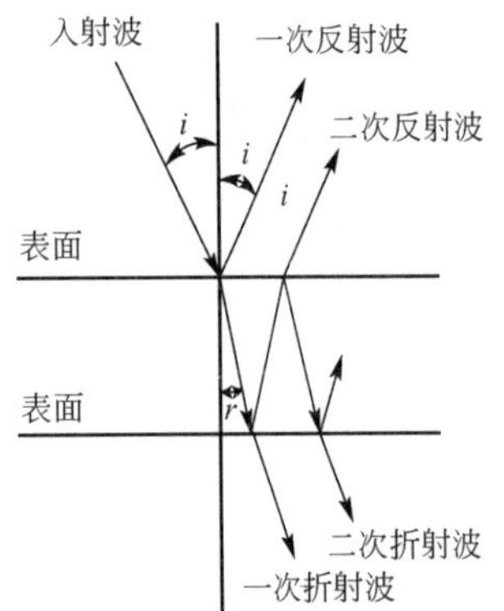

图 5-17　光通过透明介质分界面的反射和折射

1. 光的折射

材料的折射率随介质的介电常数 ε 的增大而增大，这是由于 ε 与介质的极化现象有关。当材料的原子受到外加电场的作用而“极化”时，正电荷沿着电场方向移动，负电荷沿着反电场方向移动，使正、负电荷中心产生相对位移。外电场越强，正、负电荷中心距离越大。由于电磁辐射和原子电子体系的相互作用，光波被减速了。

材料的折射率受其结构影响。单位体积中原子的数目越多或结构越紧密，则光波传播受影响越大，折射率越大。另外，原子半径越大，折射率就越大，这是因为半径较大的原子有较大的极化率。折射率对于大多数光学材料是重要指标。例如，同样参数的光学透镜（如眼镜片），材料的折射率越大，透镜做得越薄。表 5-2 列出了一些无机晶体材料的折射率等光学特性。

表 5-2　一些无机晶体材料的光学特性

晶体名称	透光范围/μm	折射率 n_d	主要特点和应用领域
CaF_2（萤石）	0.13～10.5	1.39	储量高；色散低，可用作高级镜头的消色差镜片；机械性能好。MgF_2、CaF_2 单晶广泛应用于激光、红外、紫外光学、高能探测等科技领域
Si	1.2～1.5	3.43(n=3μm)	半导体工业和红外成像系统中

续表

晶体名称	透光范围/μm	折射率 n_d	主要特点和应用领域
Ge	1.8～22	4.04(n=3μm)	光纤通信、红外成像系统以及半导体工业中
Al_2O_3（蓝宝石）	0.14～6.5	1.71	极为坚固，是高压条件下的理想窗口，抗化学攻击力较强，能抗强酸；用作激光晶体
ZnSe	21.8	2.44	在红外聚光镜、半导体激光器中应用
$LiNbO_3$	0.37～5	1.483	常用于光电调制器和作为激光器中的材料

2. 光的反射

由于光的反射作用，透过部分的光强度减弱。光波投射到材料表面的反射率取决于材料的折射率。陶瓷、玻璃等材料的折射率较空气的大，所以反射损失严重。

反射光线具有明确的方向性，称之为**镜反射**。在光学材料中，利用镜反射达到各种应用目的。当光照射到粗糙不平的材料表面上时，发生**漫反射**。漫反射是由于材料表面粗糙，局部的入射角不同，反射光的方向也不同，使总的反射能量分散在各个方向上而形成的。材料表面越粗糙，镜反射所占的能量分数越小，如图 5-18 所示。

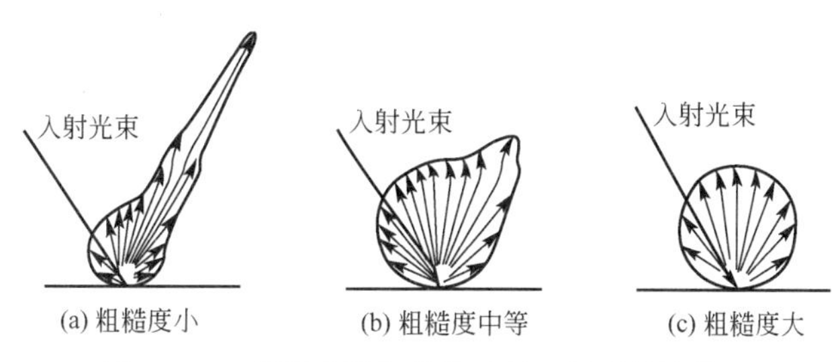

图 5-18 粗糙度增加的镜反射、漫反射能量图

3. 光的散射

光波遇到不均匀结构会产生次级波，与主波方向不一致，使光偏离原来的方向而引起散射，减弱光束强度。所以，材料中如果有光学性能不均匀的结构，如含有小粒子的不透明介质、光性能不同的晶界相、气孔或其他夹杂物，都会引起一部分光束被散射。因而散射现象也是由介质的不均匀性引起的。

4. 材料的颜色

金属材料的颜色取决于其反射光的波长，而无机非金属材料的颜色则通常与光吸收特性有关。透明无机材料可以通过改变成分而呈现不同颜色。例如，无机玻璃可在熔融状态下加入过渡元素或稀土元素来获得不同颜色。Al_2O_3 中的少量 Al^{3+} 被 Ti^{4+} 和 Fe^{2+} 替换后呈现浅蓝色，称为蓝宝石；Al^{3+} 被少量 Cr^{3+} 替换则呈现红宝石的红色。由图 5-19 可见，蓝宝石在可见光

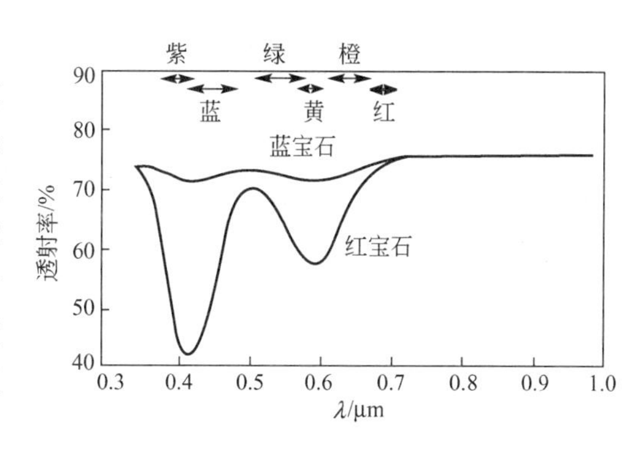

图 5-19 蓝宝石和红宝石的光透过曲线

范围几乎是均匀透射的，只是在蓝紫光线和黄绿光线附近有微弱吸收，因而颜色很浅；而红宝石对蓝紫光线有强烈的吸收，而且对黄绿光也有少量吸收，致使其呈现深红色。

5.7 材料的工艺性能

【金属加工工艺】

材料在加工过程中对不同加工特性所反映出来的性能，称为工艺性能。它表示材料制成具有一定形状和良好性能的零件或零件毛坯的可能性及难易程度。材料工艺性能的好坏又直接影响零件的质量和制造成本。由材料到毛坯最后制成零件，一般需要经过多道加工工序，因此，要求材料具有足够的工艺适应性。

【离心铸造工艺】

1. 铸造性能

铸造性能是指材料用铸造方法获得优质铸件的性能。它取决于材料的流动性和收缩性。流动性好的材料，充填铸模的能力强，可获得完整而致密的铸件；收缩率小的材料，铸造冷却后，铸件缩孔小，表面无空洞，不会因收缩不均匀而引起开裂，尺寸比较稳定。金属材料中铸铁、青铜有较好的铸造性能，可以铸造一些形状复杂的铸件。工程塑料在某些成形工艺(如注射成形)方法中要求流动性好、收缩率小。

【发动机缸体铸造工艺】

2. 塑性加工性能

【塑料吹塑技术】

塑性加工性能是指材料通过塑性加工(锻造、冲压、挤压、轧制等)将原材料(如各种型材)加工成优质零件(毛坯或成品)的性能。它取决于材料本身塑性高低和变形抗力(抵抗变形能力)的大小。

塑性加工的目的是使材料在外力(载荷)作用下产生塑性变形而成形，获得较好的性能。塑性抗力小表示材料在不太大的外力作用下就可进行变形。金属材料中铜、铝、低碳钢具有较好的塑性和较小的变形抗力，容易塑性加工成形，而铸铁、硬质合金则不能塑性加工成形。热塑性塑料可通过挤压和压塑成形。

【塑料成型工艺】

3. 热处理性能

热处理性能主要指钢接受淬火的能力(即淬透性)，用淬硬层深度来表示。不同钢种，接受淬火的能力不同。合金钢淬透性能比碳钢好，这意味着合金钢的淬硬深度厚，也说明较大零件用合金钢制造后可以获得均匀的淬火组织和力学性能。

【机器人焊接(1)】

4. 焊接性能

焊接性能是指两种相同或不同的材料，通过加热、加压或两者并用将其连接在一起所表现出来的性能。影响焊接性能的因素很多，导热性过高或过低、热膨胀系数大、塑性低或焊接时容易氧化的材料，焊接性能一般较差。焊接性能差的材料焊接后，焊缝强度低，还可能出现变形、开裂现象。选择特殊焊接工艺不仅可以使金属与金属焊接，还可以使金属与陶瓷、陶瓷与陶瓷、塑料与烧结材料焊接。

【机器人焊接(2)】

5．切削性能

切削性能是指材料用切削刀具进行加工时所表现出来的性能。它取决于刀具的使用寿命和被加工零件的表面粗糙度。凡使刀具使用寿命长，加工后表面粗糙度低的材料，其切削性能好；反之则切削性能差。金属材料的切削性能主要与材料的种类、成分、硬度、韧性、导热性等因素有关。一般钢材的理想切削硬度为 HB160～230。钢材若硬度太低，切削时容易“黏刀”，使表面粗糙度高；若硬度太高，则切削时易磨损刀具。

习 题

1．什么是腐蚀电池？其形成应具备哪些基本条件？
2．材料的强度指标有哪些？这些指标各代表什么含义？
3．何谓材料的塑性？塑性用何种指标来评定？
4．比较布氏、洛氏、维氏硬度的测量原理及应用范围。
5．什么是材料的疲劳？有哪些指标反映材料的疲劳性能？
6．什么是热膨胀？其受什么因素影响？
7．何谓压电效应？简述其产生原因。
8．为什么测量紫外光谱必须使用石英比色皿？
9．根据材料的磁化率，可以将材料的磁性大致分为哪些？各代表什么含义？
10．举例说明材料的工艺性能。

第6章 金属材料

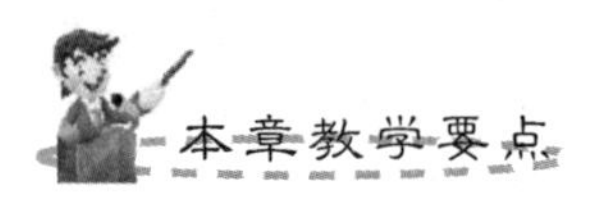

知识要点	掌握程度	相关知识
金属材料的概论及金属单质结构	熟悉金属材料的分类、主要特性； 了解金属键、金属的晶体结构、金属单质结构概况	黑色金属、有色金属、立方最紧密堆积、六方最紧密堆积、体心立方密堆积
金属的性质	掌握金属的物理性质和化学性质	金属的光泽、导电性、导热性、延展性； 金属的氧化反应，与水、酸、碱的反应
合金的结构	了解金属固溶体及金属化合物的分类、特性及主要作用	置换固溶体、间隙固溶体、缺位固溶体、正常价化合物、电子化合物、间隙化合物
金属材料的制备	掌握钢铁、有色金属冶炼的分类； 了解相应的制备原理及工艺	脱碳、脱磷、脱硫、脱氧，炼铁、炼钢，铜、铝的冶炼
常见金属材料	熟悉钢铁、铝及铝合金、镁及镁合金、钛及钛合金、铜及铜合金的分类、特性及主要应用范围	奥氏体、铁素体、渗碳体、马氏体，铝合金、镁合金、钛合金、铜合金
新型合金材料	了解储氢合金、形状记忆合金、超耐热合金、超低温合金、超塑性合金、减振合金、硬质合金的特性及应用	储氢合金、形状记忆合金、超耐热合金、超低温合金、超塑性合金、减振合金、硬质合金

导入案例

Ti－Ni合金由于具有神奇的形状记忆性能，故被称为“金属中的魔术师”，在许多工业和民用部门发挥着重要的作用。在工业生产中，不同材料管道的连接是非常普遍的，但连接较困难。若用记忆合金管连接接头(图6－1)，问题即可解决。只要把常温下松散连接的记忆合金连接件放入热水里，过一会儿再取出来，就会发现两根管子已经紧紧地连接在一起了。在抗压实验中发现，先被击破的是被连接的钢管，形状记忆合金则完好无损。在汽车工业中，可以制造出“可复原”的汽车外壳，其即使被撞扁，只要用80℃的热水一浇便可恢复原状。美国曾用Ti－Ni记忆合金制成飞船的发射和接收天线。此天线被折叠后发射到月球上，可减少飞船的体积，而在月球上，由于吸收太阳的辐射而升温，又恢复成抛物面的形状。人们利用这种超弹性开发出手机天线、高级眼镜架(图6－2)等。在医学方面，也常应用记忆合金。例如对脊椎骨弯曲的患者进行脊椎校直时，可用形状记忆合金制成的器件固定在脊椎骨上，受热时因器件伸长，而使脊椎被校直。又如，可用Ni－Ti形状记忆合金制造人造牙和牙床。传统治疗血管狭窄的办法是开刀手术，若用形状记忆合金的腔内支架，只需开一个小口，用导管把支架植入血管即可，大大减少了患者的痛苦。

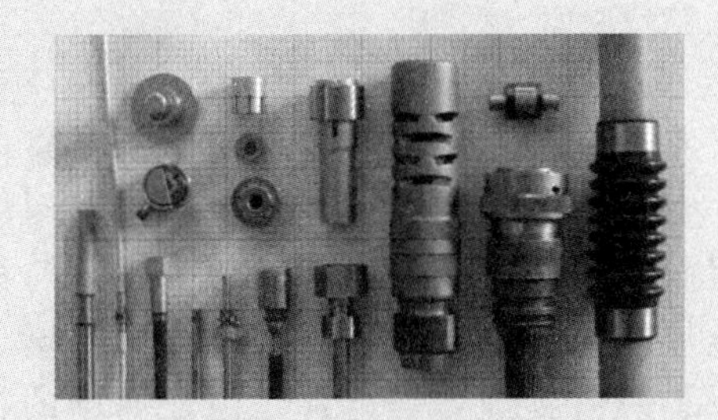

图6－1　记忆合金紧固环

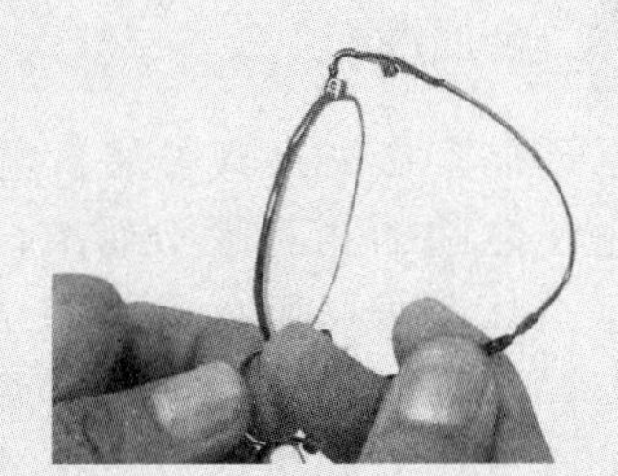

图6－2　形状记忆合金眼镜架

6.1　金属材料概论

金属是人类较早认识和开发利用的材料之一，在自然界的分布也非常广泛，在人类已发现的119种元素中，金属元素大约占80%。金属通常可分为**黑色金属**与**有色金属**两大类，黑色金属包括铁、锰、铬及其合金，主要是铁碳合金(钢铁)，常作为结构材料使用；有色金属通常指除钢铁之外的所有金属，常作为功能材料来使用。黑色金属和有色金属相辅相成，共同构成现代金属材料体系。

有色金属按其密度、价格、在地壳中的储量、分布情况及被人们发现和使用的早晚分为五大类。

(1) 轻有色金属。一般指密度小于$4.5g \cdot cm^{-3}$的有色金属，包括铝、镁、钾、钠、钙、锶、钡等。这类金属的共同特点是密度小、化学性质活泼，在自然界中多以氯化物、碳酸盐、硅酸盐等形式存在。

(2) 有色金属。一般指密度大于4.5g·cm^{-3}的有色金属，其中有铜、镍、铅、锌、钴、锡、锑、汞、镉等。

(3) 贵金属。一般指价格昂贵的金属，包括金、银和铂族元素(锇、铱、铂、钌、铑、钯)。由于它们在地壳中的含量少，开采和提取比较困难，故价格比一般金属贵，因而得名贵金属。它们的特点是密度大(10.4～22.4g·cm^{-3})、熔点高(1 189～3 273K)、化学性质稳定。

(4) 准金属。一般指硼、硅、锗、硒、砷、碲等，其物理化学性质介于金属与非金属之间，在元素周期表中处于金属向非金属过渡的位置。

(5) 稀有金属。通常是指在自然界中含量很少、分布稀散、发现较晚、难以从原料中提取或在工业上制备及应用较晚的金属，包括锂、铷、铯、铍、钨、钼、钽、稀土元素及人造超铀元素等。要注意，普通金属与稀有金属之间并没有明显的界限，大部分稀有金属在地壳中并不稀少，许多稀有金属比铜、镉、银、汞等普通金属还多。

6.2 金属的结构

6.2.1 金属键

金属原子很容易失去其外层价电子而形成带正电荷的阳离子，金属正是依靠阳离子和自由电子之间的相互吸引而结合起来的。金属键没有方向性，改变阳离子间的相对位置不会破坏电子与阳离子间的结合力，因而金属具有良好的塑性；金属之间具有溶解(或固溶)能力，即金属阳离子被另一种金属阳离子取代时也不会破坏结合键。此外，金属的导电性、导热性以及金属晶体中原子的密集排列等也都是由金属键的特点所决定的。

【晶体的结构(2)】

6.2.2 金属的晶体结构

金属键由数目众多的s轨道组成，s轨道没有方向性，可以和任何方向的相邻原子的s轨道重叠，同时相邻原子的数目在空间因素允许的条件下并无严格限制。金属键也没有饱和性，金属离子应按最紧密的方式堆积，使各个s轨道得到最大程度的重叠，从而形成最为稳定的金属结构。

金属阳离子可以视为圆球，一个圆球周围最靠近的圆球数目称为配位数。大多数金属单质采取的密堆积形式有3种，其中两种为最紧密堆积，另一种为次密堆积，如图6-3所示。

1. 立方最紧密堆积

第一层圆球的最紧密堆积方式只有一种，即每一个球都和相邻6个球相切。第二层球再堆上去时，为了保持最紧密的堆积，应放在第一层球的空隙上，但这只能用去空隙的一半，因为一个球周围有6个空隙，只能有3个空隙被第二层球占用，将第三层球放在第一层球未被占用的空隙上方，称为ABC堆积，以后的堆积则按ABCABC…重复下去，重复周期为3层，图6-3(a)为这种堆积的侧面图。从ABC堆积中可以划出立方面心晶胞，如图 6－3(b)所示，故称这种堆积为立方最紧密堆积，通常用 **A1** 表示，英文缩写为 **ccp**。

2. 六方最紧密堆积

【最紧密堆积】

如果第三层的每个圆球都正对着第一层球，称为 **AB 堆积**，以后的堆积则按 ABAB…重复下去，重复周期为两层，图 6－3(c)为这种堆积的侧面图。从 AB 堆积中可以划出六方晶胞，如图 6－3(d)所示，故称这种堆积为六方最紧密堆积，通常用符号 **A3** 表示，英文缩写为 **hcp**。两种最紧密堆积中，每个圆球都和相邻的 **12** 个球相接触，故配位数均为 **12**，空间利用率均为 74.05%，图 6－3(e)、图 6－3(f)分别为立方最紧密堆积和六方最紧密堆积的配位。

3. 体心立方密堆积

除了 A1、A3 两种最紧密堆积以外，在金属晶体中还常出现体心立方密堆积，配位数为 8～14，如图 6－3(g)、(h)、(i)所示，与这种堆积方式相对应的晶胞为立方体心。这种次密堆积的空间利用率为 68.02%，用符号 **A2** 表示，英文缩写为 **bcp**。

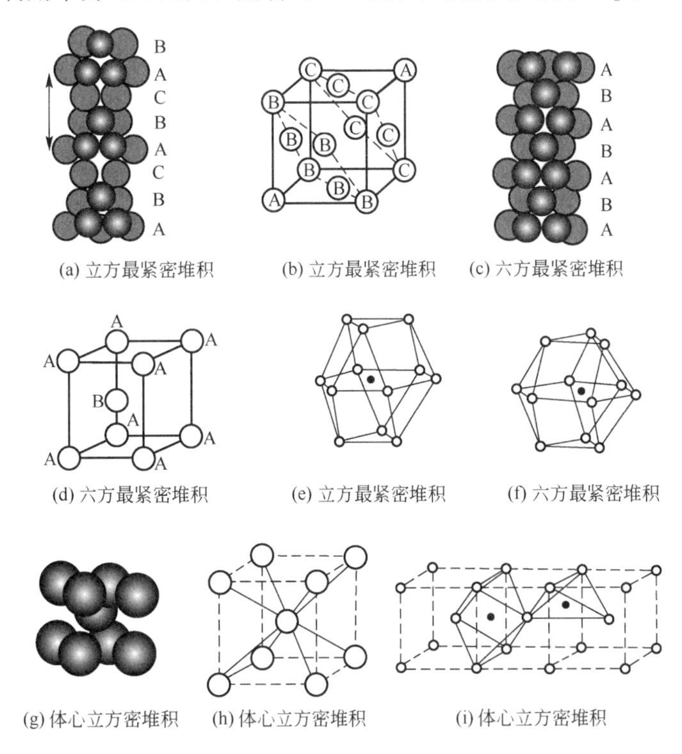

(a) 立方最紧密堆积 (b) 立方最紧密堆积 (c) 六方最紧密堆积

(d) 六方最紧密堆积 (e) 立方最紧密堆积 (f) 六方最紧密堆积

(g) 体心立方密堆积 (h) 体心立方密堆积 (i) 体心立方密堆积

图 6－3 密堆积的 3 种典型形式

金属的晶体结构属于 A1 型的有 Ca、Sr、Al、Cu、Ag、Au 等；属于 A2 型的有 Li、Na、K、Rb、Cs、Ba 等；属于 A3 型的有 Be、Mg、Ca、Sc、Y、La、Ce、Zn、Cd 等；其中有的金属有两种不同的构型。

4. 其他结构

除以上 3 种典型形式外，少数金属单质还可采取其他形式的结构，图 6－4 所示为一些较复杂的最紧密堆积结构形式，分别是…ACAB…，重复周期为 4 层；…ABCACB…，重复周期为 6 层；…ABCBCACAB…，重复周期为 9 层；…ACBCBACACBAB…，重复周期为 12 层。

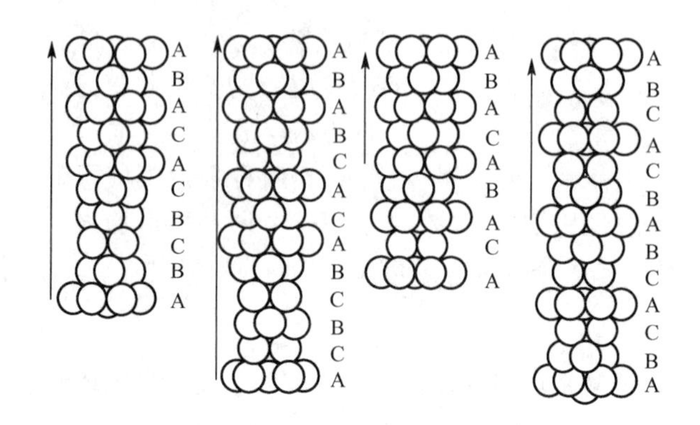

图 6-4　4 种复杂密堆积形式

非最紧密堆积还有简单立方、简单六方、体心四方、金刚石型堆积等多种形式，如图 6-5所示，表 6-1 将它们与 3 种典型堆积形式进行了对比。

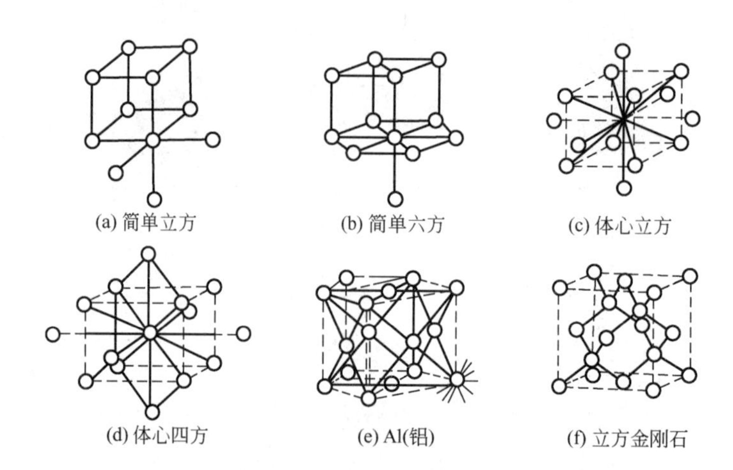

图 6-5　等径圆球堆积的几种形式

表 6-1　几种非最紧密堆积与 3 种典型堆积形式对比

堆积名称	通用符号	空间利用率(堆积系数)/%	配位数	实例
简单立方堆积	—	52.36	6	α-Po
简单六方堆积	—	60.04	8	—
体心四方堆积	A6	69.81	10	Pa
金刚石型堆积	A4	34.01	4	Sn
体心立方密堆积	A2	68.02	8～14	K
立方最紧密堆积	A1	74.05	12	Cu
六方最紧密堆积	A3	74.05	12	Mg

6.2.3 合金的结构

合金是指由两种或两种以上的金属元素(或金属元素与非金属元素)组成的具有金属性质的物质。例如，工业上广泛应用的碳素钢和铸铁主要是由铁和碳组成的合金，黄铜是由铜和锌组成的合金，硬铝是由铝、铜、镁组成的合金。与组成它的纯金属相比，合金不仅具有较高的力学性能和某些特殊的物理、化学性能，还可通过调节其组成的比例，获得一系列性能不同的合金，因此研究合金具有重要的生产实际意义。

组成合金最基本的、独立的单元称为**组元**，组元可以是元素或稳定的化合物。由两个组元组成的合金称为**二元合金**；由3个组元组成的合金称为**三元合金**；由3个以上组元组成的合金称为**多元合金**。

合金中晶体结构和化学成分相同，与其他部分有明显分界的均匀区域称为**相**。只由一种相组成的合金称为**单相合金**；由两种或两种以上相组成的合金称为**多相合金**。用金相观察方法，在金属及合金内部看到的相的大小、方向、形状、分布及相间结合状态称为**组织**。合金的性能取决于它的组织，而组织的性能又取决于其组成相的性质。要了解合金的组织和性能，首先必须研究固态合金的相结构。按合金的结构和相图等特点，合金的结构一般可分为金属固溶体和金属化合物两大类。

1. 金属固溶体

合金在固态下由不同组元相互溶解而形成的相称为**固溶体**，即在某一组元的晶格中包含其他组元的原子，前一组元称为溶剂，其他组元称为溶质。根据溶质原子在溶剂晶格中占据的位置不同，可将固溶体分为置换固溶体、间隙固溶体和缺位固溶体3种。

(1)置换固溶体

由溶质原子代替部分溶剂原子，占据溶剂晶格结点位置而形成的固溶体，称为置换固溶体，如图6-6(b)所示。形成置换固溶体时，溶质原子在溶剂晶格中的最高含量(溶解度)主要取决于晶格类型、原子直径差及它们在元素周期表中的位置。晶格类型相同，原子直径差越小，在元素周期表中的位置越靠近，则溶解度越大，甚至可以任何比例溶解而形成**无限固溶体**。反之，若不能满足上述条件，则溶质在溶剂中的溶解度是有限的，这种固溶体称为**有限固溶体**。

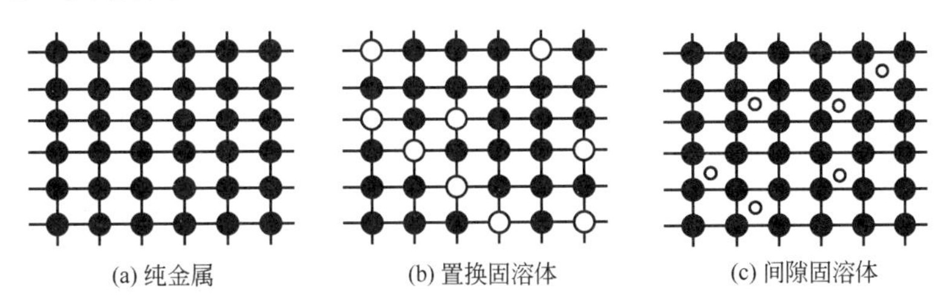

图6-6 纯金属与金属固溶体结构比较

(2)间隙固溶体

直径很小的非金属元素原子溶入溶剂晶格结点的空隙处，形成的固溶体称为间隙固溶体，如图6-6(c)所示。能否形成间隙固溶体，主要取决于溶质原子和溶剂原子的尺寸。研究表明，只有当溶质元素与溶剂元素的原子直径的比值小于**0.59**时，间隙固溶体才有可能形成。此外，形成间隙固溶体还与溶剂金属的性质及溶剂晶格间隙的大小和形状有关。

在固溶体中，溶质原子的溶入导致晶格畸变(图 6－7)。溶质原子与溶剂原子的直径差越大，溶入的溶质原子越多，则晶格畸变就越严重。晶格畸变使晶体变形的抗力增大，材料的强度、硬度提高，这种现象称为固溶强化。

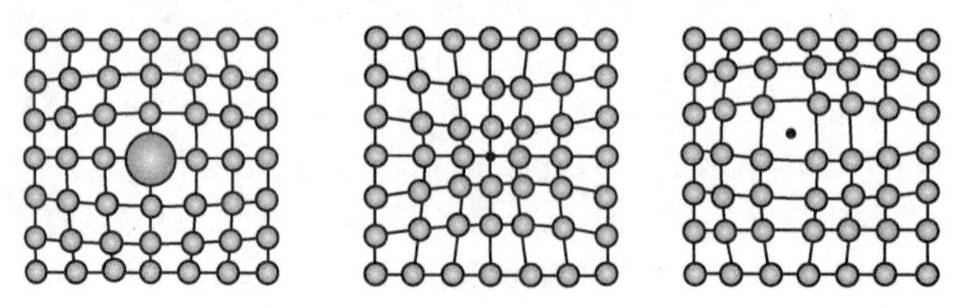

图 6－7　晶格畸变的 3 种类型

(3)缺位固溶体

由被溶元素溶于金属化合物中而生成晶格结点位置上出现空位的固溶体，称为缺位固溶体，如 Sb 溶于 NiSb 中得到的固溶体，溶入元素 Sb 占据着晶格的正常位置，但另一元素(Ni)应占的某些位置是空着的。

2. 金属化合物

两组元组成的合金中，在形成有限固溶体的情况下，如果溶质含量超过其溶解度，将会出现新相，若新相的晶体结构不同于任一组元，则新相是组元间形成的化合物，称为金属化合物或金属间化合物，多数是金属与金属(或金属与非金属)元素之间形成的化合物。金属化合物中有金属键参与作用，因而具有一定的金属性质。常见的金属化合物有正常价化合物、电子化合物和间隙化合物。

(1)正常价化合物

正常价化合物是由元素周期表中位置相距甚远、电化学性质相差很大的两种元素形成的。这类化合物的特征是严格遵守化合价规律，可用化学式表示，如 Mg_2Si、Mg_2Sn 等。正常价化合物具有高的硬度和脆性，能弥散分布于固溶基体中，可对金属起到强化作用。

(2)电子化合物

电子化合物是由周期表中第Ⅰ族或过渡元素与第Ⅱ～Ⅴ族元素形成的金属化合物，它们不遵守化合价规律，服从电子浓度(价电子数与原子数的比值)规律。电子浓度不同，所形成金属化合物的晶体结构也不同。电子化合物以金属键相结合，熔点一般较高，硬度高、脆性大，是有色金属中的重要强化相。

(3)间隙化合物

间隙化合物是由过渡元素与硼、碳、氮、氢等原子直径较小的非金属元素形成的化合物。若非金属原子与金属原子半径之比小于 0.59，则形成具有简单晶体结构的间隙相；若非金属原子与金属原子半径之比大于 0.59，则形成具有复杂结构的间隙化合物。

间隙相与间隙固溶体不同，后者保持金属的晶格，而前者的晶格则不同于组成它的任何一个组元的晶格。此外，尽管间隙相和间隙固溶体中直径小的原子均位于晶格的间隙处，但在间隙相中，直径小的原子呈现有规律的分布，而在间隙固溶体中，直径小的原子(溶质原子)则是随机分布于晶格的间隙位置。间隙化合物和间隙相都有高的熔点和硬度，但塑性较低。它们是硬质合金、合金工具钢中的重要组成相。

总之，使用不同的原料、改变原料的用量比例、控制合金的结晶条件，就可以制得具有各种特性的合金。现代的机器制造、飞机制造、化学工业、原子能工业的成绩，尤其是导弹、火箭、人造卫星、宇宙飞船的制造成功，都与各种优良性能的合金有非常密切的关系。

6.3 金属的性质

6.3.1 金属的物理性质

自由电子的存在和紧密堆积的结构使金属具有许多共同的性质，如良好的导电性、导热性、延展性以及金属光泽等。

1. 金属光泽

由于金属原子以最紧密堆积状态排列，内部存在自由电子，所以当光线投射到其表面时，自由电子吸收所有频率的光，并迅速放出，使绝大多数金属呈现钢灰色至银白色的光泽。此外，金呈黄色，铜呈赤红色，铋为淡红色，铂为淡黄色以及铅为灰蓝色，这是因为它们较易吸收某一些频率的光。金属光泽只有在整块金属时才能表现出来，在粉末状时，一般金属都呈暗灰色或黑色。这是因为在粉末状时，晶格排列得不规则，可见光吸收后辐射不出去，所以呈黑色。

许多金属在光的照射下能放出电子，其中在短波辐射照射下能放出电子的现象称为**光电效应**，在加热到高温时能放出电子的现象称为**热电现象**。

2. 金属的导电性和导热性

根据金属键的概念，所有金属中都有自由电子。在外加电场作用时，自由电子有了一定的运动方向，形成电流，显示出金属的导电性。其与电解质水溶液和熔融盐的导电机理不同，当温度升高时，金属离子和金属原子的振动增加，自由电子的运动受阻碍程度增加，因此金属的导电性就降低。

金属的导热性也与自由电子的存在密切相关。当金属中有温度差时，运动的自由电子不断与晶格结点上振动的金属离子相碰撞而交换能量，因此使金属具有较高的导热性。

大多数金属具有良好的导电性和导热性。常见金属导电、导热能力由大到小的顺序如下：

Ag，Cu，Au，Al，Zn，Pt，Sn，Fe，Pb，Hg

金属和其他类型固体的导电性有很大差别，常以电导率表示，见表6－2。

表6－2 各种固体的导电性

物质	键的类型	电导率/($\Omega^{-1}\cdot cm^{-1}$)
Ag	金属键	6.3×10^{5}
Cu	金属键	6.0×10^{5}
Na	金属键	2.4×10^{5}
Zn	金属键	1.7×10^{5}

续表

物质	键的类型	电导率/($\Omega^{-1}\cdot cm^{-1}$)
NaCl	离子键	10^{-7}
金刚石	大分子共价键	10^{-14}
石英	大分子共价键	10^{-14}

3. 金属的延展性

金属有延性，可以抽成细丝；金属又有展性，可以压成薄片。金属的延展性也可以从金属的结构得到解释。当金属受到外力作用时，金属内原子层之间容易作相对位移，而金属离子和自由电子仍保持着金属键的结合力，金属发生形变而不易断裂，因此金属具有良好的变形性。金属延展性的强弱顺序如下：

延性：Pt，Au，Ag，Al，Cu，Fe，Ni，Zn，Sn，Pb；

展性：Au，Ag，Al，Cu，Sn，Pt，Pb，Zn，Fe，Ni。

由于金属的良好延展性，作为材料使用的金属可以经受切削、锻压、弯曲、铸造等加工。也有少数金属如锑、铋、锰等，性质较脆，没有延展性。

4. 金属的密度

锂、钠、钾密度很小，其他金属密度较大。20℃时一些金属的密度($g\cdot cm^{-3}$)由大到小的顺序排列如下：

金属	锇	铂	金	汞	铅	银	铜	镍	铁	锡	锌	铝	镁	钙	钠	钾	锂
密度	22.57	21.45	19.32	13.6	11.35	10.5	8.96	8.9	7.87	7.3	7.13	2.7	1.74	1.55	0.97	0.86	0.53

5. 金属的硬度

金属的硬度一般都较大，但不同金属间有很大差别。有的坚硬，如钢、铬、钨等；有的很软，如钠、钾等，可用小刀切割。现以金刚石的硬度作为10，将一些金属按相对硬度比较，由大到小的顺序排列如下：

金属	铬	钨	镍	铂	铁	铜	铝	银	锌	金	镁	锡	钙	铅	钾	钠
硬度	9	7	5	4.3	4～5	3	2.9	2.7	2.5	2.5	2.1	1.8	1.5	1.5	0.5	0.4

6. 金属的熔点

不同金属的熔点差别很大，最难熔的是钨，最易熔的是汞、铯和镓。汞在常温下是液体，铯和镓在手上就能熔化。一些金属的熔点见表6-3。

表6-3 一些金属的熔点 单位：℃

金属	钨	铼	铂	钛	铁	镍	铍	铜	金	银	钙
熔点	3410	3080	1772	1668	1535	1453	1278	1083	1064	962	839
金属	铝	镁	锌	铅	锡	钠	钾	镓	铯	汞	
熔点	660	649	420	327	232	98	64	30	28	−39	

7. 金属的内聚力

内聚力指物质内部质点间的相互作用力，对金属来说是指金属键的强度，即自由原子间的引力。金属的内聚力可以用它的**升华热**来衡量。升华热是指 1mol 金属由结晶态转变为自由原子($M_{晶体} \rightarrow M_{气体}$)所需的能量，也是拆散金属晶格所需的能量。金属键越强，内聚力越大，升华热就越高。一些金属在 25℃时的升华热见表 6－4。

表 6－4　25℃时一些金属的升华热

金属	升华热/($kJ \cdot mol^{-1}$)	熔点/K	沸点/K
Li	161	454	1620
Na	108	371	1156
K	90	337	1047
Rb	82	312	961
Cs	78	302	951
Be	326	1551	3243
Mg	149	922	1363
Ca	177	1112	1757
Sr	164	1042	1657
Ba	178	998	1913
B	565	2573	2823
Al	324	933	2740
Ga	272	303	2676
Sc	326	1812	3105
Ti	473	1941	3560
V	515	2173	3653
Cr	397	2148	2945
Mn	281	1518	2235
Fe	416	1808	3023
Co	425	1768	3143
Ni	430	1726	3005
Cu	340	1356	2840
Zn	131	693	1180

从表 6－4 可以看出，从 Li 到 Cs 的升华热是递减的，这表明金属的升华热与金属的原子半径或核间距成反比。因为从 Li 到 Cs，随着周期数的增加，原子半径加大，金属堆积的核间距变大，原子核对电子的束缚力下降，因此拆散金属晶格所需的能量降低，升华热随之下降。在同一周期中，硼族金属的升华热大于碱土金属，碱土金属又大于碱金属，这暗示金属键的强度与价电子的数目有关。过渡金属的 s 层、次外层 d 轨道上的电子均可参加成键，所以过渡金属金属键的强度都较大，内聚力都较高，在性能上表现为都具有较

高的硬度、熔点、沸点，并且能彼此间或与非金属材料间形成具有多种特性的合金，因而过渡金属及其合金广泛地用作结构材料。例如，铬、锰和铁形成的合金钢一般具有抗拉强度高、硬度大、耐腐蚀、耐高温等特性，可用在制造超音速飞机和导弹上；钛对海水有特别强的耐蚀能力，因此用于航海造船工业等。

由于具有上述特性，金属类元素在材料工业中具有非常重要的地位。除了上面所说的过渡金属多数可作为结构材料使用外，像镁、铝等轻金属也广泛地用作结构材料，尤其在航空领域具有非常重要的特殊地位。金、银、铜、铂等有色金属广泛用作导体材料，铝由于密度小、导电性能较好、价格便宜等也大量用作导体材料。而过渡金属由于其d轨道具有未成对的孤电子，因而其金属或氧化物也作为磁性材料使用。其他如钼、钨、铌、镓、铊等金属或其合金，常作为功能材料使用，在电子工业领域具有非常重要的地位。

6.3.2 金属的化学性质

金属最主要的化学性质是易失去最外层的电子变成金属阳离子，因而表现出较强的还原性。各种金属原子失去电子的难易不同，因此金属还原性的强弱也不同。在水溶液中金属失去电子的能力可用标准电极电势来衡量，按标准电极电势数值由负到正排成金属活动顺序表。将在材料工业中具有重要地位的几种金属的化学性质归纳在表6－5中。

表6－5 一些金属的主要化学性质

金属活动顺序	Mg Al Mn Zn Fe Ni Sn Pb	H	Cu Hg	Ag Pt Au
失去电子能力	在溶液中失去电子的能力依次减小，还原性减弱			
在空气中与氧的反应	常温时氧化	—	加热时氧化	不被氧化
和水的反应	加热时取代水中氢	—	不能从水中取代出氢	—
和酸的反应	能取代稀酸(盐酸、硫酸)中氢	—	能与硝酸及浓硫酸反应	难与硝酸及浓硫酸反应，可与王水反应
和碱的反应	仅铝、锌等两性金属与碱反应			
和盐的反应	前面的金属可以从盐中取代后面的金属离子			

1. 金属的氧化反应

金属与氧气等非金属反应的难易程度，和金属活动顺序大致相同。位于金属活动顺序表前面的金属很容易失去电子，常温下就能被氧化或自燃；位于金属活动顺序表后面的金属则很难失去电子。金属与氧的反应情况和金属表面生成的氧化膜的性质有很大关系，如铝、铬形成的氧化物结构致密，紧密覆盖在金属表面，防止金属继续氧化。这种氧化物的保护作用称为钝化，所以常将铁等金属表面镀铬、渗铝，起到美观且防腐的效果。在空气中铁表面生成的氧化物，结构疏松，因此铁在空气中易被腐蚀。

2. 金属与水、酸的反应

金属与水、酸反应的情况如下：①与反应物的本性有关，即与金属的活泼性、酸的性质有关；②与生成物的性质有关；③与反应温度、酸的浓度有关。

常温下纯水中氢离子的浓度为10^{-7} mol·L^{-1}，其$\phi_{(H^+/H_2)}=-0.41V$，因此电极电势$\phi^{\ominus}<-0.41V$的金属都可能与水反应。性质活泼的金属如钠、钾，在常温下就与水激烈地反应；钙的作用比较缓和；铁则需在炽热的状态下与水蒸气发生反应；有些金属如镁等，与水反应后生成的氢氧化物不溶于水，覆盖在金属表面，在常温下反应难于继续进行，因此镁只能与沸水起反应。

一般$\phi^{\ominus}$为负值的金属可以与非氧化性酸反应放出氢气。但有的金属由于表面形成了很致密的氧化膜而钝化，如铅与硫酸作用生成$PbSO_4$覆盖在铅表面，因而难溶于硫酸。$\phi^{\ominus}$为正值的金属一般不容易被酸中的氢离子氧化，只能被氧化性的酸氧化，或在氧化剂存在的情况下与非氧化性酸作用。有的金属如铝、铬、铁等在浓HNO_3、浓H_2SO_4中由于钝化而不发生作用。

3. 金属与碱的反应

金属除了少数显两性以外，一般都不与碱起作用，锌、铝与强碱反应，生成氢和锌酸盐或铝酸盐，反应如下：

$$Zn+2NaOH+2H_2O=Na_2[Zn(OH)_4]+H_2\uparrow$$

$$2Al+2NaOH+6H_2O=2Na[Al(OH)_4]+3H_2\uparrow$$

此外，铍、镓、铟、锡等也能与强碱反应。活泼性强的金属还可以将活泼性弱的金属从其盐溶液中置换出来。在金属参加的化学反应中，都是金属原子失去电子，被氧化，是还原剂；非金属原子、氢离子或较不活泼的金属阳离子得电子，被还原。

6.4 金属材料的制备

冶炼是金属材料制备的第一道工序，也是最重要的一道工序。冶金学是一门研究如何经济地从矿物或原料中提取金属或金属化合物，并用各种加工方法将其制成具有一定性能的金属材料的科学。

冶金的分类方法很多，根据过程性质可分为物理冶金和化学冶金。物理冶金是指通过成形加工的方法制备有一定性能的金属或合金材料，研究其组成、结构的内在联系，涉及金属学、粉末冶金、金属铸造和压力加工等。化学冶金是指从矿物中提取金属或金属化合物的整个生产过程中伴随着化学反应，故称为化学冶金。

根据冶金工艺过程不同可分为火法冶金、湿法冶金和电冶金。火法冶金是指在高温下矿石经过熔炼和精炼反应及熔化作业，使其中的金属和杂质分开，获得较纯的金属的过程。大致流程是采矿→选矿→熔炼→精炼。湿法冶金是在常温或低于100℃下，用溶剂处理矿石，使所要提取的金属溶解在溶液里，而其他杂质不溶解，然后将金属从溶液里提取和分离的过程。绝大部分溶液是水溶液，所以又称为水法冶金。电冶金是利用电能提取和精炼金属的方法。按电能的类型分为电热冶金和电化学冶金。前者是利用电能转变为热能，在高温下提炼金属的方法，过程大致与火法冶金相同。后者利用电化学反应使金属从金属的盐类水溶液或熔体中析出，如铜的电解精炼和电解铝等都属于此类方法。

6.4.1 钢铁的冶炼

钢铁工业是一个国家一切工业的基础，它的产量是一个国家工业水平和生产能力的主要标志。钢铁之所以是应用最多的金属材料，主要原因是：铁在自然界的储量大，仅次于铝；冶炼加工容易，成本低；其具有良好的物理、力学和工艺性能；可以利用钢铁制作性能更好的合金。

【百炼成钢】

1. 炼铁

炼铁的主要过程是将铁矿石在高炉(图 6－8)里通过复杂的物理、化学反应生成金属铁的过程，如图 6－9 所示。

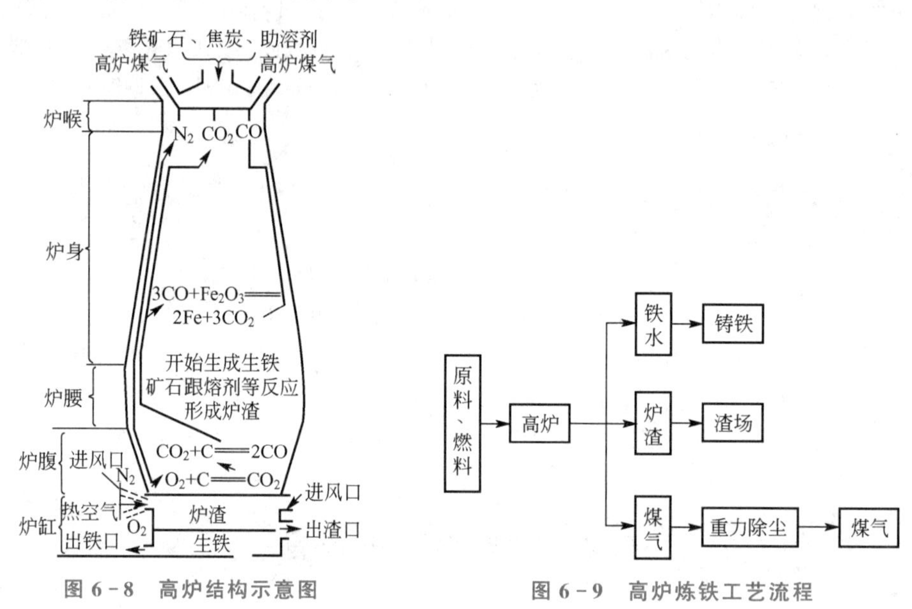

图 6－8　高炉结构示意图　　　图 6－9　高炉炼铁工艺流程

(1) 原料

铁矿石的种类繁多，在自然界里存在 300 多种含铁矿物。目前应用最广泛的铁矿石主要有磁铁矿、赤铁矿、褐铁矿和菱铁矿等，其分类、组成和性能见表 6－6。

表 6－6　铁矿石常用的分类、组成与性能

矿石类别	代表性的化学式	含铁量/%	颜色	性能	还原性
磁铁矿	Fe_3O_4	72.4	黑色或灰色	坚硬致密	难
菱铁矿	$FeCO_3$	48.2	灰色带黄褐色	易破碎	焙烧后易还原
褐铁矿	$Fe_2O_3 \cdot 3H_2O$	60	黄褐色	疏松	易
赤铁矿	Fe_2O_3	70	红色至浅灰色	软易破碎	易

(2) 反应

高炉炼铁的过程非常复杂，其大致的过程是(图 6－8、图 6－9)：将铁矿石、焦炭、助溶剂等按一定比例组成炉料，从高炉顶部加入，并从上到下进行一系列复杂的过程。焦炭的作用是产生还原气体、使熔融的铁增碳和产生反应需要的热量。助溶剂的作用是去除矿石里的杂质元素，使之产生渣与铁水分离。从炉底部吹入 800～1 000℃的热空气。

焦炭在炉底部燃烧生成 CO_2，并与 C 进行反应生成 CO。反应式为

$$C+O_2 \longrightarrow CO_2$$

$$CO_2 + C \longrightarrow 2CO$$

焦炭产生的CO气体与下落被加热的炉料相遇发生如下反应：

$$3Fe_2O_3 + CO \longrightarrow 2Fe_3O_4 + CO_2$$

$$Fe_3O_4 + CO \longrightarrow 3FeO + CO_2$$

$$FeO + CO \longrightarrow Fe + CO_2$$

在这里，CO的还原称为间接还原，在500～1 000℃进行，当处于高温的炉体部分时，产生焦炭的直接还原。但是由于焦炭是固体，发生还原反应时与氧化铁表面接触的面积不如气体CO大，所以炼铁中的主要反应依然是CO还原反应。

另外还包括相应的造渣过程，反应如下：

$$CaCO_3 \longrightarrow CaO + CO_2$$

$$CaO + SiO_2 \longrightarrow CaSiO_3$$

$$3CaO + Al_2O_3 \longrightarrow Ca_3(AlO_3)_2$$

2. 炼钢

【炼钢工艺】

炼钢根据工艺流程可以分为3类。

(1) 间接炼钢法：是先将矿石还原熔化成生铁，然后将生铁装入炼钢炉得到钢的方法。其由高炉炼铁和转炉炼钢两步构成。优点是工艺成熟，生产效率高，成本低，是现代炼钢大规模采用的方法。

(2) 熔融还原法：是在铁矿石高温熔融状态下用碳把铁氧化物还原成金属铁的非高炉炼铁方法。其产品为液态生铁，可用传统转炉精炼成钢。其为全粉末流程，用非焦煤取代昂贵的焦炭，故工艺简单，是一种非高炉炼铁的较好技术方法。

(3) 直接炼钢法：是由铁矿石一步冶炼得到钢的方法。此法不用高炉和昂贵的焦炭，而是将矿石放入直接还原的电炉中，用气体或固体还原剂还原出含碳量比较低的、含有杂质的半熔融状态的海绵铁，从而形成直接还原-电炉串联生产钢的方法。其特点是工序少，避免了反复氧化还原过程，但是铁回收率低，要求使用高品位的矿石，能耗高。因此该法未大规模使用，只在某些地区作为典型钢铁生产的补充方法。

此外，炼钢根据所使用的炉子不同，可以分为平炉炼钢、转炉炼钢和电炉炼钢3种。平炉炼钢是历史悠久的一种炼钢方法；转炉炼钢现在使用得最广；电炉炼钢炼制的钢材质量高。

(1) 原料

炼钢用的原料可分为金属和非金属两类。金属料主要有铁水、废钢和铁合金等，非金属材料主要是造渣材料、氧化剂、冷却剂和增碳剂等。

铁水是氧气转炉的必备材料，占金属材料的70%～100%。铁水的成分和温度是否适当和稳定，对简化和稳定转炉操作十分重要。铁水应控制Si、Mn、S、P等含量，保证进入转炉的铁水温度大于1 200℃，并保持稳定，以利于炉子热行，迅速成渣，减少喷溅。

废钢是电弧炉炼钢的基本原料，用量达到70%～90%。对于废钢矿石法的平炉，其也是主要金属材料。而其对氧气转炉，既是金属料也是冷却剂。

铁合金在炼钢中主要起到脱氧和合金化元素的作用，主要有Fe-Mn、Fe-Si、Fe-Cr及复合脱氧剂，如硅锰合金、硅锰铝合金等。造渣材料主要目的是去除钢中多余的杂质元素，主要有石灰、萤石、白云石及合成造渣材料等。氧化剂的主要作用是在炼钢过程中除去过多的C，主要有氧气、铁矿石和氧化铁皮等。冷却剂的主要作用是使钢快速冷却，使用的有废钢、富铁矿和石灰石等。还原剂和增碳剂主要有石墨电极、焦炭、电石、硅铁、硅钙和铝等。

(2) 反应

炼钢的基本任务如下(其中②～⑤为去除杂质)。

① 脱碳。从高炉出来的生铁含碳量高于4.3%，要达到钢的成分必须脱去多余的碳元素。钢中随着碳含量的增加，其硬度、强度和脆性增加，而延展性降低。脱碳的反应为

$$C+O_2 \longrightarrow CO_2$$

去除杂质主要包括以下内容。

② 脱磷。磷是钢中的有害杂质，会引起冷脆性，要严格加以控制。脱磷的反应式为

$$4P+5O_2 \longrightarrow 2P_2O_5$$

③ 脱硫。硫与磷一样都是钢中的有害杂质，会引起热脆性，要严格加以控制。脱硫的反应式为

$$S+O_2 \longrightarrow SO_2$$

④ 脱氧。在氧化精炼中向熔池输入了大量的氧及氧化杂质，导致钢液中融入大量的氧，将大大影响钢的质量，因此必须降低钢中的含氧量。一般做法是往钢里加入与氧更有亲和力的Al、Si和Mn等元素。其原理为

$$C+FeO \longrightarrow Fe+CO$$

$$Si+2FeO \longrightarrow 2Fe+SiO_2$$

$$Mn+FeO \longrightarrow Fe+MnO$$

$$2Al+3FeO \longrightarrow 3Fe+Al_2O_3$$

⑤ 去除气体和非金属夹杂物。钢中主要溶解的气体是氮和氢。非金属夹杂物包括氧化物、硫化物、磷化物、氮化物及其形成的复杂化合物。主要依靠CO引起熔池的沸腾来降低气体含量。非金属夹杂物可以通过以下反应去除

$$2SO_2+2CaO+O_2 \longrightarrow 2CaSO_4$$

$$P_2O_5+3CaO \longrightarrow Ca_3(PO_4)_2$$

$$SiO_2+CaO \longrightarrow CaSiO_3$$

$$SiO_2+MnO \longrightarrow MnSiO_3$$

6.4.2 有色金属的冶炼

现代冶金工业通常把金属分为黑色金属和有色金属，其中铁、铬、锰3种金属称为黑色金属，其余各种金属如铝、镁、钛、铜、铅、锌、钨、钼、稀土、金、银等，都称为有色金属。下面简单介绍生产中常用的金属铜和铝的冶炼。

1. 铜的冶炼

目前自然界中含铜矿物有240多种，常见的有30～40种，而具有工业开采价值的铜矿仅10余种。铜矿物可分为自然铜、硫化矿和氧化矿3种类型，自然铜在自然界中很少，主要是硫化矿和氧化矿。特别是硫化矿分布最广，是当今炼铜的主要原料。目前工业开采的铜矿石最低品位为0.4%～0.5%。开采出来的低品位矿石，经过选矿富集，使铜的品位提高到10%～30%。表6-7列出了硫化铜和氧化铜的相关性质。

表 6-7 硫化铜和氧化铜的相关性质

类别	矿物名称	化学分子式	含铜量/%	颜色
硫化铜	辉铜矿	Cu_2S	79.8	灰黑色
	铜蓝	CuS	66.7	红蓝色
	黄铜矿	$CuFeS_2$	34.6	黄色
	斑铜矿	Cu_4FeS_4	63.5	红蓝色
	硫砷铜矿	Cu_3AsS_4	49.0	灰黑色
	黝铜矿	$(Cu, Fe)_{12}Sb_4S_{13}$	25.0	灰黑色
氧化铜	赤铜矿	Cu_2O	88.8	红色
	黑铜矿	CuO	79.9	灰黑色
	孔雀石	$CuCO_3 \cdot Cu(OH)_2$	57.5	亮绿色
	蓝铜矿	$2CuCO_3 \cdot Cu(OH)_2$	68.2	亮蓝色
	硅孔雀石	$CuSiO_3 \cdot 2H_2O$	36.2	蓝绿色
	胆矾	$CuSO_4 \cdot 5H_2O$	25.5	蓝色

铜的生产方法或冶金工艺概括起来有火法和湿法两大类。

火法炼铜是当今生产铜的主要方法，世界上80%左右的铜是用火法炼铜方法生产的。图6-10所示为火法炼铜的流程图。

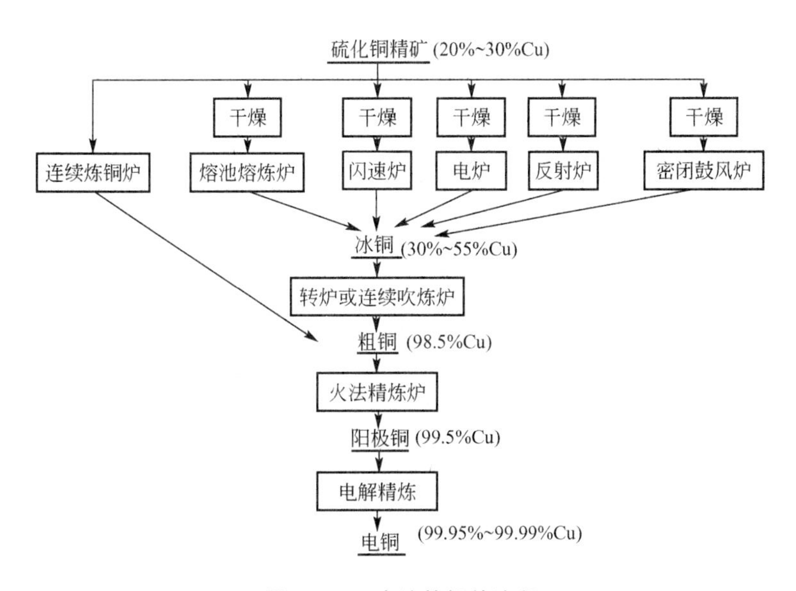

图 6-10 火法炼铜的流程

湿法炼铜是在常压或高压下，用溶剂浸出矿石或焙烧矿中的铜，经净液使铜与杂质分离，而后用电积或置换等方法，将溶液中的铜提取出来。对氧化矿，大多数工厂用溶剂直接浸出；对硫化矿，一般先经焙烧然后浸出焙烧矿。湿法炼铜的流程如图6-11所示。

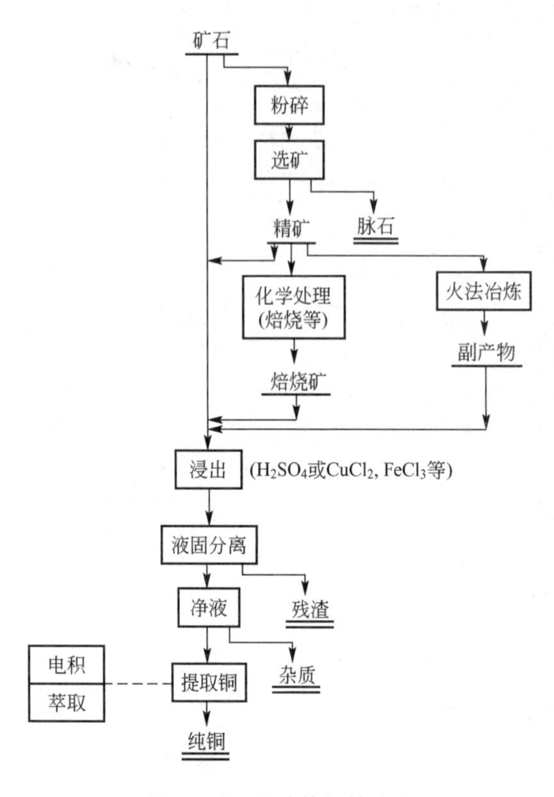

图 6-11　湿法炼铜的流程

2. 铝的冶炼

铝工业有3个主要生产环节：从铝土矿提取氧化铝——氧化铝生产；用冰晶石-氧化铝融盐电解法生产金屑铝——铝电解；铝加工。图6-12所示为铝生产流程。

铝土矿按其含有的氧化铝水合物的类型，可分为三水铝石型、一水软铝石型、一水硬铝石型和混合型铝土矿，其主要化学成分有 Al_2O_3、SiO_2、Fe_2O_3、TiO_2，少量的 CaO、MgO、硫化物及微量的镓、钒、磷、铬等元素的化合物。氧化铝生产方法有碱法、酸法、酸碱联合法、热法等。

(1) 碱法。碱法生产氧化铝，就是用碱($NaOH$ 或 Na_2CO_3)处理铝土矿，使矿石中的氧化铝水合物和碱反应生成铝酸钠溶液。铝土矿中的铁、钛等杂质和绝大部分的二氧化硅则成为不溶性的化合物进入固体残渣中，这种残渣被称为赤泥。铝酸钠溶液与赤泥分离后，经净化处理，分解析出 $Al(OH)_3$，将 $Al(OH)_3$ 与碱液分离并经过洗涤和焙烧后，即获得产品氧化铝。目前工业上几乎全部采用碱法生产氧化铝。

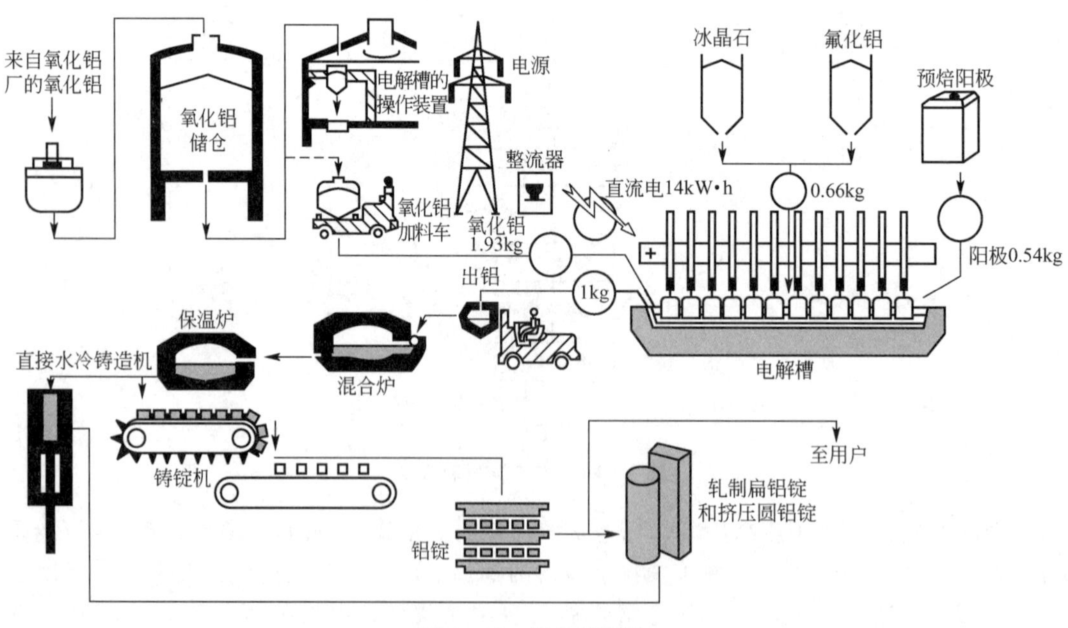

图 6-12　铝生产流程

(2) 酸法。酸法生产氧化铝就是用硫酸、盐酸、硝酸等无机酸处理铝矿石，得到含铝盐溶液，然后用碱中和这些盐溶液，使铝生成氢氧化铝析出，焙烧氢氧化铝或各种铝盐的水合物晶体，便得到氧化铝。

用酸法处理铝矿石时，存在于矿石中的铁、钛、钒、铬等杂质与酸作用进入溶液中，这不但引起酸的消耗，而且它们与铝盐分离比较困难。氧化硅绝大部分成为不溶物进入残渣与铝盐分离，但有少量成为硅胶进入溶液，所以铝盐溶液还需要脱硅，而且需要昂贵的耐酸设备。用酸法处理分布很广的高硅低铝矿(如黏土、高岭土、煤矸石和煤灰)在原则上是合理的，在铝土矿资源缺乏的情况下可以采用此法。

(3) 酸碱联合法。酸碱联合法是先用酸法从高硅铝矿石中制取含铁、钛等杂质的不纯氢氧化铝，然后用碱法处理。这一流程的实质是用酸法除硅，碱法除铁。

(4) 热法。热法适合于处理高硅高铁的铝矿，其实质是在电炉中熔炼铝矿石和碳的混合物，使矿石中的氧化铁、氧化硅、氧化钛等杂质还原，形成硅合金。而氧化铝则呈熔融状态的炉渣而上浮，由于密度不同而分离，所得氧化铝渣再用碱法处理从中提取氧化铝。

现代铝工业生产，主要采取冰晶石-氧化铝融盐电解法。直流电流通入电解槽，在阴极和阳极上起电化学反应。电解产物，阴极上是铝液，阳极上是 CO 和 CO_2 气体。铝液用真空抽出，经过净化和澄清之后，浇注成商品铝锭，其含铝质量达到 99.5%～99.8%。阳极气体中还含有少量有害的氟化物和沥青烟气，经过净化之后，废气排入大气，收回的氟化物则返回电解槽。图 6-13 所示为铝电解生产流程图。炼铝的原料是氧化铝，氧化铝是一种白色粉末，熔点为 2 050℃，密度为 3.5～3.68g·cm^{-3}，工业氧化铝中通常含氧化铝达 99%左右。

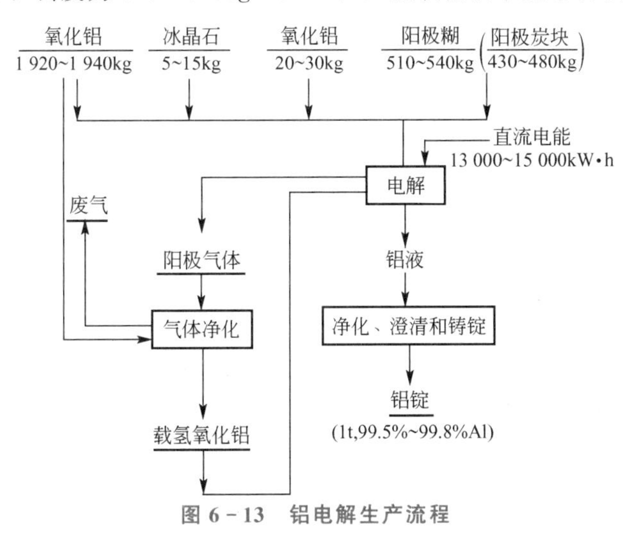

图 6-13 铝电解生产流程

6.5 常见金属材料

6.5.1 钢铁

钢铁材料是指所有的铁碳合金，包括碳钢、合金钢及铸铁。钢铁材料是工程中最重要的金属材料，其工程性能好、成本低、应用广泛。

1. 钢的分类

(1) 按化学成分分类

按化学成分不同，可将钢分为碳素钢和合金钢两大类。碳素钢按含碳量不同，可分为低碳钢（含碳量＜0.25%）、中碳钢（含碳量为0.25%～0.60%）和高碳钢（含碳量＞0.60%）3类。合金钢按合金元素的含量可分为低合金钢（合金元素总量＜5%）、中合金钢（合金元素总量为5%～10%）和高合金钢（合金元素总量＞10%）3类。合金钢按合金元素的种类可分为锰钢、铬钢、硼钢、铬镍钢、硅锰钢等。

(2) 按冶金质量分类

按钢中所含有害杂质硫、磷的多少，可将钢分为普通钢（含硫量≤0.055%，含磷量≤0.045%）、优质钢（含硫量、含磷量≤0.040%）和高级优质钢（含硫量≤0.030%，含磷量≤0.035%）3类。

根据冶炼时脱氧程度，又可将钢分为沸腾钢（脱氧不完全）、镇静钢（脱氧较完全）和半镇静钢3类。

(3) 按用途分类

按用途不同，可将钢分为结构钢、工具钢、特殊钢三大类。

结构钢又分为工程构件用钢和机器零件用钢两部分。工程构件用钢包括建筑工程用钢、桥梁工程用钢、船舶工程用钢、车辆工程用钢。机器零件用钢包括调质钢、弹簧钢、滚动轴承钢、渗碳和渗氮钢、耐磨钢等。这类钢一般属于低、中碳钢和低、中合金钢。

工具钢分为刃具钢、量具钢、模具钢，主要用于制造各种刃具、模具和量具，这类钢一般属于高碳、高合金钢。

特殊钢分为不锈钢、耐热钢等，这类钢主要用于各种具有特殊要求的场合，如化学工业用的不锈耐酸钢、核电站用的耐热钢等。

(4) 按金相组织分类

按钢退火态的金相组织，可将钢分为亚共析钢、共析钢、过共析钢3种。

按钢正火态的金相组织，可将钢分为珠光体钢、贝氏体钢、马氏体钢、奥氏体钢4种。

在对钢的产品命名时，往往把成分、质量和用途几种分类方法结合起来，如称碳素结构钢、优质碳素结构钢、碳素工具钢、高级优质碳素工具钢、高速工具钢等。

2. 钢的牌号

为了方便管理和使用，每一种钢都需要有简明的编号。世界各国钢的编号方法不一样，但编号原则主要是：根据编号可大致看出钢的成分或用途。

我国的钢材编号是采用国际化学元素符号和汉语拼音字母并用的原则，即钢号中的化学元素采用国际化学元素符号表示，如Si、Mn、Cr、W等，稀土元素用“RE”表示。具体的编号方法如下所述。

(1) 普通碳素结构钢与低合金高强度结构钢

普通碳素结构钢的牌号以“Q＋数字＋字母＋字母”表示，其中“Q”是钢材的屈服强度“屈”字的汉语拼音字首，紧跟后面的分别是屈服强度值、质量等级符号和脱氧方法。例如，Q235AF表示屈服强度值为235MPa的A级沸腾钢。又如2008北京奥运会建成的标志性建筑“鸟巢”，以钢结构最大跨度达到343m而创造世界钢结构之最，其最终采用我国自主研究生产的Q460钢材，“460”代表钢材受力强度达到460MPa时才会发生塑性变形。“Q460”建筑用钢是我国科研人员经过3次技术攻关研制出来的，其不仅在钢材厚度和使用范围方面是前所未有的，而且具有良好的抗震性、抗低温性、可焊性等特点。

牌号中规定了A、B、C、D 4种质量等级，A级质量最差，D级质量最好。

按脱氧方法，沸腾钢在钢号后加“F”，半镇静钢在钢号后加“b”，镇静钢则不加任何字母。

普通低合金高强度结构钢的牌号与普通碳素结构钢的表示方法相同，屈服强度一般在300MPa以上，其质量等级分为A、B、C、D、E 5种，如Q345C、Q345D。

(2) 优质碳素结构钢与合金结构钢

优质碳素结构钢与合金结构钢编号的方法是相同的，都是以“两位数字＋元素＋数字＋…”的方法表示。钢号的前两位数字表示平均含碳量的万分之几，沸腾钢、半镇静钢以及专门用途的优质碳素结构钢，应在钢号后特别标出。合金元素以化学元素符号表示，合金元素后面的数字则表示该元素的含量，一般以百分之几表示。当合金元素的平均含量小于1.5%时，钢号中一般只标明元素符号而不标明其含量。当平均含量≥1.5%，≥2.5%，≥3.5%，…时，则相应地在元素符号后面标以2，3，4，…如为高级优质钢，则在其钢号后加“高”或“A”。钢中的V、Ti、Al、B、RE等合金元素虽然含量很低，但在钢中能起相当重要的作用，故仍应在钢号中标出。例如，45钢表示平均含碳量为0.45%的优质碳素结构钢；20CrMnTi表示平均含碳量为0.20%，主要合金元素Cr、Mn含量均低于1.5%，并含有微量Ti的合金结构钢；60Si2Mn表示平均含碳量为0.60%，主要合金元素Mn含量低于1.5%，Si含量为1.5%～2.5%的合金结构钢。

(3) 碳素工具钢

碳素工具钢的牌号以“T＋数字＋字母”表示。钢号前面的“碳”或“T”表示碳素工具钢，其后的数字表示含碳量的千分之几。例如，平均含碳量为0.8%的碳素工具钢，其钢号为“碳8”或“T8”。含锰量较高者，在钢号后标以“锰”或“Mn”，如“碳8锰”或“T8Mn”。如为高级优质碳素工具钢，则在其钢号后加“高”或“A”，如“碳10高”或“T10A”。

(4) 合金工具钢与特殊性能钢

合金工具钢的牌号以“一位数字(或没有数字)＋元素＋数字＋…”表示。其编号方法与合金结构钢大体相同，区别在于含碳量的表示方法，当含碳量≥1.0%时，则不予标出。如平均含碳量<1.0%，则在钢号前以千分之几表示它的平均含碳量，如9CrSi钢，平均含碳量为0.90%，主要合金元素为铬、硅，含量都小于1.5%。而对于含铬量低的钢，其含铬量以千分之几表示，并在数字前加“0”，以示区别。如平均含Cr为0.6%的低铬工具钢的钢号为“Cr06”。

在高速钢的钢号中，一般不标出含碳量，只标出合金元素含量平均值的百分之几。

特殊性能钢的牌号和合金工具钢的表示方法相同。

(5) 专用钢

这类钢是指用于专门用途的钢种。以其用途名称的汉语拼音第一个字母表明该钢的类型，以数字表明其含碳量，化学元素符号表明钢中含有的合金元素，其后的数字表明合金元素的大致含量。

例如，滚珠轴承钢在编号前标以“G”字，其后为“铬(Cr)+数字”，数字表示铬含量为平均值的千分之几，如“滚铬15”(GCr15)。这里应注意，牌号中铬元素后面的数字是表示含铬量为1.5%，其他元素仍按百分之几表示。又如易切钢前标以“Y”字，Y40Mn表示含碳量约0.4%，含锰量小于1.5%的易切钢。

3. 钢的结构

纯铁有α、β、γ、δ 4种变体，4种变体的结构与转化温度的关系如图6-14所示。其中α、β、δ变体具有立方体心(A2型)结构，γ变体具有立方面心(A1型)结构。770℃是α-Fe的居里点(即铁磁物质升温时，开始失去铁磁性的温度)，α-Fe具有铁磁性而其他变体均无铁磁性。Fe-C体系的相图如图6-14所示，含碳量小于0.02%的称为**纯铁**，大于2.0%的称为**生铁**，0.02%～2.0%的称为**钢**。钢铁的性能随其化学成分和热处理工艺而改变是由内部结构变化引起的，组成钢铁的物相除石墨外主要有下面4种。

(1) 奥氏体

奥氏体是碳在γ-Fe(晶胞参数a=356pm)中的间隙固溶体，在723℃时奥氏体中溶入碳约0.8%，相当于Fe原子和C原子数目之比约为27∶1，即平均6～7个立方面心晶胞中含有一个C原子，C原子无序地分布在Fe原子所组成的八面体空隙中，如图6-15所示。

【铁碳合金相图的绘制】

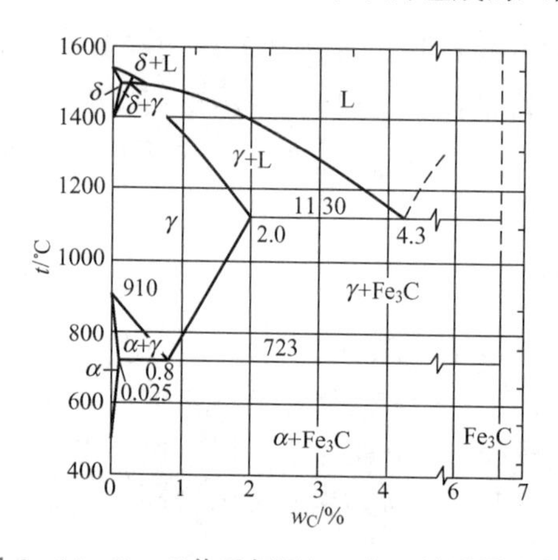

图6-14 Fe-C体系相图(w_C为C的质量分数)

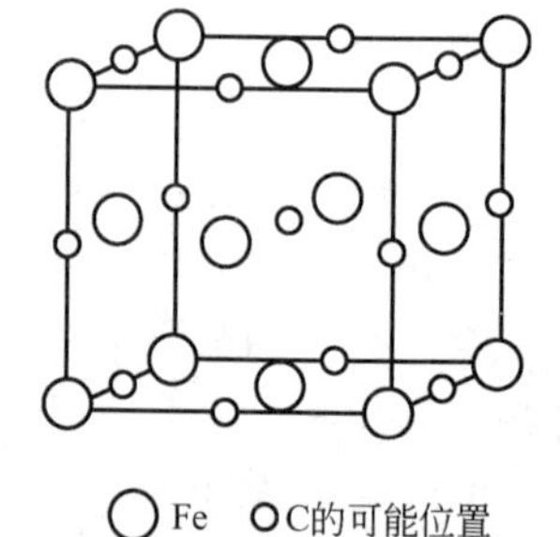

图6-15 奥氏体的结构

(2) 铁素体

铁素体是碳在α-Fe(晶胞参数a=286.6pm)中的固溶体。由于α-Fe结构中的孔隙很小，所以铁素体溶碳能力极低，在723℃最高含碳量只有0.02%，所以几乎就是纯的α-Fe，只是在晶体的各种缺陷处填入极少量的碳。铁素体的性质和纯铁相似。

(3) 渗碳体

渗碳体是铁和碳组成比为3∶1的化合物，含碳量为6.67%(质量分数)，化学式为**Fe_3C**。渗碳体结构属正交晶系，晶胞参数：a=452pm，b=509pm，c=674pm。每个晶胞中含12个Fe原子和4个C原子，C原子处在Fe原子组成的八面体空隙中，其中每个八面体的各顶点都被两个八面体共用，从而将结构连成一个整体。其晶胞如图6-16所示(图中只示出一个八面体)。

(4) 马氏体

钢骤冷至 150℃以下时，仍然不能冻结在奥氏体结构中，也不转化为铁素体和渗碳体的混合物，而变为质地很脆很硬的马氏体。马氏体的结构如图 6－17 所示，为四方结构。

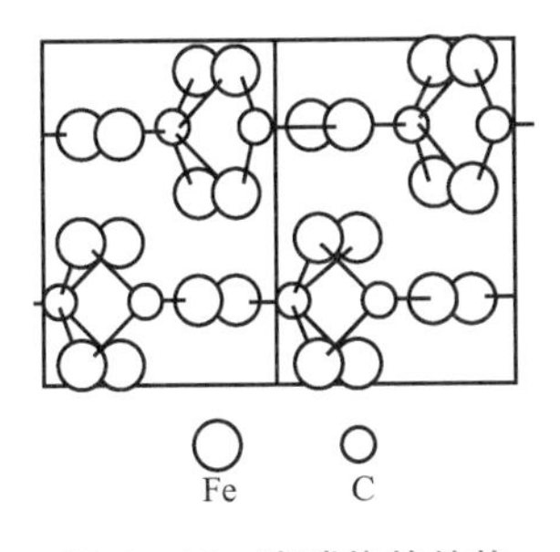

图 6－16　渗碳体的结构

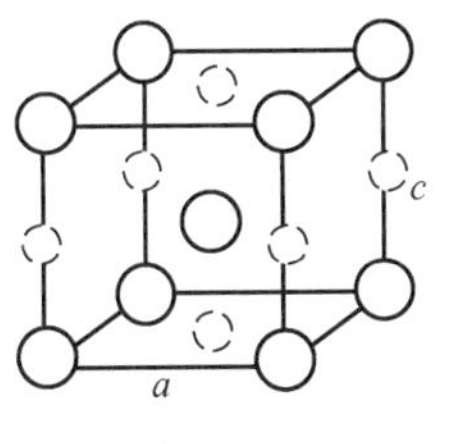

图 6－17　马氏体的结构

马氏体可看作 α－Fe 中含碳量可达到 1.6%的过饱和固溶体。骤冷的钢或马氏体一般可经回火过程转化为由铁素体和渗碳体组成的机械性能很好的钢料。回火过程一般在 200～300℃进行。控制马氏体的回火过程可以控制形成铁素体和渗碳体的颗粒大小和组织等，从而控制钢的机械性能。这一原理是钢热处理过程的理论基础。

4. 钢的性能

由图 6－14 可见，室温下铁素体和渗碳体是稳定的晶型，不同成分的钢铁冷却较慢时都可得到这两种晶型。奥氏体在高温时稳定，在钢中渗入锰、镍、铬等成分时，在骤冷过程中可将钢冻结在奥氏体结构中，奥氏体一般不具铁磁性。碳钢迅速冷却时最初得到的是过冷奥氏体，在 200～350℃转变为马氏体，碳钢淬火主要得到马氏体，马氏体是不稳定的晶型，在相图上显示不出来。生铁主要由渗碳体和铁素体组成，其硬而脆，断口呈白色，称为**灰口铁**，具有优良的切削加工性能，广泛应用在机器制造上；若在熔化铁液中加镁处理，使石墨呈球状，则成为可锻造、切削、机械强度较高的球墨铸铁。

钢铁的性能依赖于钢铁的化学成分和内部结构。钢铁结构主要指微观晶体结构和亚微观金相组织两个结构层次。从微观晶体结构看不同结构性能差别很大，表 6－8 列出了 4 种晶相铁的机械性能。纯铁质地软，富延展性，可拉制成丝，受外力作用时晶面间易滑动。当铁中渗入碳原子，由于铁和碳原子间有牢固的结合力，在碳原子周围形成不易滑动的较固定的硬化点，这使钢比纯铁坚硬而塑性不如纯铁。一般钢中含碳量越高，硬度也越高，含渗碳体和马氏体等物相比例越高则越硬而脆。

表 6－8　4 种晶相铁的机械性能

性能	铁素体	奥氏体	渗碳体	马氏体
布氏硬度	80～100	120～180	800	650～760
强度极限/(kg・cm^{-2})	25～30	40～85	3.5	175～210
延伸率/%	30～50	40～60	～0	2～8
面缩率/%	75	—	～0	—

一般形成化合物的合金，特别是碳化物，其硬度比纯金属高得多，固溶体硬度和强度也较纯金属高。混合物相的机械性能一般近似地表现为混合物中各相性能的平均值。当硬而脆的第二相分布在第一相的晶界上呈网状结构时，合金的脆性大、塑性低；若硬而脆的第二相呈颗粒状均匀地分布在较软的第一相基体上，则合金的塑性和韧性提高；若硬而脆的第二相呈针状、片状分布在第一相的基体上，则其性能介于上述两者之间。由此可见，可以通过改变钢材的化学组成、热处理工艺、金相组成和分布，来改变钢材的硬度和韧性，从而获得所需要的性能。

金属在弹性变形时，晶格形状发生暂时的变化，原子间距改变，除去外力后又恢复原状。塑性变形时，晶体内原子沿晶面滑动，除去外力后不复原。钢材是由许多晶粒组成的，晶粒取向和晶粒间的晶界对变形影响很大。滑动一般不易穿过晶界，而在晶界上产生应力集中，这种集中的应力再加上外力，可使相邻并未产生滑动的晶粒开始滑动。这样滑动由少数晶粒传布到整体，不同取向的晶粒相互约束、相互协调，以适应外力的影响。所以细晶粒金属的强度和塑性都比粗晶粒高。

经过塑性变形后的金属，由于晶面之间产生滑动、晶粒破碎或伸长等，金属产生内应力，从而发生硬化以阻止再产生滑动，这使金属的强度、硬度增加，塑性、韧性降低。硬化的金属结构处于不稳定的状态，有自发地向稳定状态转化的倾向。加热提高温度，原子运动加速，可促进这种转化以消除内应力。加热时应力较集中的部位，能量最高，优先形成新的晶核，进行再结晶。经再结晶的金属硬度和强度降低，塑性和韧性提高，使金属恢复到变形前的性能。再结晶在实际生产工艺上有重要意义。例如，不能在室温下连续地将一块钢锭经多次轧制而制成薄钢板，而必须经过若干次轧制和加温再结晶的重复工序，才能制出合格的钢板。钢锭经过锻炼轧制，将粗晶粒的结构破碎成小晶粒，同时使原来晶界间的微隙弥合，成为致密的结构，从而大大提高了其机械性能。

6.5.2 铝及铝合金

1. 纯铝

铝是地球上蕴藏量最丰富的金属，占地壳质量的8%左右。铝的密度为2.7g·cm^{-3}，为钢的1/3，具有优良的导电性、导热性和抗腐蚀性能。纯铝中含有铁、硅、铜、锌等杂质元素，按其纯度可分为工业纯铝、工业高纯铝及高纯铝。工业纯铝主要用来制作铝箔、电缆、日用器皿等。工业高纯铝及高纯铝主要用于科学研究、制作电容器和铝箔等。

2. 铝合金

纯铝的强度和硬度都很低，不适宜作为结构材料使用。在铝中加入适量硅、铜、镁、锰等合金元素，可形成具有较高强度的铝合金，如图6-18所示。若再经过冷变形加工或热处理强化，还可以进一步提高强度，用来制造承受较大载荷的重要结构部件，是飞机机体、运载火箭箭体等装备的主要工程材料。

(1) 铝合金的分类方法

根据铝合金的成分及生产工艺特点，可将铝合金分为两类，如图6-19所示。图中成分位于D点左侧的合金，加热时能形成单相固溶体，合金塑性好，适于加工成形，故称为变形铝合金；成分位于D点右侧的合金，具有共晶组织，且共晶温度低，塑性差，不适于塑性加工，但其流动性好，适合于铸造，故称为铸造铝合金。

图 6-18　铝合金

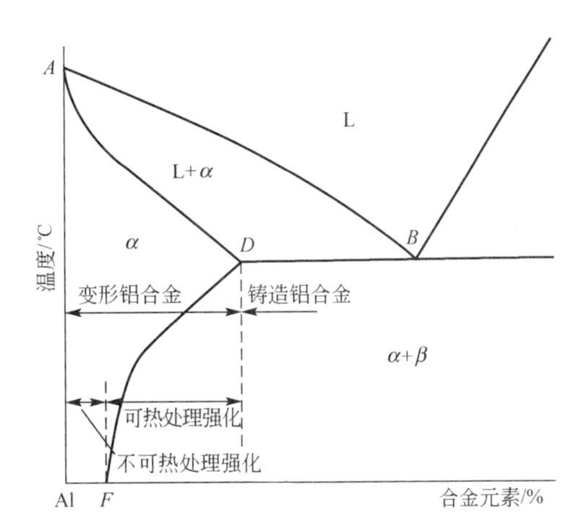

图 6-19　铝合金分类示意图

变形铝合金分为不可热处理强化和可热处理强化两类。成分在 F 点左侧的合金，温度变化时无溶解度变化，属于不能用热处理强化的铝合金；成分在 F 点和 D 点之间的合金，由于溶解度随温度变化，可以用热处理来强化，故称其为热处理强化铝合金。

(2) 变形铝合金

国际上，变形铝合金采用 4 位数字体系命名，如图 6-20 所示，第一位数字表示主要合金系，第二位数字表示合金的改型，第三位和第四位数字表示合金的编号。我国变形铝合金的牌号采用 4 位字符体系命名，第一位数字表示合金系，第二位(英文大写字母)表示合金的改型，第三位和第四位数字表示合金的编号。

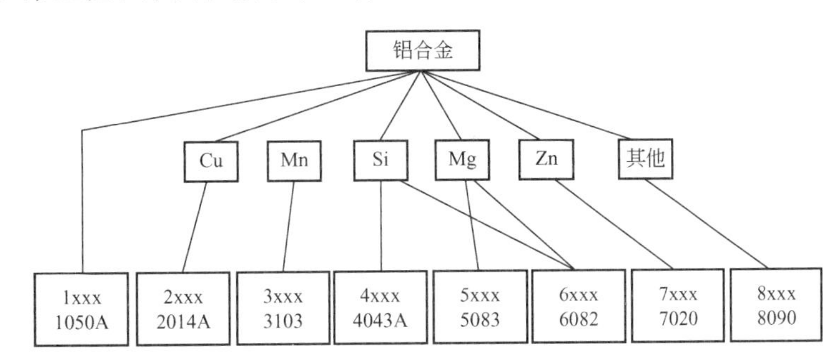

图 6-20　变形铝合金的分类

变形铝合金按性能特点分为防锈铝、硬铝、超硬铝和锻铝，其中，后三类铝合金可进行热处理强化。

① 防锈铝合金。防锈铝合金主要含 Mn、Mg，属 Al-Mn 系及 Al-Mg 系合金，不可热处理强化，锻造退火后为单相固溶体。该类合金的特点是抗蚀性、焊接性及塑性好，易于加工成形，有良好的低温性能；但其强度较低，只能通过冷变形加工产生硬化，且切削加工性能较差。防锈铝合金主要用于焊接零件、构件、容器及经深冲和弯曲的零件制品。我国常用的 Al-Mn 系合金有 3A21 等，Al-Mg 系合金有 5A02、5A03、5A06 等。

② 硬铝合金。该类合金属 Al-Cu-Mg 系，铜和镁在硬铝中可形成 θ 相(CuAl)、S 相(CuMgAl)等强化相，故合金可热处理强化。强化效果随主强化相(S 相)的增多而增大，但塑

性降低。硬铝中还含少量Mn、Fe、Si等杂质，Mn可提高硬铝的抗腐蚀能力、细化晶粒、提高强度，但过多的Mn会使塑性下降，故一般控制在1%以下；Fe、Si则是有害杂质，应予以限制。硬铝淬火时效后强度明显提高，可达420MPa，比强度与高强度钢相近，可制作飞机螺旋桨、飞机结构件、铆钉、飞机蒙皮等。我国常用的Al－Cu－Mg系合金有2A12等。

③ 超硬铝合金。超硬铝合金属Al－Cu－Mg－Zn系合金，是室温强度最高的铝合金，常用的超硬铝合金有7A04、7A06等。合金中会产生多种强化相，除θ相、S相外，还有强化效果很大的$MgZn_2$（η相）、$Mg_3Zn_3Al_2$（T相）。超硬铝合金经固溶处理和人工时效后有很高的强度和硬度，σ_b可达680MPa，但耐蚀性差、高温软化快，故常用包铝法来提高其耐蚀性。包铝时用含Zn量为1%的铝合金，不用纯铝。超硬铝主要用作受力大的重要结构件和承受高载荷的零件，如飞机大梁、起落架、加强框等。

（3）铸造铝合金

用来制作铸件的铝合金称为铸造铝合金。其力学性能不如变形铝合金，但铸造性能好，适宜各种铸造成形，可生产形状复杂的铸件。为使合金具有良好的铸造性能和足够的强度，加入合金元素的量较变形铝合金多，总量为8%～25%。合金元素主要有Si、Cu、Mg、Mn、Ni、Cr、Zn等，故铸造铝合金的种类很多，主要有Al－Si系、Al－Cu系、Al－Mg系、Al－Zn系4类，其中Al－Si系应用最广泛。我国铸造铝合金的代号用“铸铝”的汉语拼音字首“ZL”及其后面的3位数字组成，其中第一位数字表示合金系列（1为Al－Si系，2为Al－Cu系，3为Al－Mg系，4为Al－Zn系），第二位和第三位数字表示合金顺序号。常用的铸造铝合金有ZL102、ZL201等。

开发能够代替部分变形铝合金的高强韧铸造铝合金可以缩短制造周期、减低成本。国外最著名的高强韧铸造铝合金是法国的A－U5GT，其具有很好的力学性能。我国制造的ZL205A，抗拉强度为510MPa，延伸率可达13%。近年来，铸造铝合金复合材料发展较为迅速。例如，铸造Al－Si基SiC颗粒增强复合材料提高了金属的性能，尤其是刚性和耐磨性，并已应用到航空、航天、汽车等领域中。此外，一些新型的具有特殊功能的铸造铝合金材料也处于研究应用阶段。

6.5.3 镁及镁合金

【镁合金】

1. 纯镁

镁是地壳中储量较丰富的金属之一，储量占地壳质量的2.5%，仅次于铝和铁。纯镁为银白色，密度仅为1.74g·cm^{-3}。镁的晶体结构为密排六方点阵，滑移系数小，塑性较低，延伸率仅约为10%，冷变形能力差，当温度升高至150～250℃时，滑移系数提高，塑性增加，可进行各种热加工变形。

镁的电极电位很低，因此，抗腐蚀能力差，在大气、淡水及大多数酸、盐介质中易受腐蚀。镁的化学活性很高，在空气中极易被氧化，其熔点约为650℃，熔化时极易氧化燃烧。工业上主要采用熔盐电解法制备镁。纯镁强度低，主要用作制造镁合金的原料、化工及冶金生产的还原剂及用于烟火工业等。

2. 镁合金

镁合金是实际应用中最轻的金属结构材料，但与铝合金相比，镁合金的研究和发展还很不充分，其产量只有铝合金的1%。

(1)铸造镁合金

镁合金成形分为变形和铸造两种方法，当前主要使用铸造成形工艺，压铸是应用最广的镁合金成形方法，其产品如图6-21所示。近年来发展起来的镁合金压铸新技术有真空压铸和充氧压铸，前者已成功生产出镁合金汽车轮毂和方向盘，后者也已开始用于生产汽车的镁合金零件。

图6-21 镁合金压铸产品

镁合金半固态触变铸造成形新技术，近年来受到美国、日本和加拿大等国家的重视。与传统的压铸相比，触变铸造法无须熔炼、浇注及气体保护，生产过程更加清洁、安全和节能。目前已研制出镁合金半固态触变铸造用压铸机，到1998年底，全世界已有超过100台机器投入运行，约有40种标准镁合金半固态产品用于汽车、电子和其他消费品。但相对来说，半固态铸造镁合金材料的选择性小，目前应用的只有AZ91D合金。

(2)变形镁合金

虽然目前铸造镁合金产品用量大于变形镁合金，但经变形的镁合金材料可获得更高的强度、更好的延展性及更多样化的力学性能，可以满足不同场合结构件的使用要求。因此，开发变形镁合金是未来的发展趋势。

新型变形镁合金及其成形工艺的开发，已受到国内外材料工作者的高度重视。美国成功研制了各种系列的变形镁合金产品，如通过挤压+热处理后的ZK60高强变形镁合金，其强度及断裂韧性可相当于时效状态的A17075或A17475合金，而采用快速凝固(RS)+粉末冶金(PM)+热挤压工艺开发的Mg-Al-Zn系EA55RS变形镁合金，成为迄今报道的性能最佳的镁合金，其性能不但大大超过常规镁合金，比强度甚至超过7075铝合金，且具有超塑性，腐蚀速率与2024-T6铝合金相当，还可同时加入SiC_p等增强相，成为先进镁合金材料的典范。英国开发出挤压镁合金，用于核反应堆燃料罐。以色列也研制出用于航天飞行器上的兼具优良力学性能和耐蚀性能的变形镁合金。法国和俄罗斯开发了鱼雷动力源变形镁合金阳极薄板材料。

(3)其他镁合金

① 耐热镁合金

耐热性差是阻碍镁合金广泛应用的主要原因之一，当温度升高时，合金的强度和抗蠕变性能大幅度下降，使其难以作为关键零件(如发动机零件)材料广泛应用。

已开发的耐热镁合金中所采用的合金元素主要有稀土元素和硅。稀土是用来提高镁合金耐热性能的重要元素。含稀土的镁合金具有与铝合金相当的高温强度，但是稀土合金的成本高是其被广泛应用的一大阻碍。Mg-Al-Si(AS)系合金是德国大众汽车公司开发的压铸镁合金。175℃时，AS41合金的蠕变强度明显高于AZ91和AM60合金。20世纪80年代以来，国外致力于提高镁合金的高温抗拉强度和蠕变性能。例如，美国开发的Mg-8Zn-5Al-0.6Ca，以及加拿大研究的Mg-5Al-0.8Ca等镁合金，其抗拉强度和蠕变性能都较好。2001年，日本东北大学井上明久等采用快速凝固法制成的具有100～200nm晶粒尺寸的高强镁合金Mg-2Y-1Zn，其强度为超级铝合金的3倍，且具有超塑性、高耐热性和高耐蚀性。

② 耐蚀镁合金

镁合金的耐蚀性问题可通过两个方面来解决。a. 严格限制镁合金中Fe、Cu、Ni等杂质元素的含量。例如，高纯AZ91HP镁合金在盐雾试验中的耐蚀性大约是A791C的100倍，超过了压铸铝合金A380，比低碳钢还好得多。b. 对镁合金进行表面处理。根据不同的耐蚀性要求，可选择化学表面处理、阳极氧化处理、电镀、化学镀、热喷涂等方法处理。例如，经化学镀的镁合金，其耐蚀性超过了不锈钢。

③ 阻燃镁合金

镁合金在熔炼浇注过程中容易发生剧烈的氧化燃烧。实践证明，熔剂保护法和SF_6、SO_2、CO_2、Ar等气体保护法是行之有效的阻燃方法，但它们在应用中会产生严重的环境污染，并使得合金性能降低，设备投资增大。纯镁中加钙能够大大提高镁液的抗氧化燃烧能力，但是由于添加大量钙会严重降低镁合金的机械性能，故该方法无法应用于生产实践。钛可以阻止镁合金进一步氧化，但是钛含量过高时，会引起晶粒粗化和增大热裂倾向。上海交通大学开发了一种阻燃性能和力学性能均良好的轿车用阻燃镁合金。

6.5.4 钛及钛合金

1. 纯钛

钛的资源丰富，在地球中的储藏量位于铝、铁、镁之后居第4位。钛是一种银白色的过渡金属，其密度为4.588g·cm^{-3}，熔点为1 668℃。钛具有同素异构转变，882.5℃以下为密排六方的α-Ti，高于882.5℃为体心立方的β-Ti。钛的突出优点是比强度高、耐热性好、抗蚀性能优异。钛在大气、海水中具有极高的耐腐蚀性，在室温下的硫酸、盐酸、硝酸中均具有很高的稳定性。钛在大多数有机酸及碱溶液中的耐蚀性也很高，但在HF中耐蚀性很差。

钛的化学性质非常活泼，易与O、N、H等元素形成稳定的化合物，这使钛的冶炼难度很大，钛一般采用活泼金属还原法或碘化法制取。碘化法制得的钛纯度为99.9%，称为高纯钛，主要用于科学研究；活泼金属还原法制得的钛纯度为99.5%，称为工业纯钛，强度很高，可直接用于工程结构材料。

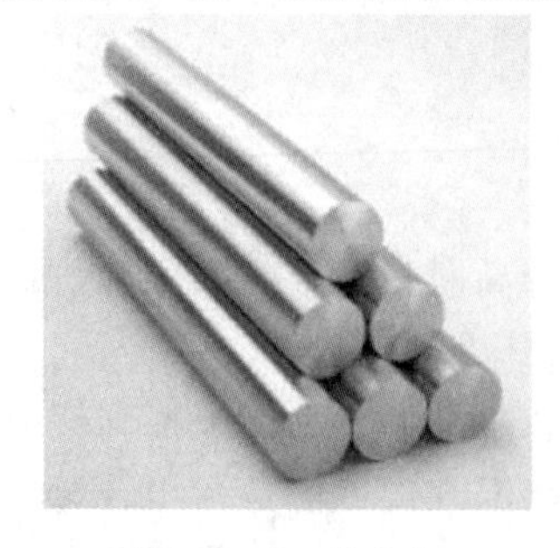

图6-22　钛合金

2. 钛合金

钛是20世纪50年代发展起来的一种重要的结构金属，钛合金因具有比强度高、耐蚀性好、耐热性高等特点而被广泛用于各个领域，如图6-22所示。表6-9列出几种典型钛合金及其特点。

第一个实用的钛合金是1954年美国研制成功的Ti-6Al-4V合金，它由于耐热性、强度、塑性、韧性、成形性、可焊性、耐蚀性和生物相容性均较好，而成为钛合金工业中的王牌合金，使用量已占全部钛合金的75%～85%。许多钛合金都可认为是Ti-6Al-4V合金的改型。

表6-9 几种典型钛合金及其特点

类别	典型合金	特点
α	Ti-5Al-2.5Sn、Ti-6Al-2Sn-4Zr-2Mo	强韧性一般，焊接性能好，抗氧化强，蠕变强度较高
$\alpha+\beta$	Ti-6Al-4V、Ti-6Al-2Sn-4Zr-6Mo	强韧性较好，可热处理强化，可焊，耐疲劳性能好
β	Ti-13V-11Cr-3Al、Ti-6Cr-5Mo-5V-3Al	强度高，热处理强化能力强，可锻性及冷成形性良好
Ti_xAl	$Ti_3Al(a_3)$、$TiAl(\gamma)$	使用温度有望达到900℃，但室温塑韧性差

目前，世界上已研制出的钛合金有数百种，最著名的合金有20～30种。近年来，世界各国积极开发低成本和高性能的新型钛合金，研究成果展主要体现在以下几方面。

(1) 高温钛合金。Ti-6Al-4V是世界上第一个研制成功的高温钛合金，使用温度为300～350℃。随后相继研制出使用温度为400℃、450～500℃的钛合金，新型高温钛合金目前已成功应用在军用和民用飞机的发动机上。近年来国外把采用快速凝固/粉末冶金技术、纤维或颗粒增强复合材料研制钛合金作为高温钛合金的发展方向，使钛合金的使用温度可提高到650℃以上。美国麦道公司成功地研制出一种高纯度、高致密性钛合金，在760℃下其强度相当于目前室温下使用的钛合金强度。

(2) 高强高韧β型钛合金。β型钛合金具有良好的冷热加工性能，易锻造、可轧制、可焊接、可通过固溶-时效处理获得较高的机械性能、良好的环境抗力、强度与断裂韧性的很好配合，具有优异的锻造性能；且具有良好的抗氧化性，冷热加工性能优良，可制成厚度为0.064mm的箔材；超塑性延伸率高达2 000%，可取代Ti-6Al-4V合金用超塑成形-扩散连接技术制造各种航空航天构件。

(3) 阻燃钛合金。常规钛合金在特定的条件下有燃烧的倾向，很大程度上限制了其应用。针对这种情况，各国都展开了对阻燃钛合金的研究并取得了一定突破。美国研制出一种对持续燃烧不敏感的阻燃钛合金，已用于F119的发动机。俄罗斯研制的阻燃钛合金具有相当好的热变形工艺性能，可用其制成复杂的零件。

(4) 医用钛合金。钛无毒、质轻、强度高且具有优良的生物相容性，是非常理想的医用金属材料，可用作植入人体的植入物等。目前，在医学领域中广泛使用的合金会析出极微量的钒离子和铝离子，降低了其细胞适应性且有可能对人体造成危害。美国在20世纪80年代中期开始研制无铝、无钒、具有生物相容性的钛合金，并将其用于矫形术。日本、英国等也在该方面做了大量的研究工作，已开发出一系列具有优良生物相容性的$\alpha+\beta$钛合金，这些合金具有更高的强度水平，以及更好的切口性能和韧性，更适于植入人体。

6.5.5 铜及铜合金

铜及铜合金具有优异的物理化学性能、良好的加工性能以及特殊的使用性能，在电气工业、仪表工业、造船工业及机械制造工业部门都获得了广泛的应用。

1. 纯铜

纯铜为赤红色金属，表面形成氧化铜膜后，外观呈紫色，故工业纯铜常称为紫铜或电解铜。单质铜具有面心晶格，无同素异构转变，密度为8～9g·cm^{-3}，熔点为1 083℃，无磁性。纯铜具有较高的化学稳定性、良好的导电性，大量用于制造电线、电缆、电刷等，且具有优良的成形加工性、可焊性，塑性极好，易于热压和冷压力加工，可制成管、棒、线、条、带、板、箔等铜材。冷变形加工可显著提高纯铜的强度和硬度，但塑性、电导率降低，经退火后可消除加工硬化现象。

图6-23 铜合金

工业纯铜中含有锡、铋、氧、硫、磷等杂质，它们都使铜的导电能力下降。根据杂质的含量，工业纯铜可分为4种：T1、T2、T3、T4。“T”为铜的汉语拼音字头，编号越大，纯度越低。纯铜除工业纯铜外，还有一类无氧铜，其含氧量极低，不大于0.003%，牌号有TU1、TU2，主要用来制作电真空器件及高导电性铜线，这种导线能抵抗氢的作用，不发生氢脆现象。纯铜的强度低，不宜直接用作结构材料。

2. 铜合金

(1) 黄铜

黄铜是铜与锌的合金，如图6-23所示。最简单的黄铜是铜-锌二元合金，称为简单黄铜或普通黄铜。黄铜中锌的含量越高，其强度越高，塑性越低。工业中采用的黄铜含锌量不超过45%，否则将会产生脆性，使合金性能降低。

为了改善黄铜的某种性能，在一元黄铜的基础上加入其他合金元素的黄铜称为特殊黄铜。常用的合金元素有硅、铝、锡、铅、锰、铁与镍等。在黄铜中加铝能提高黄铜的屈服强度和抗腐蚀性，但稍降低塑性。含铝量小于4%的黄铜具有良好的加工、铸造等综合性能。在黄铜中加1%的锡能显著改善黄铜的抗海水和海洋大气腐蚀的能力，因此称为“海军黄铜”，锡还能改善黄铜的切削加工性能。黄铜中加铅的主要目的是改善切削加工性和提高耐磨性，铅对黄铜的强度影响不大。锰黄铜具有良好的机械性能、热稳定性和抗蚀性，在锰黄铜中加铝，还可以改善其他性能，得到表面光洁的铸件。黄铜可分为压力加工黄铜(以黄铜加工产品供应)和铸造黄铜两类。特殊黄铜的编号方法是“H+主加元素符号+铜含量+主加元素含量”。如HPb60-1表示平均成分为60%Cu、1%Pb、其余为Zn的铅黄铜；铸造黄铜在编号前加“Z”，如ZCuZn31Al2表示平均成分为31%Zn、2%Al、其余为Cu的铝黄铜。

【青铜】

(2) 青铜

青铜是人类历史上应用最早的一种合金，我国于公元前2000多年的夏商时期就开始使用青铜铸造钟、鼎、武器、镜等。青铜最早是指Cu-Sn合金，因颜色呈青灰色，故称青铜。为了改善合金的工艺性能和机械性能，大部分青铜内还加入其他合金元素，如铅、锌、磷等。常把Cu-Al、Cu-Si、Cu-Be、Cu-Mn、Cu-Pb合金都称为青铜，为了区别，分别称为铝青铜、硅青铜、铅青铜等。此外，还有成分较为复杂的三元或四元青铜。现在除黄铜和白铜(铜镍合金)以外的铜合金均称为青铜。

锡青铜有较高的机械性能，较好的耐蚀性、减摩性和可铸造性，对过热气体的敏感性小，焊接性能好，无铁磁性，收缩系数小。锡青铜在大气、海水、淡水和蒸汽中的抗蚀性都比黄铜高。由于锡是一种稀缺元素，所以工业上还使用许多不含锡的无锡青铜，它们不仅价格便宜，还具有所需要的特种性能。无锡青铜主要有铝青铜、铍青铜、锰青铜、硅青铜等。青铜也可分为压力加工青铜(以青铜加工产品供应)和铸造青铜两类。青铜的编号规则是“Q+主加元素符号+主加元素含量(+其他元素含量)”，“Q”表示青的汉语拼音字头。例如，QSn4-3表示成分为4%Sn、3%Zn、其余为Cu的锡青铜。铸造青铜的编号前加“Z”。

(3) 白铜

【白铜】

以镍为主要添加元素的铜基合金呈银白色，称为白铜。铜镍二元合金称为普通白铜，加锰、铁、锌和铝等元素的铜镍合金称为复杂白铜，纯铜加镍能显著提高强度、耐蚀性、电阻和热电性。工业用白铜根据性能特点和用途不同分为结构用白铜和电工用白铜两种，分别满足不同耐蚀和特殊电、热性能的需要。

6.6 新型合金材料

6.6.1 储氢合金

1. 氢气储存与储氢合金

氢气是一种来源丰富且热值很高的燃料，燃烧1kg氢可放出62.8kJ的热量，燃烧热是汽油发热值的3倍，是焦炭发热值的4.5倍，但氢气的储存和运输却是个难题。储氢技术是氢能利用走向实用化、规模化的关键。

最早发现的储氢金属是金属钯，一体积钯能溶解几百体积的氢气，但钯很贵，缺少实用价值。1968年美国布鲁海文国家实验室发现镁-镍合金具有吸氢特性。1969年荷兰菲利普实验室发现钐钴($SmCo_5$)合金能大量吸收氢，随后又发现镧-镍合金($LaNi_5$)在常温下具有良好的可逆吸放氢性能，每克镧镍合金能储存0.157L氢气。在一定的温度和压力条件下，这些金属能够大量吸收氢气，生成金属氢化物，放出热量；将金属氢化物加热，又会分解，将储存在其中的氢释放出来。这些会“吸收—释放”氢气的金属，称为储氢合金。

储氢合金的储氢能力很强，单位体积储氢的密度，是相同温度、压力条件下气态氢的1 000倍。储氢合金粉如图6-24所示，由于储氢合金都是固体，不需要储存高压氢气所需的大量钢瓶，又不需存放液态氢的极低的温度条件，需要储氢时使合金与氢反应生成金属氢化物并放出热量，需要用氢时通过加热或减压使储存于其中的氢释放出来，如同蓄电池的充、放电，因此储氢合金是一种极其简便易行的理想储氢方法。

图6-24 储氢合金粉

2. 储氢原理

在一定温度和压力下，许多金属、合金或金属间化合物与氢能生成金属氢化物。氢压升高，可以形成过饱和氢化物。金属、合金或金属间化合物与氢的反应是可逆过程，改变温度和压力条件可以使金属氢化物释放出氢。储氢材料表面由于氧化膜及吸附其他气体分子，初次使用一般几乎无吸氢能力，或者需经历较长时间。通常要进行活化处理，其工艺是在高真空中加热到300℃后，通以高纯氢，如此反复数次破坏表面氧化膜并被净化，而获得良好的反应活性。

3. 常见储氢合金

正在研究和发展中的储氢合金通常是把吸热型的金属（如铁、铜、铬、钼等）与放热型的金属（如钛、镧、铈、钽等）组合起来，制成适当的金属间化合物，使之起到储氢的功能。吸热型金属是指在一定的氢压下，随着温度的升高，氢的溶解度增加；反之为放热型金属。储氢合金主要有三大系列。

(1) 镁系合金

镁由于资源丰富、价格低廉，在氢的规模储运方面具有较大的优势，并且镁基合金储氢容量大、寿命长、质量小、体积小、无污染，因此被认为是最有希望的燃料电池、燃氢汽车等用的储氢合金材料。

镁基储氢合金的代表是 Mg_2Ni，吸氢后生成 Mg_2NiH_4，储氢量为3.6%（理论电化学容量近 1 000mAh·g^{-1}）。因资源丰富及价格低廉，各国科学家均高度重视，纷纷致力于新型镁基合金的开发。但其缺点是放氢需要在相对高温下进行，一般为250～300℃，且放氢动力学性能较差，使其难以在储氢领域得到广泛应用。研究发现，通过机械合金化法使晶态 Mg_2Ni 合金非晶化，利用非晶合金表面的高催化性，可以显著改善镁基合金吸放氢的热力学和动力学性能。

元素取代是改善 Mg_2Ni 系储氢合金性能最根本的途径，主要方法是3d元素部分取代Ni、主族金属元素部分取代Mg。镁及其合金表面通常被氧化物和氢氧化物所覆盖，从而严重影响了其吸、放氢特性。为了解决这个问题，人们对Mg基合金表面处理进行了大量的研究，表面F处理是近年来兴起的一种有效的镁及其合金的表面处理方法。

(2) 稀土系合金

在已开发的一系列储氢材料中，稀土系储氢合金的性能最佳，应用也最为广泛。人们很早就发现，稀土金属与氢气反应生成稀土氢化物 REH_2，这种氢化物加热到1 000℃以上才会分解。而在稀土金属中加入某些第二种金属形成合金后，在较低温度下也可吸放氢气，是良好的储氢合金材料。典型的储氢合金 $LaNi_5$ 是1969年荷兰菲利浦公司发现的，从而引发了人们对稀土系储氢材料的研究。

$LaNi_5$ 是六方晶体结构的金属间化合物，在间隙中可以固溶大量的氢，在室温下一个单胞可与6个氢原子结合形成 $LaNi_5H_6$，晶体结构类型没有变化，但晶格体积增加了23.5%，故氢化容易，反应速率快，吸、放氢性能优良。添加第三组元可改变稀土系储氢合金的分解压、生成热和其他性质，或用第三组元替代Ni改善储氢性能。如 $LaNi_{5-x}M_x$ 型合金，M为Al、Cu、Fe、Mn、Ga、In、Sn、B、Pt、Pd等元素。$LaNi_5$ 的主要缺点是循环退化严重、易于粉化、密度大、在强碱条件下耐腐蚀性差。La的价格高，用混合稀土MR(La，Ce，Sm)替代La可降低成本，但 $MRNi_5$ 的氢分解压升高，滞后压差大，给使用带来困难。

(3) 钛锆系合金

钛锆系储氢合金一般是指具有 Laves 相结构的 AB_2 型金属间化合物，具有储氢容量高、循环寿命长等优点，是目前高容量新型储氢电极合金研究、开发的热点。锆基 AB_2 型 Laves 相合金主要有 Zr－V 系、Zr－Cr 系和 Zr－Mn 系，其中 $ZrMn_2$ 是一种吸氢量较大的合金(理论容量为 $482mAh \cdot g^{-1}$)。20 世纪 80 年代末，为适应电极材料的发展，在 $ZrMn_2$ 合金的基础上开发了一系列电极材料。这类材料具有放电容量高、活化性能好等优点，所以具有较好的应用前景。钛基 AB_2 型储氢合金主要有 TiMn 基储氢合金和 TiCr 基储氢合金两大类。在此基础上，通过其他元素替代开发出了一系列多元合金，钛锆系储氢合金的典型代表是 TiFe。

4. 储氢材料的应用

(1) 高容量的氢储存。高纯及超纯氢是电子、冶金、医药、食品、化工、建材等工业中必不可少的重要原料，目前这些部门采用电解水附加低温吸附净化处理，投资大、耗能多、不便于运输，如果利用储氢合金储存氢，则简单易行，节能环保。

(2) 氢燃料发动机。设计制作氢燃料发动机用于汽车和飞机，可提高热效率，减少环境污染，质量虽不如用汽油小，但比用其他能源电池的质量小。

(3) 热-压传感器和热液激励器。利用储氢合金有恒定的 $p-c-T$ 曲线的特点，氢化物的氢分解压与温度有对应关系，通过压力来测量温度有较高的温度敏感性。因氢相对分子质量小，无重力效应，因而探头的体积小，使用的导管较长而不影响测量精度。它要求储氢材料滞后尽可能小，生成热和反应速率尽可能大。

(4) 氢同位素分离和核反应堆中应用。在原子工业中，用以制造重水；在核动力装置中，使用储氢材料吸收、去除泄漏的氕、氘、氚，确保安全运行。

(5) 空调、热泵及热储存。储氢合金吸-放氢过程中伴随着巨大的热效应，发生热能-化学能的相互转换，这种反应的可逆性好，反应速率快，是一种特别有效的蓄热和热泵介质，是一种化学储能方式，长期储存毫无损失。利用储氢材料的热装置可以充分回收利用太阳能和各种中低温(300℃以下)余热、废热、环境热，用于进行供热、发电或空调。

(6) 催化剂。储氢材料用作加氢和脱氢反应的催化剂具有较高的比活性，但比表面较小，采用非晶晶化、共沉淀-还原扩散、机械合金化、预处理等新的制备方法或工艺，在不降低比活性的同时，可提高比表面。

(7) 氢化物-镍电池。利用金属氢化物电极代替有毒的镉电极制成的金属氢化物-镍电池，是一种高功率新型碱性二次电池，是储氢材料领域第一个已商品化、产业化的应用项目。

在储氢材料的开发与应用领域，人们除了不断改善已发现的金属氢化物的性能外，还在不断探寻其他具有高容量储氢能力的储氢材料，如单壁纳米碳管，并开展对特殊结构的纳米碳纤维等材料的储氢能力和机理的研究等。

6.6.2 形状记忆合金

1. 形状记忆合金的特征

1932 年，瑞典人奥兰德在金镉合金中首次观察到“记忆”效应。记忆合金的开发时间不长，但其由于在各领域的特效应用，为世人所瞩目，被誉为“神奇的功能材料”。

形状记忆合金的特征可概述为，材料在某一温度下受外力而变形，当外力去除后，仍保持其变形后的形状，但当温度上升到某数值时，材料会自动恢复到变形前原有的形状，似乎对以前的形状保持着记忆。合金材料恢复形状所需的刺激源通常为热源，故又称热致形状记忆合金。

【形状记忆合金1】

1969年阿波罗11号登月舱所使用的无线通信天线即为形状记忆合金制造。首先将Ni-Ti合金丝加热到65℃，使其转变为奥氏体物相，然后将合金丝冷却到65℃以下，合金丝转变为马氏体物相。在室温下将马氏体合金丝切成许多小段，弯成天线形状，再将各小段合金丝焊接固定成工作状态，将天线压成小团状，便于升空携带。太空舱登月后，利用太阳能加热到77℃，合金转变成奥氏体，压缩天线便自动张开，恢复到原工作状态，如图6-25所示。

图6-25　月球上使用的形状记忆合金天线

不同材料有不同的记忆特点，一般可分为3类。

(1) 一次记忆。材料加热恢复原形状后，再改变温度，物体不再改变形状，此为一次记忆能力，如图6-26(a)所示。

(2) 可逆记忆。物体不但能记忆高温的形状，而且能记忆低温的形状，当温度在高、低温之间反复变化时，物体的形状也自动在两种形状间变化，如图6-26(b)所示。

(3) 全方位记忆。除具有可逆记忆特点外，当温度比较低时，物体的形状向与高温形状相反的方向变化。一般加热时的回复力比冷却时回复力大很多，如图6-26(c)所示。

【形状记忆合金2】

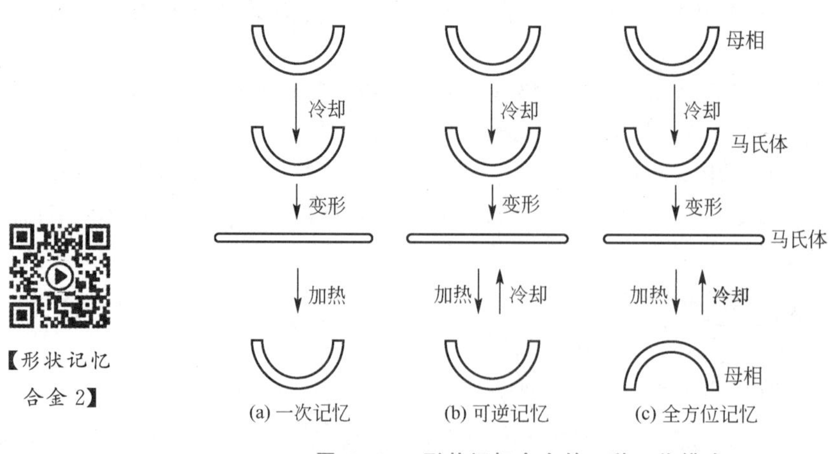

图6-26　形状记忆合金的3种工作模式

2. 形状记忆合金的原理

形状记忆合金的“记忆”性能，源于马氏体相变及其逆转变的特性。镍钛合金的母相为有序结构的奥氏体，其结构如图 6-27(a)所示。当温度降低时，原子发生位移相变，变为马氏体(相变温度为 T_{Ms})，其结构如图 6-27(b)所示，这种马氏体和淬火钢中的马氏体不同，称为**热弹性马氏体**，通常它比母相还要软。在马氏体存在的温度区间中，其受外力作用产生变形，成为**变形马氏体**，其结构如图 6-27(c)所示。在此过程中，马氏体发生择优取向，处于对应力方向有利的马氏体增多，而处于对应力方向不利的马氏体减少，形成单一有利取向的有序马氏体。当这种马氏体加热到一定的温度时出现逆转变，即马氏体转变为奥氏体(相变温度为 T_{As})，晶体恢复到高温母相[图 6-27(a)]，其宏观形状也恢复到原来的状态。形状记忆合金和一般合金不同，主要是存在热弹性马氏体，它含有许多孪晶，对它施加外力容易变形，但其原子的结合方式并没有产生变化。所以将它再加热到一定的温度就会发生逆转变，又变成稳定的母相。

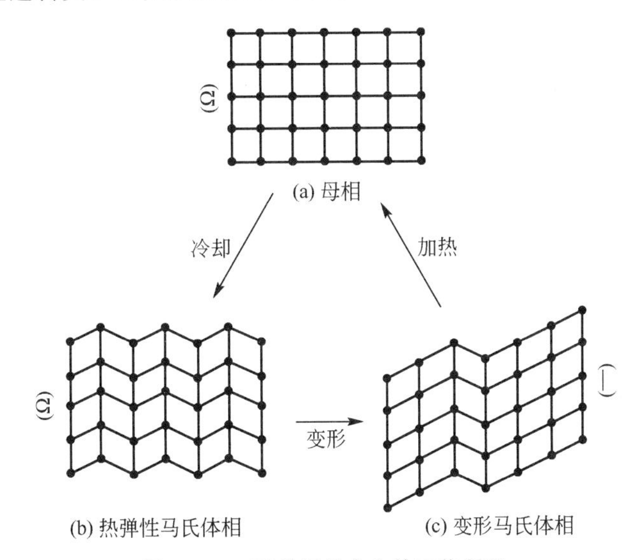

图 6-27 形状记忆合金的工作原理

根据其转变机理，形状记忆合金应具备以下 3 个特点：①马氏体是热弹性类型；②马氏体的形变主要通过孪晶取向改变产生；③母相通常是有序结构。

3. 形状记忆合金材料

至今为止，已发现的形状记忆合金体系有十几种，可以分为 Ti-Ni 系、铜系、铁系合金三大类，包括 Au-Cd、Ag-Cd、Cu-Zn、Cu-Zn-Al、Cu-Zn-Sn、Cu-Zn-Si、Cu-Sn、Cu-Zn-Ga、In-Ti、Au-Cu-Zn、Ni-Al 等。它们具有两个共同特点：①弯曲量大，塑性高；②大于记忆温度便能恢复初始形状。最早发现的记忆合金是 50%Ti+50%Ni，一些比较典型的形状记忆合金材料及其特性列于表 6-10。

目前性能最佳的形状记忆合金仍然是钛镍合金。不同合金、相同合金不同成分以及采用不同的热处理工艺，可以调节相变温度 T_{Ms} 和 T_{As}，以满足不同的使用需求。

表 6-10　形状记忆合金材料及其特性

合　金	组成 /%	相变性质	T_{Ms}/℃	热滞后 /℃	体积变化 %	有序无序	记忆功能
Ag-Cd	(44～49)Cd(原子分数)	热弹性	−190～−50	约 15	−0.16	有	S
Au-Cd	(46.5～50)Cd(原子分数)	热弹性	−30～100	约 15	−0.41	有	S
Cu-Zn	(38.5～41.5)Zn(原子分数)	热弹性	−180～−10	约 10	−0.5	有	S
Cu-Zn-*X*	*X*=Si，Sn，Al，Ga	热弹性	−180～100	约 10	—	有	S、T
Cu-Al-Ni	(14～14.5)Al-(3～4.5)Ni(质量分数)	热弹性	−140～100	约 35	−0.30	有	S、T
Cu-Sn	约 15Sn(原子分数)	热弹性	−120～−30	—	—	有	S
Cu-Au-Sn	(23～28)Au-(45～47)Zn(原子分数)		−190～−50	约 6	−0.15	有	S
Fe-Ni-Co-Ti	33Ni-10Co-4Ti(质量分数)	热弹性	约−140	约 20	0.4～2.0	部分有	S
Fe-Pd	30Pd(原子分数)	热弹性	约−100	—	—	无	S
Fe-Pt	25Pt(原子分数)	热弹性	约−130	约 3	0.5～0.8	有	S
In-Ti	(18～23)Ti(原子分数)	热弹性	60～100	约 4	−0.2	无	S、T
Mn-Cu	(5～35)Cu(原子分数)	热弹性	−250～185	约 25	—	无	S
Ni-Al	(36～38)Al(原子分数)	热弹性	−180～100	约 10	−0.42	有	S
Ti-Ni	(49～51)Ni(原子分数)	热弹性	−50～100	约 30	−0.34	有	S、T、A

注：S—单向记忆效应；T—双向记忆效应；A—全方位记忆效应。

4. 形状记忆合金的应用

目前进入实际使用阶段的形状记忆合金主要有 Ti-Ni 合金和 Cu-Zn-Al 合金。前者价格较贵，但是性能优良，并与人体有生物相容性；后者具有价廉物美的特点，普遍受到人们的青睐。目前主要在以下方面得到了应用。

(1) 军事和航天工业方面。较早报道的应用实例之一是美国国家航空和航天局用形状记忆合金做成天线，有效地解决了体态庞大的天线的运输问题。

(2) 工程方面。形状记忆合金目前使用量最多的是制作管接头。把形状记忆合金加工成内径稍小于待接管外径的套管，在使用前将此套管在低温下加以机械扩管，使其内径稍大于待接管的外径，将该套管套在两根待接管的接头上，然后在常温下自然升温或加热，由于形状记忆效应而恢复至扩管前的口径，从而将两根管牢固而紧密地连接在一起，如图 6-28 所示。目前其已在 F-14 战斗机油压系统、沿海或海底输送管的接口固接上取得了成功的应用。把形状记忆合金制成的弹簧与普通弹簧安装在一起，可以制成自控元件。在高温和低温时，形状记忆合金弹簧由于发生相变，母相与马氏体强度不同，使元件向左、右不同方向运动。这种构件可以作为暖气阀门、温室门轴自动开启的控制元件、描笔式记录器的驱动元件等。

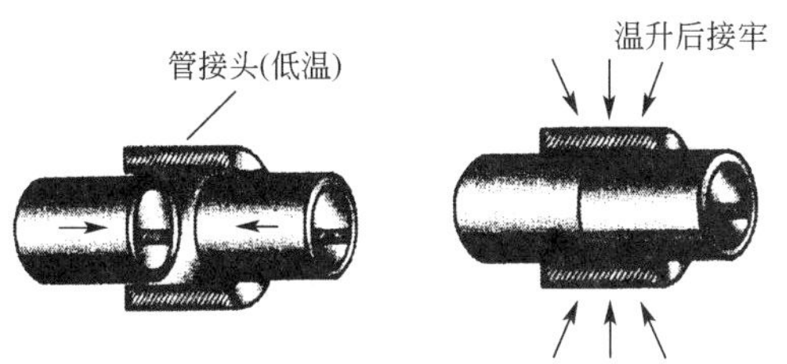

图 6-28 形状记忆合金管接头

(3) 医疗方面。Ti-Ni形状记忆合金对生物体有较好的相容性，可以埋入人体作为移植材料，医学上应用较多。在生物体内部作为固定折断骨架的销、进行内固定接骨的接骨板，由于体内温度使Ti-Ni合金发生相变，形状改变，不但能将两段骨固定住，而且能在相变过程中产生压力，迫使断骨很快愈合。另外，假肢的连接、矫正脊柱弯曲的矫正板，都是利用形状记忆合金治疗的实例。

在内科方面，可将细的Ti-Ni丝插入血管，由于体温使其恢复到母相的网状，可阻止95%的凝血块流向心脏。用记忆合金制成的肌纤维与弹性体薄膜心室相配合，可以模仿心室收缩运动，制造人工心脏。

(4) 形状记忆式热发动机。最早开发的形状记忆热发动机为Banks热发动机，与转动轮处于偏心位置的曲轴和转动轮之间由20根弯成U字形的钛镍合金线连接着。在通过热水浴时，合金线伸直而推动偏心曲轴，其中沿切线的分量使得转动轮旋转，属于偏心曲轴发动机。1973年，美国试制成第一台Ti-Ni热机，利用形状记忆合金在高温、低温时发生相变，产生形状的改变并伴随极大的应力，实现了机械能与热能之间的相互转换。

目前，形状记忆合金已广泛用于生产、生活各个领域，其质轻、强度高和耐蚀性等特点，备受各个领域青睐，如图6-1、图6-2所示。作为一类新兴的功能材料，记忆合金的很多新用途正不断被开发。

6.6.3 超耐热合金

1. 超耐热合金的定义

超耐热合金又称高温合金，如图6-29所示，对于需要高温条件的工业部门和应用技术有着重大的价值，最具有代表性的应用包括航天航空发动机及相关零部件制造。先进飞机的关键部件之一就是发动机，其涡轮进口需要耐受高温、高压、高速气流的冲击，涡轮进口气体温度常可达1 700℃以上，气压高达几十个大气压，由此才可能产生数万马力(1马力等于0.735千瓦)的功率。如果把涡轮前温度由900℃提高到1 300℃，则发动机推力将会增加到130%，耗油率会大幅度下降。更先进的矢量推进发动机对矢量喷管结合处的耐温要求更高达2 000℃，可见耐高温、高强度材料的重要性。一般金属材料的熔点越高，其可使用的温度限制越高，这是因为随着温度的升高，金属材料的机械性能显著下降，氧化腐

图 6-29 高温合金零件

蚀的趋势相应增大。因此，一般的金属材料都只能在500～600℃下长期工作，在700～1 200℃高温下仍能长时间保持所需力学性能，具抗氧化、抗腐蚀能力，能满足工作条件的金属材料通称为超耐热合金。

尽管有的纯金属材料熔点高达2 000℃以上，但在远低于其熔点时，力学强度迅速下降，高温氧化、腐蚀严重，因而，极少用纯金属直接作为超耐热材料。普通的碳钢在800～900℃时强度大大降低，但是在其中加入一些其他金属成分，尤其是镍、铬、钨等，制成耐热合金，耐高温水平就明显提高了。

第Ⅴ副族、第Ⅵ副族、第Ⅶ副族元素是高熔点金属。因为其原子中未成对的价电子数很多，在金属晶体中形成牢固化学键，而且其原子半径较小，相互作用力大，所以其熔点高、硬度大。超耐热合金主要是指第Ⅴ～Ⅶ副族元素和第Ⅷ族元素形成的合金。

2. 超耐热合金的分类

超耐热合金典型组织是奥氏体基体，在基体上弥散分布着碳化物、金属间化合物等强化相。高温合金的主要合金元素有铬、钴、铝、钛、镍、钼、钨等，起稳定奥氏体组织、形成强化相、增加合金抗氧化和抗腐蚀能力的作用。常用的高温合金有铁基、镍基和钴基3种。

(1) 铁基超耐热合金

铁基高温合金是从奥氏体不锈钢发展起来的，含有一定量的铬和镍等元素。它是中等温度(600～800℃)条件下使用的重要材料，具有较好的中温力学性能和良好的热加工塑性，合金成分简单、成本低，主要用于制造航空发动机、燃气轮机的涡轮盘和柴油机的废气增压涡轮，也可制作导向叶片、涡轮叶片、燃烧室等。由于沉淀强化型铁基合金的组织不够稳定、抗氧化性较差、高温强度不足，因而铁基合金不能在更高温度条件下应用。

(2) 镍基超耐热合金

镍基超耐热合金指以镍为基体(含量一般大于50%)，在650～1 000℃范围内具有较高的强度和良好的抗氧化、抗燃气腐蚀能力的高温合金。

镍基合金是高温合金中应用最广、高温强度最高的一类合金。主要原因如下：①镍基合金中可以溶解较多合金元素，且能保持较好的组织稳定性；②可以形成共格有序的A_3B型金属间化合物，以其作为强化相，使合金得到有效的强化，获得比铁基高温合金和钴基高温合金更高的高温强度；③含铬的镍基合金具有比铁基高温合金更好的抗氧化和抗燃气腐蚀能力。镍基合金含有十多种元素，其中Cr主要起抗氧化和抗腐蚀作用，其他元素主要起强化作用。按其强化作用方式，可分为固溶强化型合金和沉淀强化型合金，其中固溶强化元素如钨、钼、钴、铬和钒等，沉淀强化元素如铝、钛、铌和钽等，晶界强化元素如硼、锆、镁和稀土元素等。

(3) 钴基超耐热合金

钴基高温合金是钴含量40%～65%的奥氏体高温合金，在730～1 100℃时，具有一定的高温强度、良好的抗热腐蚀和抗氧化能力，用于制作工业燃气轮机、舰船燃气轮机的导向叶片等。钴是一种重要战略资源，但世界上大多数国家缺钴，以致钴基合金的发展受到限制。

钴基合金一般含镍10%～22%、铬20%～30%及钨、钼、钽和铌等固溶强化和碳化物形成元素，含碳量高，是一类以碳化物为主要强化相的高温合金。其耐热能力与固溶强化元素和碳化物形成元素的含量有关。通常通过两种途径提高超耐热合金的高温强度和耐腐蚀性，即改变合金的组织结构和采用特种工艺技术。

6.6.4 超低温合金

1. 超低温材料的特性

通常把常温至热力学零度的温度范围称为低温。常见低温环境，天然气的沸点为－163℃,液氮为－195.8℃，液氢为－253℃，液氦为－269℃。针对不同的特定用途、低温领域，必须采用与之相适应的合金材料，如图6－30所示。

图6－30 低温合金三通

(1) 防止低温脆性。一般合金在低温下强度会增加，但是延伸率、断面收缩率、冲击值等都会下降，从而产生脆性破坏。例如，铁素体钢呈体心立方结构，在温度达到－200℃时，会出现韧性-脆性转变。如果添加13%的镍，可以使其过渡温度下降至液氦温度，即在液氦温度以上不会出现低温脆性。

防止低温脆性的另一种方法是采用面心立方结构的金属，如铝合金、奥氏体系不锈钢等。现代研究表明，1912年泰坦尼克号豪华轮船在北海与冰山相撞后迅速沉没，就是由于那时候所用的钢材中硫、磷含量高，在冰冷的海水中与冰山碰撞发生脆性断裂所致。

(2) 具备低温下的热性能。低温构件在经历低温和室温之间反复多次变化后容易发生热变形。要防止这种现象，需要低温合金的热膨胀系数尽可能小。但低温下强度和韧性都较好的不锈钢、铝合金的热膨胀系数却都较大，因此低膨胀合金，如铁镍合金、铁合金的开发研究受到关注。

(3) 必须是非磁性合金。超低温技术多在磁场下利用，在这种情况下，如果采用带有磁性的合金，在构件中就会由于产生电磁力的作用而造成对磁场的不良影响。奥氏体系不锈钢虽然属于非磁性合金，但是其在低温下不稳定，在超低温反复冷却循环中，会生成有磁性的马氏体相，因而会产生磁性。

2. 超低温合金的研究

高锰奥氏体钢是专门开发的超低温合金，即使在液氦温度下也具有良好的强度和延伸率，而且热膨胀系数特别小，但是机械加工性不佳，耐冲击性也较差。

如果把铁镍铬不锈钢中的镍和铬分别由锰和铝代替，则可以制得铁锰铝新合金钢，其强度、韧性都十分优异。在铁锰铝新合金钢中添加多量的锰，仍可以保持面心立方结构，还可以使过量的铝固溶；而在铁锰铝新合金钢中添加过量的铝，可以增加奥氏体的强度和耐腐蚀性。对这种合金添加碳和硅也可以增加其强度，硅还有助于增加其耐腐蚀性，但是硅能强化铁素体的形成，为了维持奥氏体，硅不能添加过多。由于锰、铝密度都较小，所以铁锰铝新合金钢具有密度小的特点，此外其在常温下有良好的加工性，被认为是对低温技术发展产生重要影响的优良材料。

6.6.5 超塑性合金

1. 超塑性合金的特征

长期以来，人们一直希望能够较容易地对高强度材料进行塑性加工成形，成形以后，又能像钢铁一样坚固耐用。随着超塑性合金(superplastic alloy)的出现，这种想象成为现实。20 世纪 70 年代初期，世界各国学者都在探索金属的超塑性，并已发现 170 多种合金材料具有超塑性。

延伸率是衡量材料塑性的指标，在通常情况下，金属的延伸率不超过 90%，一般铝材在室温下拉伸变形时，伸长值达到 30%～40%就会断裂，即使在 400℃高温下，伸长率也只有 50%～100%。但具有特殊组织的材料，在适当的变形条件下，变形所需应力小、变形均匀、延伸率大，且不会断裂、颈缩，此现象称为超塑性。合金发生超塑性时的断后伸长率通常大于 100%，有的甚至可以超过 1 000%。最初发现的超塑性合金是锌与 22%铝的合金。1920 年，德国人罗森汉在锌-铝-铜三元共晶合金的研究中，发现这种合金经冷轧后具有暂时的高塑性。

从本质上讲，超塑性是高温蠕变的一种，因而发生超塑性需要一定的温度条件，称为**超塑性温度 T_s**。金属不会自动具有超塑性，必须在一定的温度条件下进行预处理，方能产生超塑性的合金。利用金属的超塑性可以制造高精度的形状极其复杂的零件，超塑性金属的加工温度范围和变形速度虽有限制，但因其晶粒组织细致，又容易和其他合金压接在一起组成复合材料，故其在材料加工中具有很大的优势。

2. 超塑性合金的类别

根据金属学特征，可将超塑性分为细晶超塑性和相变超塑性两大类。

(1) 细晶超塑性

即等温超塑性，是研究得最早、最多的一类超塑性，目前提到的超塑性合金主要是指这一类超塑性的合金，其晶粒一般为微小等轴晶粒，是塑性合金的组织结构基础。产生细晶超塑性的必要条件是：①温度要高，$T_s=(0.4\sim0.7)T_{熔}$；②变形速率要小，低于 $10^{-3}s^{-1}$；③材料组织为非常细的等轴晶粒，晶粒直径小于 5μm。

(2) 相变超塑性

相变超塑性不要求金属有超细晶粒组织，但要求金属有固态相变特性。在一定外力作用下，使金属或合金在一定相变温度附近循环加热和冷却，经过一定的循环次数以后，就可能诱发产生反复的组织结构变化，使金属原子发生剧烈运动而呈现超塑性，从宏观上获得很大的伸长率。

相变超塑性总的伸长率与温度循环次数有关，循环次数越多，总的伸长率越大。相变超塑性是在一个温度变动频繁的范围内，依靠结构的反复变化，不断使材料组织从一种状态转变到另一种状态，故又称它为**动态超塑性**。相变超塑性的主要工业用途是在焊接和热处理方面，可以利用金属在反复加热和冷却过程中原子具有很强的扩散能力，使两块具有相变或同素异构转变的金属贴合，在很小的负荷下，经过一定的循环次数以后，完全黏合在一起。这就是所谓的**超塑性焊接**。

现有超塑性合金种类较多，其中重要的工业用合金有5种。

(1) 锌基合金：是最早的超塑性合金，具有很大的无颈缩延伸率。但其蠕变强度低，冲压加工性能差，不宜用作结构材料，用于一般不需切削的简单零件。

(2) 铝基合金：虽具有超塑性，但综合力学性能较差，室温脆性大，限制了其在工业上的应用。含有微量细化晶粒元素(如Zr等)的超塑性铝合金则具有较好的综合力学性能，可加工成复杂形状的部件。

(3) 镍合金：镍基高温合金由于高温强度大，难以锻造成形。利用超塑性进行精密锻造，压力小，节约材料和加工费，制品均匀性好。

(4) 超塑性钢：将超塑性用于钢方面，至今尚未达到商品化程度。含碳1.25%的碳钢在650～700℃的加工温度范围内，具有400%的断后伸长率。

(5) 钛基合金：钛合金变形抗力大、回弹严重、加工困难，难以获得高精度的零件，如图6-31所示。利用超塑性进行等温模锻或挤压，其变形抗力大为降低，可制出形状复杂的精密零件。

图6-31 钛合金超塑成形零件

3. 超塑性合金的应用

超塑性合金的研究与开发为金属结构材料的加工技术和功能材料的发展，开拓了新的前景，受到各国普遍重视，下面介绍典型的应用实例。

(1) 高变形能力的应用。在温度和变形速度合适时，利用超塑性合金的极大伸长率，可完成通常压力加工方法难以完成或用多道工序才能完成的加工任务。如Zn-22Al合金可加工成“金属气球”，即可像气球一样易于变形到任何程度。这对于一些形状复杂的深冲加工、内缘翻边等工艺的完成具有十分重要的意义。超塑性加工的缺点是加工速度慢、效率低；优点是作为一种固态铸造方式，成形零件尺寸精度高、可制备复杂零件。

对于超塑性合金可采用无模拉拔技术，它利用感应加热线圈来加热棒材的局部，使合金达到超塑性温度，并通过拉拔和线圈移动速度的调整来获得各种减面率。

(2) 固相黏结能力的应用。细晶超塑性合金的晶粒尺寸远小于普通粗糙金属表面微小凸起的尺寸(约10μm)，所以当它与另一金属压合时，超塑性合金的晶粒可以顺利地填充满微小凸起的空间，使两种材料间的黏结能力大大提高。利用这一点可轧合多层材料、包覆材料和制造各种复合材料，获得多种优良性能的材料。这些性能包括结构强度、刚度、减振能力、共振点移动、韧脆转变温度、耐蚀及耐热性等。

(3) 减振能力的应用。合金在超塑性温度下具有使振动迅速衰减的性质，因此可将超塑性合金直接制成零件以满足不同温度下的减振需要。

(4) 其他性能的应用。利用动态超塑性可将铸铁等难加工的材料进行弯曲变形达120°。对于铸铁等焊接后易开裂的材料，在焊后于超塑性温度保温，可消除内应力，防止开裂。超塑性还可以用于高温苛刻条件下使用的机械及结构件的设计、生产及材料的研制，也可应用于金属陶瓷和陶瓷材料中。总之，超塑性合金的开发与利用前景广阔，超塑性成形工艺将在航天、汽车、车厢制造等部门广泛应用。

6.6.6 减振合金

金属材料大量地用于制造各种机器和设备，多数机械会带来严重的噪声污染。治理振动产生的噪声，固然可以采用附加隔声装置等方法，但势必使机器大型化、质量增加。发明一种不产生振动噪声的金属材料来达到减振、消声的目的，一直是材料科学家梦寐以求的目标。20 世纪 50 年代，英国和美国首先开始研究金属的减振特性，并开发了锰-铜系减振合金。

传统的金属材料强度高、振动衰减性差，容易产生振动和噪声。为了兼顾高强度和振动衰减性好这两方面的要求，材料科学家们研制了减振合金(vibration reduction alloy)。减振合金又称阻尼合金、无声合金、消声合金或安静合金等。减振合金具有优异的减振性，是由材料的内部微观结构决定的，它能够依靠材料内部易于移动的微结构界面，将在运动过程中将产生的内摩擦(内耗)较快地转化为热能消耗掉，使振动迅速衰减，从而能有效地降低噪声的产生。如锰铜合金的减振能力是低碳钢的 10 倍，被称作“哑巴金属”，用锤子敲打，甚至用力摔到水泥地上，也只发出较小声音。

目前生产中应用的减振合金有数十种，根据作用机制可将减振合金分为复合型、铁磁性型、位错型、孪晶型等类型。除减振和强度兼优的锰铜合金外，还有经常被用作机床床身的镍钛合金，用于机器底座的灰口铸铁，用于制造立体声放大器底板的铝锌合金，作为蒸汽涡轮机叶片材料的铬钢，用作火箭、卫星上精密仪器减振台架的镁锆合金等。

最初，减振合金用在导弹、飞行器和潜艇等先进武器上，以达到减振和消声的目的。后来其使用范围迅速扩展，成为机械制造业中的传动耐磨件、结构材料、家电、电力、汽车等行业有效减振和降低噪声的新型材料。减振合金的发展和应用为降低噪声、创造安静的工作和生活环境提供了可能。

6.6.7 硬质合金

【硬质合金】

由ⅣB～ⅥB 金属元素和 C、N、B 形成的金属化合物的硬度和熔点特别高。其中 Ti、Zr、Hf、V、Nb、Ta、Mo、W 等与碳的原子半径关系，符合 $r_B/r_A<0.59$，可形成简单晶格结构的间隙相；而 Cr、Mn、Fe、Co、Ni 等金属原子半径较小，晶格间隙也相应较小，与碳原子形成间隙化合物时原金属晶格发生较显著变化，形成的是晶格结构复杂的间隙化合物。金属碳化物中碳原子的价电子进入过渡元素原子次外层 d 亚层的空轨道，即空轨道越多，则金属与碳的结合力就越强，碳化物的稳定性也就越高。因此，就同一周期而言，从ⅣB 族开始，由左及右，其碳化物稳定性依次降低。例如第四周期中，Ti、V 的碳化物稳定，Cr、Mn、Fe 的碳化物稳定性较差，Co、Ni 的碳化物不稳定，而 Cu 则不能形成碳化物。

间隙化合物还能溶解其他合金组元形成固溶体，其成分可在一定范围内变化。金属碳化物是许多合金钢中的重要组成部分，对合金钢性能有重大影响。例如，一般工具钢在温度高于 300℃时硬度就有显著的下降，而含 18%W、4%Cr、1%V 的高速钢即使在温度接近 600℃时，仍然具有足够的硬度和耐磨性。这主要是因为这些添加元素与碳生成了金属碳化物，使得高速钢不但可在较高的切削速度下进行工作，而且有较长的工作寿命。

为满足对热硬性要求不断提高的需要(如大直径工件高速切削用刀具材料)，普遍应用的是由一种或多种难熔金属的高硬度碳化物与作为黏合剂用的钴为材料，用粉末冶金法制成的硬质合金。常用的难熔金属元素有 W、Ti、Ta、Nb 等。这种硬质合金具有高硬度(HRA=89～92)、高热硬性(达 1 000℃)，且有一定的韧性。图 6-32 所示为硬质合金复合刀具。

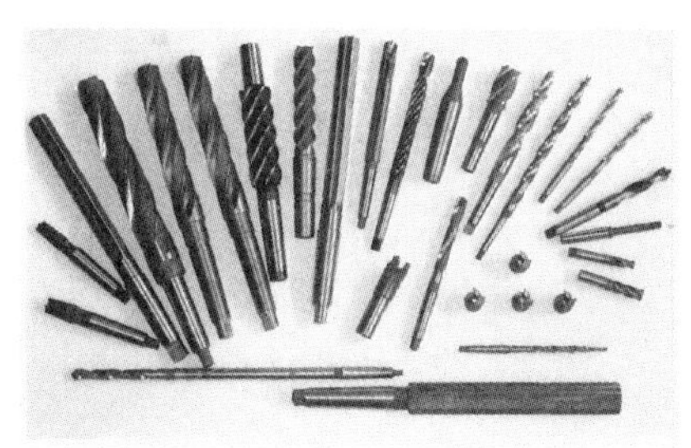

图 6-32 硬质合金复合刀具

其中的钛钨钴类合金(主要成分是 TiC、WC 和黏合剂 Co)比钨钴类(主要成分是 WC 和 Co)具有更高的硬度、热硬度、抗氧化性和抗腐蚀性，但抗弯、抗压强度和导热性较差。同一类合金中，黏合剂 Co 含量增大则使其密度相对降低，抗弯强度和韧性提高，但硬度下降。添加 NbC 或 TaC，硬质合金的强度变化不太显著，但热硬性可明显提高。特别要指出的是，TiC 具有高硬度、高熔点、抗高温氧化、密度小、成本低等诸多优点，是一种非常重要的金属碳化物，已获得广泛的应用。

B、N 原子与过渡金属元素所生成的间隙化合物和上述讨论的金属碳化物具有类似的性质，熔点高、硬度大。B 原子半径略大于 C 原子半径，所以金属硼化物晶格结构多为复杂结构。N 原子半径则略小于 C 原子半径，它不仅能和那些可与 C 原子形成间隙相的金属元素如 Ti、Zr、Hf、V、Nb、Ta、Mo、W 等，还能和 Cr、Mn、Fe、Co、Ni 等形成简单晶格结构的间隙相，不过 Mn、Fe、Co、Ni 的金属氮化物晶格会发生某种程度的畸变。

习题

一、填空题

1. 金属通常可分为__________与__________两大类，前者包括铁、锰、铬及其合金，主要是铁碳合金，常作为__________使用；有色金属通常指除__________之外的所有金属，常作为__________使用。

2. 大多数金属单质采取的密堆积型式有__________、__________、__________ 3 种。

3. 导电性 Al __________ Zn，Cu __________ Fe。

4. 根据__________不同，可将固溶体分为__________、__________、__________ 3 种。

5. Q235AF 表示______________________________。

6. 根据铝合金的成分及生产工艺特点，可将铝合金分为__________、__________两类。

7. 冶金的分类方法很多，根据过程性质可分为__________、__________；根据冶金工艺过程不同分为__________、__________、__________。

二、名词解释

光电效应　合金　固溶体　间隙化合物　奥氏体　马氏体

三、简答题

1. 为何细晶粒金属的强度和塑性都比粗晶粒金属高？

2. 为何不能在室温下连续地将一块钢锭经多次轧制而制成薄钢板，而必须经过若干次轧制和加温再结晶的重复工序，才能制出合格的钢板？

3. 简述储氢合金的储氢原理。

4. 简述形状记忆合金的特征。

第7章 无机非金属材料

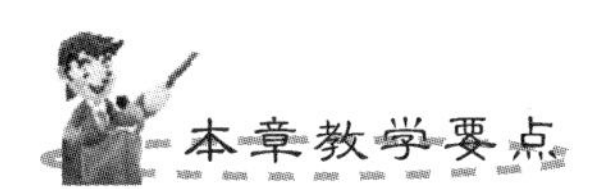

知识要点	掌握程度	相关知识
无机非金属材料的结构	掌握离子键和共价键特点，了解晶体的空间分布，了解其他结构的类型	共价键、离子键、氯化钠、萤石、金刚石、石墨、硅酸盐等、非晶态、多相、孔结构
无机非金属材料的性能	掌握其相关性能	热学、电学、磁学、力学和光学等性能
无机非金属材料的制备方法	掌握传统陶瓷、水泥的制备方法； 了解玻璃、功能陶瓷和耐火材料的制备方法	陶瓷、玻璃、耐火材料、水泥和功能陶瓷的制备
传统及新型无机非金属材料	掌握其分类、组成、性能及应用	陶瓷、水泥、玻璃、耐火材料、新型材料等

导入案例

在英文中，中国和陶瓷都是同一个词汇(China)，有一种说法是，“中国”这个词便来源于“陶瓷”。从这个角度可见中国的陶瓷对世界的影响。图 7-1 所示为中国传统陶瓷制品。

图 7-1 中国传统陶瓷制品

无机非金属材料是以某些元素的氧化物、碳化物、氮化物、卤素化合物、硼化物以及硅酸盐、铝酸盐等物质组成的材料，是除金属材料、有机高分子材料和复合材料以外的所有材料的统称。无机非金属材料的提法是 20 世纪 40 年代以后，随着现代科学技术的发展从传统的硅酸盐材料演变而来的。早期它包含陶瓷、水泥、玻璃和耐火材料等硅酸盐材料，而如今陶瓷材料已是无机非金属材料的同义词，不仅包括传统陶瓷，还包括硅酸盐材料和氧化物、碳化物、氮化物等新型材料。

无机非金属材料的应用已从建筑、日常生活领域发展到冶金、化工、交通、能源、电子、食品、光学、医药及尖端科技等领域，已成为各种结构、信息及功能材料的主要来源，如制作半导体、光纤、电子陶瓷、敏感元件、磁性材料、超导材料等。同时无机非金属材料能在很多场合替代金属材料或高分子材料，使材料的利用更加经济合理。不同材料的生产能耗见表 7-1。

表 7-1 不同材料的生产能耗

材料种类	钢	铝	塑料	玻璃	陶瓷	水泥
能耗/($10^7 J \cdot kg^{-1}$)	3～5	10～15	6	0.6～1	1.5～2.5	0.4

7.1 无机非金属材料概述

航天器穿越大气层，尤其从太空返回时，由于速度快，与空气进行强烈的摩擦产生大量的热量。对航天器来说，周围空气温度最高可以达到 8 000～10 000℃，这就要求用于航天器表面的材料必须具有耐高温性能，因此无机非金属材料就成为最佳选择。图 7-2 为飞行器返回大气层的图片。

无机非金属材料又称陶瓷材料，指由各种金属元素与非金属元素形成的无机化合物和非金属单质材料。其有悠久的历史，近几十年来，得到飞速发展，主要包括**传统无机非金属材料**(又称传统陶瓷)和**新型无机非金属材料**（又称精细陶瓷材料）。前者指以硅酸盐化合物为主要成分制成的材料，主要是烧结体，如玻璃、水泥、耐火材料、建筑材料和搪瓷等；后者的成分除了氧化物外，还有氮化物、碳化物、硅化物和硼化物等，可以是烧结体，还可以做成单晶、纤维、薄膜和粉末，具有强度高、耐高温、耐腐蚀，以及声、电、光、热、磁等多方面的特殊功能，是新一代的特种陶瓷，用途极为广泛，遍及现代科技的各个领域。

图7-2 “天宫一号”返回大气层

目前已知的非金属元素除氢外都集中在周期表的右上方，以硼、硅、砷、碲、砹为界。非金属元素虽然仅占元素总数的1/5，但在自然界的总量却超过了3/4。空气和水完全由非金属组成，地壳中氧的质量分数为49.13%，硅的质量分数为29.50%。因此，非金属化学的涵盖面很大，非金属材料的应用范围也很广。

无机非金属材料可按化学成分分为：

(1)氧化物陶瓷。种类繁多，在陶瓷家族中占有非常重要的地位。最常用的氧化物陶瓷有Al_2O_3、SiO_2、ZrO_2、MgO、CeO_2、CaO、Cr_2O_3及莫来石($Al_2O_3 \cdot SiO_2$)和尖晶石($MgAl_2O_4$)等。其中Al_2O_3、SiO_2和金属材料中的钢铁和铝合金一样应用广泛。

(2)碳化物陶瓷。一般具有比氧化物更高的熔点，包括SiC、WC、B_4C、TiC等，碳化物陶瓷在制备过程中需要气氛保护。

(3)氮化物陶瓷。应用最广泛的是Si_3N_4，其具有优良的综合力学性能和耐高温性能。另外，TiN、BN、AlN等应用日趋广泛。

(4)硼化物陶瓷。应用不广泛，主要作为添加剂或第二相加入陶瓷基体中，以达到改善性能的目的。

无机非金属材料按性能和用途分为：

(1)结构陶瓷。作为结构材料用来制造结构零件，主要使用其力学性能，如强度、韧性、硬度、模量、耐磨性、耐高温性能等。上面讲到的4种陶瓷大多数为结构陶瓷。

(2)功能陶瓷。作为功能材料用来制造功能器件，主要使用其物理性能，如电性能、热性能、光性能、生物性能等。例如，铁电陶瓷使用其电磁性能制造电磁元件；介电陶瓷用来制造电容器；压电陶瓷用来制作位移传感器或压力传感器；固体电解质陶瓷利用离子传导特性制造氧探测器；生物陶瓷用来制造人工骨骼和人工牙齿等。高温超导材料和玻璃光导纤维也属于功能陶瓷的范畴。

实际上结构陶瓷和功能陶瓷有时并无严格界限。例如压电陶瓷，虽然可划分为功能陶瓷，但对其力学性能，如抗压强度、韧性、硬度、弹性模量也有一定要求。

7.2 无机非金属材料的结构

无机非金属材料的结构从存在形式来说，是晶体结构、非晶体结构、孔结构以及它们不同形式且错综复杂的组合或复合；从尺寸上来说，可分为微观结构、亚微观结构、显微结构和宏观结构4个层次。以下简要说明无机非金属材料的各种结构。

7.2.1 化学结构

无机非金属材料主要以离子键（如 MgO、Al_2O_3）、共价键（如金刚石、Si_3N_4、BN）和两者的混合键组成。无机非金属材料的电负性差别较大，从 0.7(Cs)到最大的 4.0(F)。表 7－2 列出了几种无机非金属材料原子组合的化学键种类及其百分数。

表 7－2 几种无机非金属材料原子组合的化学键种类及其百分数

原子组合	共价键比例/%	离子键比例/%
K－O	8	92
Mg－O	18	82
Zr－O	33	67
B－O	55	45
Si－O	60	40
Al－O	40	60
C－O	78	22

构成无机非金属材料的元素占元素周期表上所有元素的 75%，几乎覆盖所有元素周期和族。因而无机非金属材料的基本组元呈现多样化，离子的尺寸、配位数、极化性、电场强度和结合能差别很大。

7.2.2 晶体结构

图 7－3 金刚石和石墨

石墨和金刚石的组成元素都是 C 元素，但二者的性能有天壤之别。一个是自然界最软的物质之一，一个是自然界最硬的物质，究其原因在于二者微观的晶体结构不同。图 7－3 所示为金刚石和石墨。

典型的无机非金属材料的晶体结构由 AX 型晶体、AX_2 型晶体、A_2X_3 型晶体、ABO_3 型晶体、AB_2O_4 型晶体及金刚石和石墨的晶体等组成。它们具有不同的结构特征，而硅酸盐晶体也是其中的一种，由于其结构较为复杂单独进行讨论。

【NaCl 的晶体结构】

1. AX 型晶体结构

这种类型晶体是二元化合物中最简单的一种，氯化钠是最典型的代表。属于 AX 型结构的氧化物有 MgO、BaO、MnO、CaO、FeO、TiO、ZrO 等，而碱金属卤化物如 CsCl、CsBr 等，碱金属硫化物如闪锌矿（ZnS）和纤锌矿（六方 ZnS）等，都具有此种结构。图 7－4 所示为 NaCl 的晶体结构。

NaCl 属于立方晶系，在其结构中，Cl^- 按面心立方排列，即 Cl^- 分布于晶胞的 8 个顶角和

6 个面心。Na^+ 的配位数为 6，Na^+ 填充在八面体间隙中。

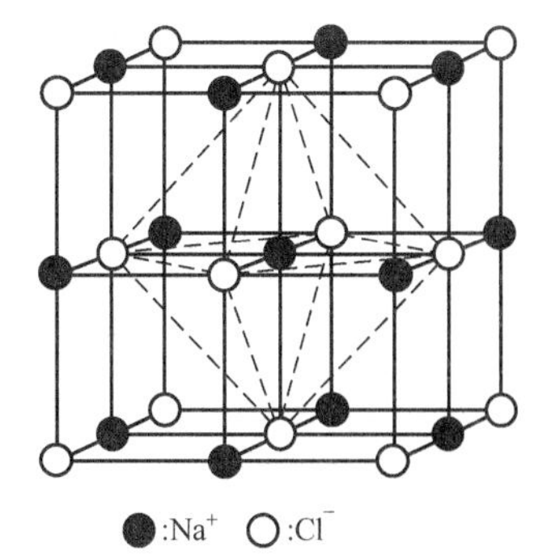

图 7-4　NaCl 的晶体结构

2. AX_2 型晶体结构

此类晶体类型包括萤石(CaF_2)、金红石(TiO_2)和碘化镉(CdI_2)等。

(1) 萤石

其属于立方晶系晶体，Ca^{2+} 位于立方晶胞的各个顶角及面心，形成面心立方结构，F^- 填充在由 Ca^{2+} 堆积成的 8 个小立方体的中心。Ca^{2+} 的配位数为 8，形成立方配位多面体，而每个 F^- 周围有 4 个 Ca^{2+}，形成四面体结构。ThO_2、CeO_2、UO_2 也属于这种结构。另外，碱金属氧化物如 Li_2O、Na_2O、K_2O 等属于反萤石结构，即其正、负离子位置正好与上述情况相反。图 7-5 所示为萤石的晶体结构。

【几种晶体结构】

(2) 金红石

金红石为 TiO_2 的一种常见的稳定结构，也是陶瓷材料中比较重要的一种结构。它具有简单正方点阵。其中钛离子位于变形八面体空隙中，构成 $Ti-O_6$ 八面体配位。钛离子配位数为 6，氧离子配位数为 3。在金红石的晶体结构中，$Ti-O_6$ 配位八面体沿 *c* 轴成链状排列，并与其上、下的 $Ti-O_6$ 配位八面体各有一条棱共用。链间由配位八面体共顶相连。图 7-6 为金红石晶体结构。金红石是一种重要的电容材料，生产中用的 TiO_2 原料称为钛白粉。SnO_2、PbO_2、MnO_2、VO_2 等都具有金红石型 AB_2 结构形式。

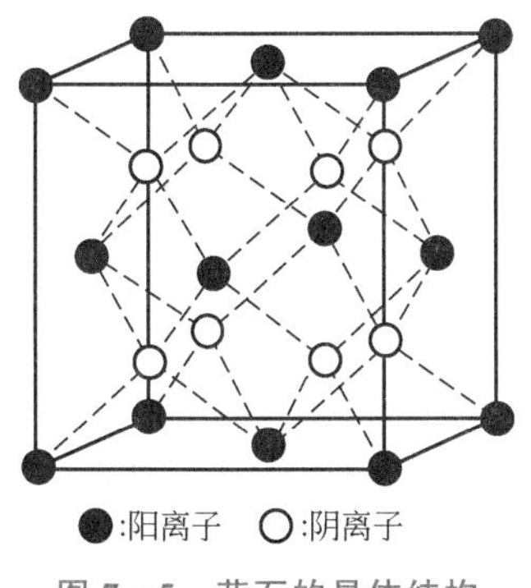

图 7-5　萤石的晶体结构

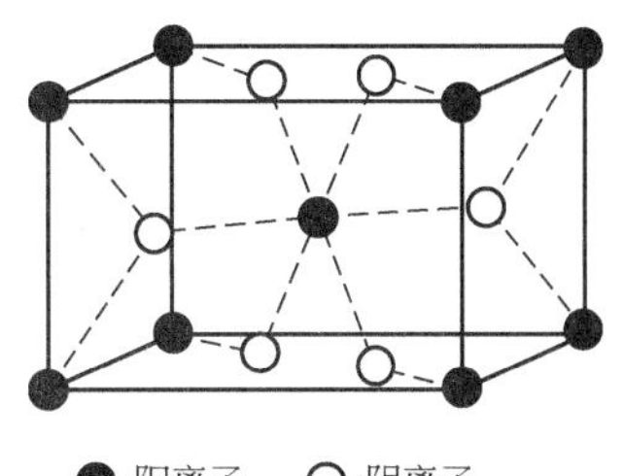

图 7-6　金红石的晶体结构

(3) 碘化镉

其属于三方晶系层状结构晶体。Cd^{2+} 位于六方柱大晶胞的各个顶角和底心的位置上，I^- 位于 Cd^{2+} 形成的三角形重心上方或下方，每个 Cd^{2+} 处在 6 个 I^- 组成的八面体中央，3 个 I^- 在上，3 个 I^- 在下。每个 I^- 与 3 个同一边的 Cd^{2+} 相连，在结构中按六方最紧密堆积排列，而 Cd^{2+} 则相间成层地填充于半数的八面体空隙中，构成层状结构。$Mg(OH)_2$、$Ca(OH)_2$ 具有碘化镉的结构形式。图 7-7 所示为碘化镉的晶体结构。

3. A_2X_3 型晶体结构

刚玉($\alpha-Al_2O_3$)是典型的 A_2X_3 型晶体，属于三方晶系晶体。O^{2-} 近似作六方最紧密

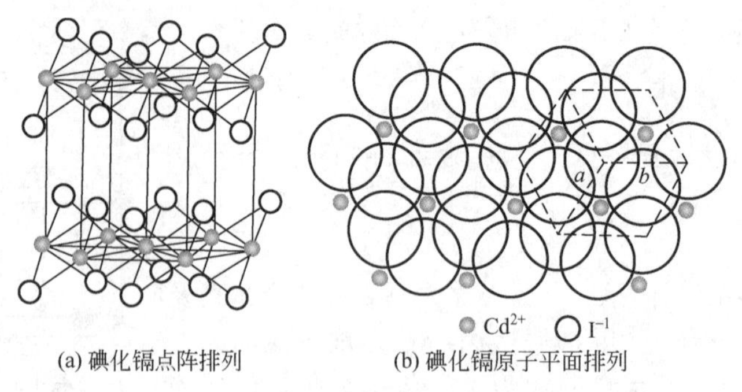

图 7－7　碘化镉的晶体结构

堆积排列，Al^{3+} 填充在 6 个 O^{2-} 形成的八面体空隙中。$\alpha-Fe_2O_3$、Cr_2O_3、Ti_2O_3、V_2O_3 等也具有刚玉的结构形式。图 7－8 所示为刚玉的原子排列。

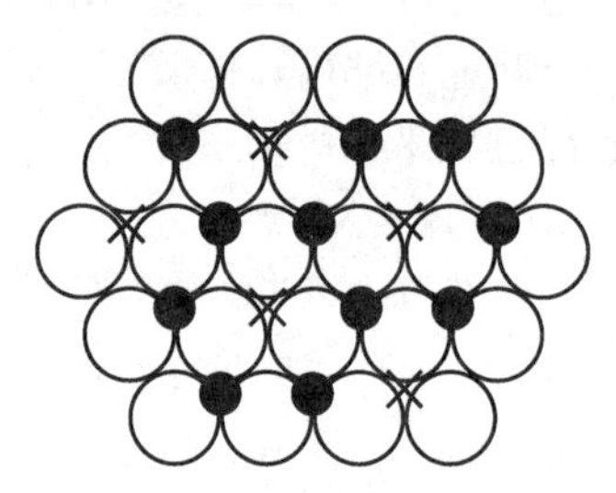

图 7－8　刚玉的原子排列

4. ABO_3 型晶体结构

钙钛矿（$CaTiO_3$）是典型的 ABO_3 型（A、B 代表金属正离子）晶体结构。其具有假立方体形，在低温时转变为斜方晶系晶体。其中 O^{2-} 和较大的 Ca^{2+} 一起按面心立方最紧密堆积排列，而较小的 Ti^{4+} 则占据八面体空隙的 1/4。图 7－9 所示为钙钛矿的晶体结构。当 B 离子很小，小到不能被以八面体形式所包围时，如 C^{4+}、N^{5+}、B^{3+} 等，这时就不能形成此类晶体结构，而产生方解石（$CaCO_3$）型晶体，其结构可看成变形的 NaCl 结构。

【氯化铯的晶体结构】

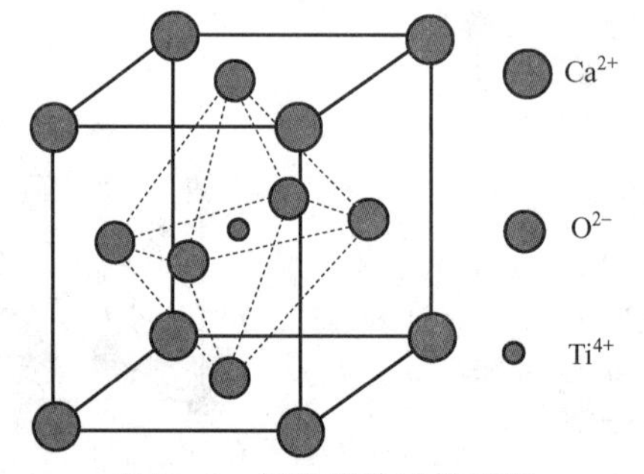

图 7－9　钙钛矿的晶体结构

5. AB_2O_4 型晶体结构

尖晶石（$MgAl_2O_4$）是典型的此类晶体结构。其为立方晶系晶体，O^{2-} 作面心立方最紧密堆积排列，Mg^{2+} 进入四面体空隙，而 Al^{3+} 则占有八面体空隙。尖晶石晶胞中含有 8 个 $MgAl_2O_4$ 分子，因此，O^{2-} 堆积形成的骨架中有 64 个四面体空隙和 32 个八面体空隙。但 Mg^{2+} 只占四面体空隙的 1/8，而 Al^{3+} 占有空隙的 1/2。图 7－10 所示为尖晶石的晶体结构。

6. 石墨和金刚石的结构

石墨和金刚石是碳的同素异形体，结合键上的差异导致二者成为自然界存在的软硬各走极端的材料。金刚石晶体的结构为：一个碳原子位于正四面体的中心，另外 4 个碳原子位于正四面体顶角上，属于面心立方晶格。在晶胞内有 4 个碳原子，分别位于 4 个空间对

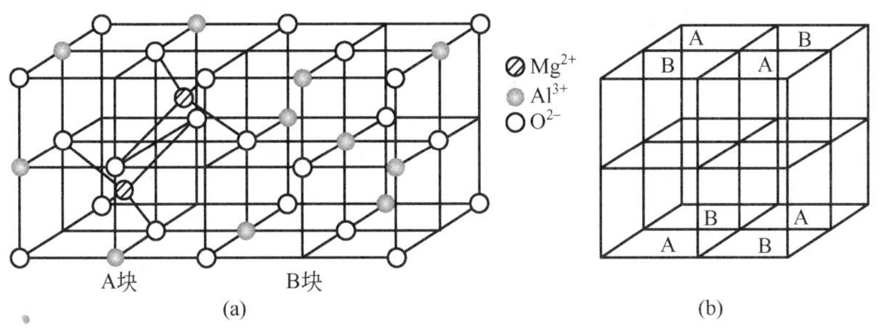

图 7-10　尖晶石的晶体结构

角线的1/4处，每个碳原子周围还有4个碳原子，它们由共价键连接。

石墨属于六方晶系，六边形内碳原子间距为1.42Å(1Å=10^{-10}m)，层间距为3.40Å。同一层内原子以共价键结合，层间以范德华键结合，因此石墨较软。另外，碳原子4个外层电子在层内形成3个共价键，多余的一个电子可以在层内移动，与金属的自由电子相似，因此石墨具有较好的导电性。石墨和金刚石的晶体结构如图7-11所示。

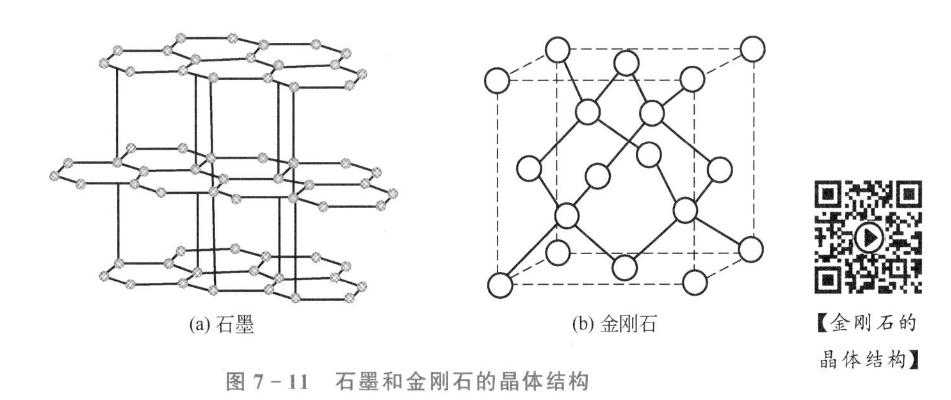

【金刚石的晶体结构】

图 7-11　石墨和金刚石的晶体结构

7. 硅酸盐晶体结构

硅与氧是地壳里含量最多的两种元素，而硅在自然界存在的主要形式就是硅酸盐。硅酸盐化学组成较为复杂，其化学式有两种写法：一种是以构成硅酸盐的氧化物写出来，依顺序为一价、二价、三价金属氧化物，最后加上SiO_2，如钾长石的化学式为$KO_2 \cdot Al_2O_3 \cdot 6SiO_2$；另一种是如无机络合物的写法，首先列一价、二价金属离子，其次是Al^{3+}和Si^{4+}，最后是O^{2-}，按一定的比例写出化学式，如钾长石可以写成$K_2Al_2Si_6O_{16}$或$KAlSi_3O_8$。

硅酸盐晶体的结构复杂，具有以下特点：

(1) Si^{4+}间不存在直接的键，而其离子间通过O^{2-}来实现连接，如 ≡ Si—O—Si ≡ 键。

(2) 每个Si^{4+}存在于4个以O^{2-}为顶点的[SiO_4]四面体的中心，[SiO_4]是硅酸盐晶体结构的基础。

(3) [SiO_4]四面体的每一个顶点即O^{2-}最多只能为两个[SiO_4]四面体所共有。

(4) 两个邻近的[SiO_4]四面体间只能以共顶而不能以共棱或共面形式连接，因共棱或共面会降低[SiO_4]聚合结构的稳定性。

(5) [SiO_4]四面体可以通过共用顶角O^{2-}而形成不同聚合程度的络阴离子团。

硅酸盐［SiO_4］四面体按聚合程度分为岛状、组群状、链状、层状和架状5种结构形式，见表7-3所列，其结构形式如图7-12所示。

表7-3　硅酸盐晶体的5种结构形式

结构类别	［SiO_4］共用顶角O^{2-}数目	［SiO_4］聚合结构形状	络阴离子基团	Si∶O数目比例	实例
岛状	0	单个四面体	$[SiO_4]^{4-}$	1∶4	镁橄榄石 $Mg_2[SiO_4]$
组群状	1	双四面体	$[Si_2O_7]^{6-}$	2∶7	硅钙石 $Ca_3[Si_2O_7]$
	2	三节环	$[Si_3O_9]^{6-}$	1∶3	蓝锥矿 $BaTi[Si_3O_9]$
		四节环	$[Si_4O_{12}]^{8-}$		柱状荷叶石 $Na_2FeTi[Si_4O_{12}]$
		六节环	$[Si_6O_{18}]^{12-}$		绿宝石 $Be_3Al_2[Si_6O_{18}]$
链状	2	单链	$[Si_2O_6]^{4-}$	1∶3	透辉石 $CaMg[Si_2O_6]$
	2，3	双链	$[Si_4O_{11}]^{6-}$	4∶11	透闪石 $Ca_2Mg_5[Si_4O_{11}]_2(OH)_2$
层状	3	平面层	$[Si_4O_{10}]^{4-}$	4∶10	滑石 $Mg_3[Si_4O_{10}](OH)_2$
架状	4	三度网络空间结构	$[SiO_2]$	1∶2	石英 SiO_2
			$[(AlSi_3O_8)]^{x-}$	3∶8	钠长石 $Na[AlSi_3O_8]$

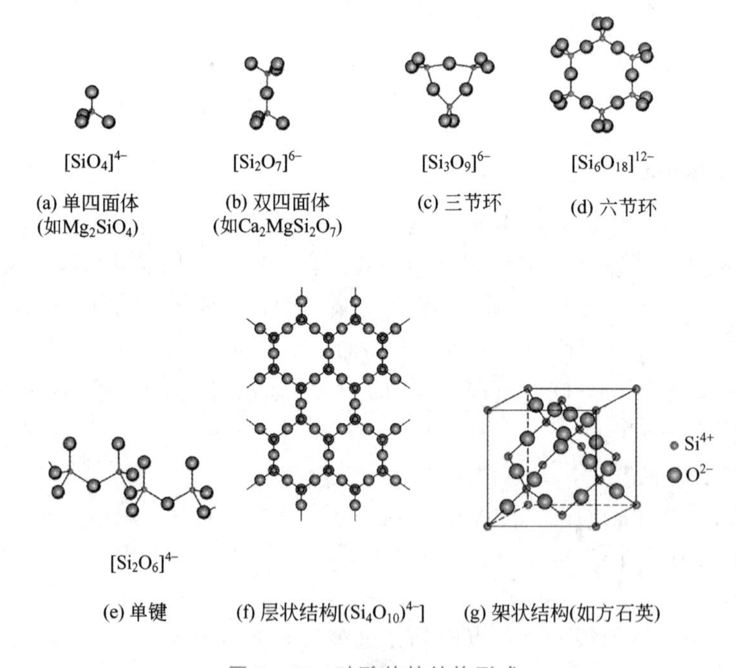

(a) 单四面体（如Mg_2SiO_4）　(b) 双四面体（如$Ca_2MgSi_2O_7$）　(c) 三节环　(d) 六节环

(e) 单键　(f) 层状结构$[(Si_4O_{10})^{4-}]$　(g) 架状结构（如方石英）

图7-12　硅酸盐的结构形式

7.2.3 其他结构

1. 非晶态结构

除了前述的晶体结构外，自然界还存在非晶态结构(或称无定形结构)，其性能是各向同性。无机材料的非晶态主要由无机玻璃、凝胶、非晶态半导体、无定形碳、金属玻璃等组成。图7－13所示为 SiO_2 晶态与非晶态的比较。

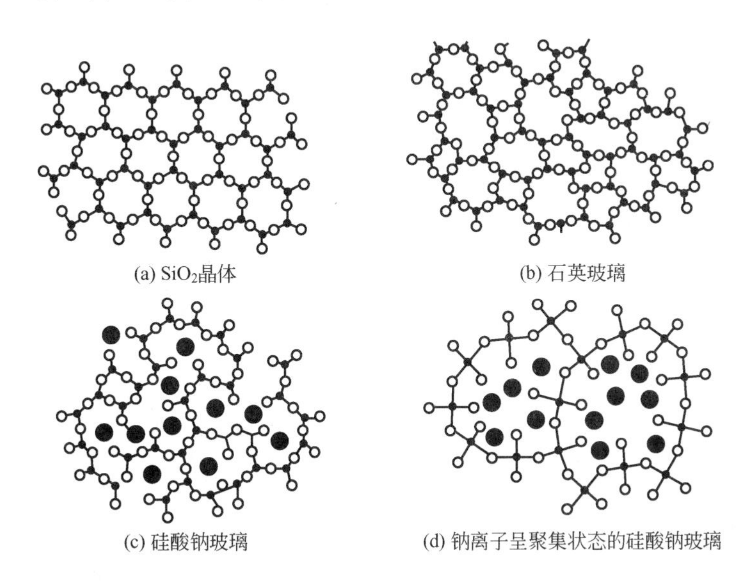

图7－13 SiO_2 晶态与非晶态的比较

2. 多相结构

大多数人造无机非金属晶体材料是多相固体，它们的显微结构可能差别很大。其实，有些用热处理获得的单晶材料也是多相体，这是因为这些材料中总存在着玻璃相，也总存在着一定量的开口气孔和闭口气孔，即使是高密度材料也是这样。

如果显微结构组成部分不是有规律分布，而是按一定的方位排列，则形成织构。织构总是导致各向异性。工程陶瓷的织构主要是在成形时形成的，而天然矿物材料的织构则是由定向地质构造力引起的。

多晶和多相固体的显微结构及结构成分没有固定的尺寸，在材料制备时主要受一些工艺参数(如温度和时间)的影响，这种影响在材料的使用过程中还会出现。如耐火材料在使用过程中玻璃相增加，尤其是密实度进一步增大，还会出现明显的颗粒生长(再结晶)现象。密实度的增大使密度增加(烧结氧化物几乎接近于实际密度)，并大多伴随着孔隙率的降低。但总孔隙率不一定下降，这是因为随着玻璃化的提高，孔被封闭，或是颗粒在生长时也会使颗粒间的孔长大。

3. 孔结构

除纯玻璃和纯玻璃陶瓷材料外，无机非金属材料或多或少都有孔或孔隙存在。因此这些孔的形状、分布、尺寸及含量均对材料性能带来直接影响。为此人们通过孔特征和孔结构理论来反映这些带孔无机非金属材料的结构。孔结构包括孔隙率、孔径分布和孔的几何形貌。物体中孔的体积占总体积的百分数称为气孔率或孔隙率，用来表示物体的多孔性或致密程度。根据孔(或孔隙)在物体表面是否露头，将孔分为开口孔(包括贯穿孔)和闭口孔，如图 7-14 中①、②所示，两者之和称为总气孔率或总孔隙率。贯穿孔对无机非金属材料的透气性和渗透性影响很大，而非贯穿孔的开口孔对毛细现象和吸水有明显作用。

根据无机非金属材料实际用途制作的各种物品的孔隙率变化极大。如需要力学性能的致密陶瓷孔隙率小于1%，而特种保温材料的孔隙率大于90%。相同材料条件下，有孔的与无孔的相比较性质差别巨大，即使孔隙率很低，仍对材料性能有显著影响。图 7-15 所示为孔隙率对耐火材料性能的影响。

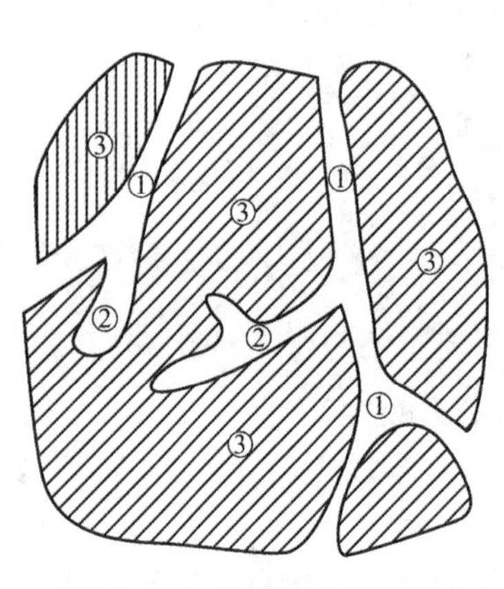

图 7-14　陶瓷中的孔结构

①—开口孔；②—闭口孔；③—固体

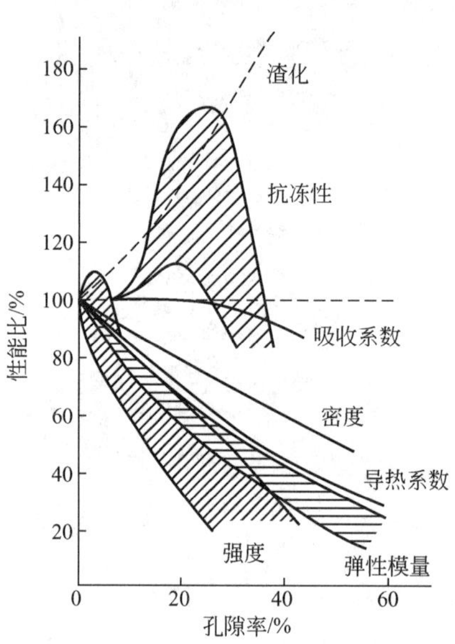

图 7-15　孔隙率对耐火材料性能的影响

7.3　无机非金属材料的性能

无机非金属材料一般由共价键和离子键结合而成，所以键的比例对性能具有决定性作用。由于二者具有相对高的能量，其混合键的键能也较大，一般为 $100\sim500kJ\cdot mol^{-1}$ (金属为 $60\sim250kJ\cdot mol^{-1}$)，从而给无机非金属材料带来熔点高、硬度高、脆性大、透明度高、导电性低的性质特点。

无机非金属材料结构中，内外力作用和阳离子电场作用使阴离子产生极化、变形现象，这导致电子轨道变形，使共价键部分增加，进而使得离子间距缩短、配位数降低、晶体结构改变，从宏观上会对材料的弹性、强度、硬度、颜色等性质产生显著影响。以下简要介绍无机非金属材料使用时的主要性能。

1. 热学性能

冬天取暖常用到的 PTC 暖风机，夏天用到的 PTC 电热驱蚊器，其关键部件均为 PTC

半导体陶瓷。常用的暖风机类型有电阻丝加热、石英管红外加热、PTC 陶瓷热风机，其中 PTC 陶瓷热风机的优点是没有明火、不消耗氧气、不过热、节能。图 7-16 所示为 PTC 陶瓷应用示例。

与金属材料和高分子材料相比，耐高温是陶瓷材料的优异特性之一。材料的耐热性一般用高温强度、抗氧化性、耐烧蚀性等判断。要成为耐热材料，首先必须熔点高。熔点是原子间结合力的反映。

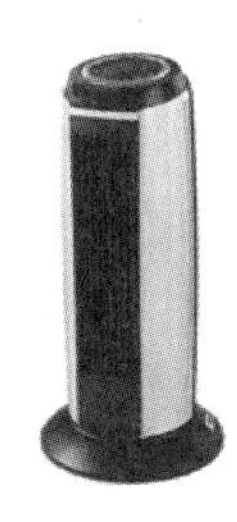
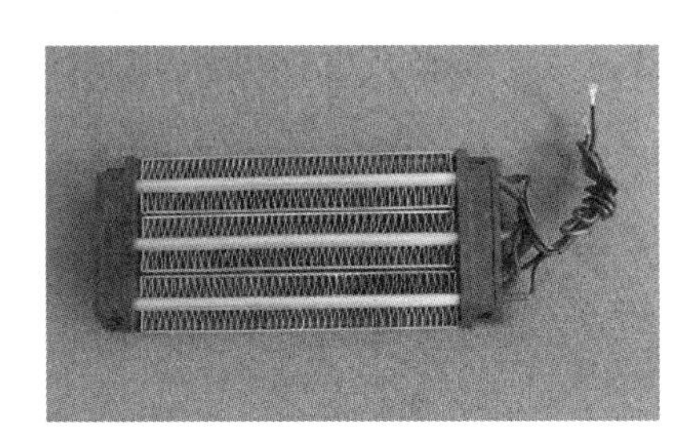

图 7-16 PTC 陶瓷应用示例

比热容是材料热学性能中基本的物性之一，旧称比热。比热容是指物质加热升高(或降低)1K 时，单位质量所吸收(或释放)的热量。单位质量以克或千克计算时，对应的单位为 $J \cdot g^{-1} \cdot K^{-1}$ 或 $J \cdot kg^{-1} \cdot K^{-1}$；单位质量为摩尔时，对应的比热容为“摩尔热容”，单位为 $J \cdot mol^{-1} \cdot K^{-1}$。

热膨胀系数是指温度改变 ΔT 时，固体在一定方向上发生的相对长度的变化(相应为线膨胀系数)或相对体积的变化(相应为体膨胀系数)。无机非金属材料的膨胀系数对所观察晶轴方向上的各向异性有特别显著的依赖性。表 7-4 所列为一些无机非金属材料的热膨胀系数。

表 7-4 一些无机非金属材料的热膨胀系数

材料类型	热膨胀系数/($10^{-7}K^{-1}$)	
	垂直 c 轴	平行 c 轴
SiO_2(石英)	140	90
$Al_2O_3 \cdot TiO_2$	−26	115
$3Al_2O_3 \cdot SiO_2$	45	57
$CaCO_3$	−60	250
BN	7	75
C	10	270

有几种材料在一个或所有方向上随着温度升高而产生负膨胀，这归结于其各向异性程度特别大。玻璃材料因其完全的各向同性，在各个方向上的膨胀系数均相同，大小取决于玻璃组成、功能、键强度和网络结构。

多相材料的膨胀系数由所有显微结构组成的膨胀系数所决定。不同相(如晶体、玻璃、孔)具有不同的膨胀系数。

热能的传递方式有对流、传导和辐射 3 种形式。在固体内只有传导和辐射两种形式，它们受原子级、显微结构、固体物理状态和温度等控制。特别是辐射传递，仅在十分特定的条件下发生。

对大多数晶体材料来说，随温度上升，其热导率下降。多晶体材料的显微结构对热传导有明显的影响，甚至在孔的存在下有决定性的影响。对于玻璃，无论是单相材料还是材料的一个组成相，由于其仅仅是近程有序，故其热导率低。

2. 力学性能

20 世纪 80 年代，美国福特公司率先用 SiN 和 SiC 陶瓷制造了一台全陶瓷燃气汽轮机，其燃气入口温度可达 1 230℃，转速为 $5\times10^{4}\ r\cdot min^{-1}$，运行了 25h。汽轮机所用陶瓷材料使用的正是陶瓷材料的力学性能。图 7-17 为汽轮机示意图。

与金属材料相比，无机非金属材料由于化学键多为离子键和共价键，键能高且键具有明显的方向性，所以晶体结构复杂，其弹性、硬度、塑性、强度、断裂和冲击性能等与金属材料差异较大。图 7-18 所示为不同材料典型的拉伸曲线。下面简单介绍一些无机非金属材料的力学性能。

材料的硬度是材料表面抵抗塑性变形的能力，它取决于其化学成分、晶体结构和显微组织等因素。离子半径越小，配位数越小，结合能越大，则抵抗外力摩擦、刻划和压入的能力就越强，即硬度越大。无机非金属材料里硬度最高的是陶瓷材料。

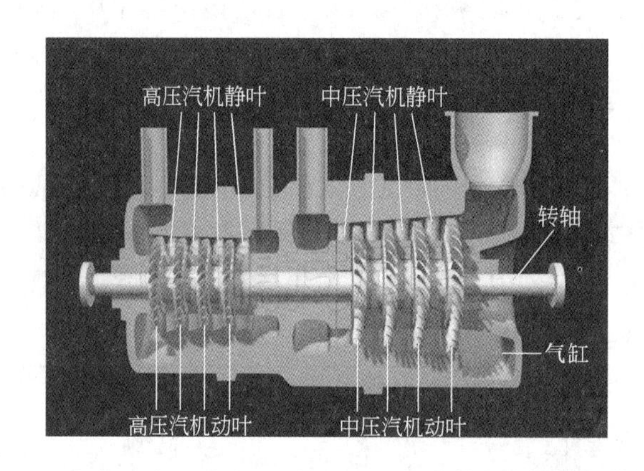

图 7-17 汽轮机示意图

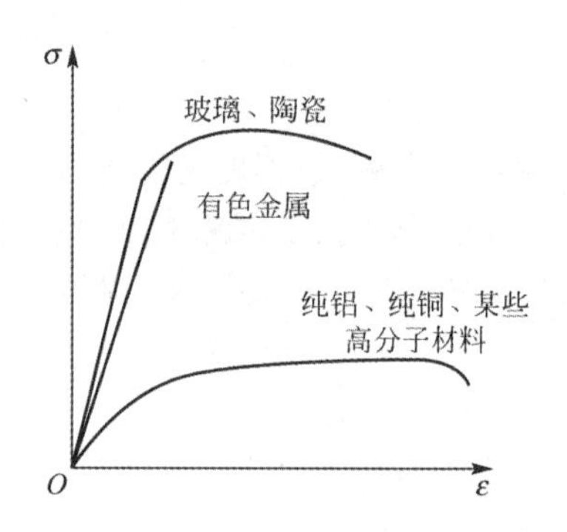

图 7-18 不同材料典型的拉伸曲线

在常温条件下，无机非金属材料也符合胡克定律，即拉伸时应力与应变成正比。表 7-5 给出了一些无机非金属材料在室温下的弹性模量。

表 7-5 一些无机非金属材料的弹性模量(室温下)

材料	弹性模量/GPa	材料	弹性模量/GPa
晶态碳纳米管	1 000	金刚石	1 000
AlN	310～350	MgO	310
石墨纤维(轴向)	400～650	碳纤维(轴向)	200～450
多晶石墨	10	Al_2O_3	400
WC	400～650	SiC	450
TiC	379	Si_3N_4	220～320
NaCl	15～68	玻璃	35～45
$MgO\cdot SiO_2$	90	TiO_2	29

绝大多数无机非金属材料呈现脆性。它们在到达弹性极限时直接被破坏，而不是像金属那样出现塑性变形。脆性不是一个可定义的材料常数，而是一个在很大程度上取决于力学技术要求的性质。一般来说，脆性材料受力破坏时，无显著变形，而是突然断裂，一般断裂面较粗糙，延展率和断面收缩率均较小，如果力的作用相对于产生的应力分布弛豫时间来说很短，脆性尤其明显。这时，机械能集中在一定的位置(应力峰)，在无机非金属材料中由于缺乏位错、塑性变形和有效的裂纹障碍，应力就不会消除，结果就造成脆性断裂。

塑性通常是材料受力时，当应力超过屈服点后，能产生显著的残余变形而不产生断裂的性质，残余变形即称为塑性变形。在简单的金属晶格中，位错的迁移引起塑性流动而不出现裂纹，而在无机非金属材料的一些非常复杂的晶格中，位错受阻产生裂纹，在完全没有滑移面的无定形玻璃晶格中，不出现引起塑性滑移的位错迁移。但是，脆性就力作用对弛豫时间起重要作用的一个性能来说，是一个与荷载条件非常密切的现象。因此，在适当的条件下，无机非金属材料中也会有可延展性迹象存在。

强度是材料抵抗各种外来力学荷载的综合能力。抗拉强度是单位面积上导致材料结构组成单元之间的化学链分离和相互摩擦以及制造新表面的力的大小。

陶瓷的抗拉强度与抗压强度之比为1∶10(铸铁为1∶3)。此外，陶瓷硬度高，一般为1 000～5 000HV(金刚石为6 000～10 000HV，淬火钢为500～800HV，塑料为20HV)。

在处理强度时，必须首先将理论强度和实际强度区别开来。

按照Prowan公式，理论强度σ_{th}约为弹性模量的1/10。

$$\sigma_{th}=\sqrt{\frac{E\gamma}{a}} \tag{7-1}$$

式中，E为弹性模量；γ为表面能；a为离子距离。

对烧结刚玉来说，理论强度约5×10^4MPa，硅玻璃的理论强度约8×10^3MPa，而Prowan公式可近似计算某些单晶、晶须和完全没有缺陷的玻璃纤维的强度。但实际强度只有理论强度的1/100～1/10。理论强度和实际强度的差别，主要是由于材料在局部区域存在着应力集中，即无机非金属材料的强度和断裂行为与材料的脆性、体内裂纹和表面裂纹的存在密切相关。

3. 电学性能

根据材料的导电性不同，将材料分为导体、半导体和绝缘体。电阻率小于$10^{-4}\Omega\cdot$cm的为导体，大于$10^9\Omega\cdot$cm的为绝缘体，半导体则介于二者之间。金属能够导电，主要是其具有核外自由运动的自由电子。而无机非金属材料一般都不具有自由电子，所以导电性较差，意味着此类材料多为良好的绝缘体。

介电性能是指将一种作为电解质的物质放在电容器中就可以增加电容，通常以介电常数ε来描述。在无机非金属材料上，离子极化起着最重要的作用。无机非金属材料的介电常数有一个很大的波动范围，从4到15 000不等。介电常数不仅与材料的组成有关，也与其结构有关，完全对称的非极化材料的介电常数最低；介电常数还与晶轴方向有关，在某种条件下每个轴向的数值不同(表7-6)；显微结构不同也使介电性能明显不同，石英玻璃和TiO_2的介电常数随着孔隙率增大而明显下降；温度是影响介电常数的另一个因素，介电常数随着温度上升作不同程度的增加。

表 7-6　几种无机非金属材料在25℃时的介电常数

材料		介电常数 ε(10^6 Hz)
TiO_2	垂直 c 轴	89
	平行 c 轴	173
Al_2O_3	垂直 c 轴	8.6
	平行 c 轴	10.5
MgO		9.6
莫来石		6.5
石英玻璃		4
铅硅玻璃		19

4. 磁学性能

磁性是任何一种材料都具有的属性。任何材料在磁场作用下都会表现出一定的磁性。例如，在磁场中放入一种材料，则材料所占空间的磁场就会发生变化。有些材料使磁场增强，有些材料使磁场减弱。材料对磁场影响表现出的磁性变化可分为抗磁性、顺磁性、铁磁性、反铁磁性，其相应的材料即称为抗磁性材料、顺磁性材料、铁磁性材料、反铁磁性材料。

【石英】

无机非金属材料具有强磁性、高电阻和低松弛损失等特性。将其用于电子技术中的高频器件比用磁性金属优越。因此，磁性无机非金属材料常用作无线电、电视和电子装置线路的元件，此外在计算机中用作记忆元件材料和在微波器中用作永久磁石。随着近代电子技术的迅速发展，无机非金属磁性材料的用途将越来越广泛。

5. 光学性能

20世纪60年代，美国通用公司的研究者发现，只要制备工艺适当，Al_2O_3 陶瓷就可以制成透明体，冲破了“陶瓷不透明”的禁锢。此后，许多陶瓷都实现了透明化，并在防弹装甲、导弹光学制导窗口、热导制导导弹雷达天线罩、激光器增益介质等方面获得了应用。图7-19为雷达天线罩的示意图。

物质的光学性能源于其与光线的相互作用，这种作用可以在整个物体或物体表面上发生，与光的波长有紧密的联系。无机非金属材料的光学性能具有多样性和复杂性，主要包括对光的折射、反射、吸收、散射和透射，以及受激辐射光放大的特性等多方面。因此，其在光学领域的应用十分广泛，比较重要的应用包括反射镜、光导纤维、透镜、棱镜、滤光镜、激光器和非线性光学器件等。而在建筑瓷砖、卫生陶瓷、餐具、艺术陶瓷等应用方面，主要要求颜色、光泽和半透明等性

图 7-19　雷达天线罩

能。可见光学性能对于多数无机非金属材料非常重要。

6. 化学性能

材料在使用过程中一定会发生不同程度的气相与固相、液相与固相、固相与固相之间的反应，随着反应的进行材料表面将会被腐蚀，并且有可能延伸至材料的内部。材料抵抗侵蚀的能力，称为耐蚀性或化学稳定性，用于衡量其化学性能。

对于常温下使用的材料，其化学性能是其抵抗周围水、酸、碱等各种化学作用的能力。无机非金属材料多由氧化物组成，随着其键合力的增加而酸性越强，碱性越弱。以下是各种氧化物的碱性排序：

酸性强 ←——————————————→ 碱性强

P_2O_5　SiO_2　TiO_2　Al_2O_3　Fe_2O_3　BeO　MgO　ZnO　FeO　MnO　CaO　BaO　Li_2O　Na_2O　K_2O

因此材料中含酸性氧化物越多，则其耐酸性越强，反之，耐碱性越强。

温度对材料化学稳定性具有极大的影响。如耐火材料作为各种高温炉的内衬，耐高温性能直接影响到其使用寿命。炉衬在高温使用时，熔体与其接触，当出现液相时，侵蚀过程是一个固体溶解入液体的过程。所以其侵蚀过程既包括固-液反应，也包括液-液反应，显然后者更为强烈，同时高温时侵蚀介质还具有很强的对流作用，这种作用又加速了侵蚀速率。

7.4 无机非金属材料的制备

无机非金属材料的生产流程均由若干单元工艺组成，包括：配料 B(粉体机械制备 G、粉体的化学制备 D、原料的称重 W 和粉体的均匀化 H)，熔化 M，烧成 S，成形 F，制品后处理 P，另外还包括原料 R 和组成 C 等。下面是各种无机非金属材料的车间生产流程。

传统陶瓷：C—R—B(G、W、H)—F—S—P；

先进陶瓷：C—R—B(D、W、H)—F—S—P；

水泥：C—R—B(G、W、H)—S—G—H；

玻璃：C—R—B(G、W、H)—M—F—P。

7.4.1 传统陶瓷制备

陶瓷材料的本质特性是脆性，在受力的时候只有很小的形变或没有形变发生。这种本性限定了陶瓷材料不能采用金属材料经常使用的各种工艺过程来进行制备，陶瓷构件的制造与材料制备过程基本上是同时完成的。已经发展出两种基本的陶瓷成形工艺：①用细颗粒陶瓷原料，加上黏结剂成形，然后高温烧结成所需的制品；②将原料熔融成液体，然后在冷却和固化时成形，如制备玻璃制品。

陶瓷的整个工艺过程相当复杂，但可归纳为三大步骤：原料配置→坯料成形→窑炉烧成。传统陶瓷生产工艺流程如图 7-20 所示。

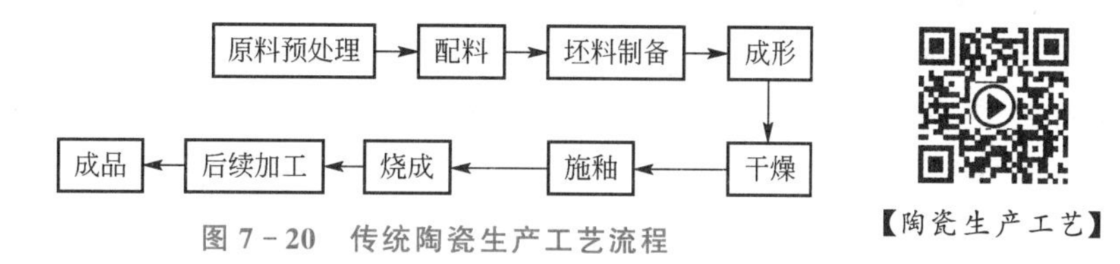

图 7-20　传统陶瓷生产工艺流程

1. 原料

传统陶瓷又称普通陶瓷，是指以天然存在的矿物为主要原料的陶瓷制品。普通陶瓷的原料中必不可少的三组分是石英、黏土和长石，三者以适当的比例混合而成。

石英：化学组成为 SiO_2，其不受氢氟酸以外的酸的侵蚀，在室温下与碱不发生化学反应，硬度较高，所以石英是一种具有耐热性、抗蚀性、高硬度等特征的优异物质。在普通陶瓷中，石英构成了陶瓷制品的骨架，赋予制品耐热、耐蚀等特性。石英的黏性很低，属非可塑性原料，无法做成制品的形状。为了使其具有成形性，需掺入黏土。

黏土：是一种含水的铝硅酸盐矿物质，主要化学成分为 SiO_2、Al_2O_3、H_2O、Fe_2O_3、TiO_2 等。黏土具有很独特的可塑性与结合性，调水后成为软泥，能塑造成形，烧后变得致密坚硬。

长石：是一组矿物的总称，为架状硅酸盐结构。其分为钠长石（$Na_2O \cdot Al_2O_3 \cdot SiO_2$）、钾长石（$K_2O \cdot Al_2O_3 \cdot SiO_2$）、钙长石（$CaO \cdot Al_2O_3 \cdot SiO_2$）和钡长石（$BaO \cdot Al_2O_3 \cdot SiO_2$）四大类。

长石高温下为有黏性的熔融液体，可润湿粉体，冷却至室温后，可使粉体中的各组分牢固地结合，成为致密的陶瓷制品。陶瓷生产中其为几种长石的互溶物，并含有其他杂质，所以没有固定的熔融温度。它只是在一个温度范围内逐渐熔融成为乳白色黏稠状的玻璃态物质。熔融后的玻璃态物质能够溶解一部分黏土分解物及部分石英，促进成瓷反应的进行，并降低烧成温度。长石的这种作用称为助熔剂作用。冷却后的以长石为主的低共熔体以玻璃态存在于陶瓷制品中，构成陶瓷的玻璃基质。

以上三者为传统陶瓷的三组分，其中石英为耐高温骨架成分，黏土提供了可塑性，长石为助熔剂。上述三组分中，真正不可少的组分为骨架成分，其余两个组分的存在，破坏了骨架成分所具有的耐高温、耐腐蚀、高硬度等特性。

2. 生产工艺

原料配置就是将上述 3 种原料按一定的比例进行称量。之后进行的是材料的成形，也就是将配置好的原料加入水或其他成形助剂（黏结剂），使其具有一定的可塑性，然后通过某种方法使其成为具有一定形状的坯体。常用的成形方法如下。

【景德镇陶瓷生产工艺】

（1）挤压成形

使用增塑剂与水混合均匀后的粉末作为坯料，由真空挤压机将坯料从挤型口挤出。该方法适合于黏土系陶瓷原料的成形，适宜制造横断面形状相同的坯体，如棒状、管状等长尺寸坯件。

（2）注浆成形法

注浆成形法是将制备好的坯料泥浆注入多孔性模型内，由于多孔性模型的吸水性，泥浆贴近模壁的一层被模型吸水而形成均匀的泥层。该泥层随时间的延长而逐渐加厚，当达到所需的厚度时，可将多余的泥浆倾出。最后该层继续脱水收缩而与模型脱离，从模型中取出后即为毛坯，整个过程如图 7 - 21 所示。

注浆成形法适用于制造形状复杂、不规则、薄而体积大且尺寸要求不严的器物，如花瓶、茶壶、汤碗、手柄等。注浆成形后的坯体结构较均匀，但其含水量大且不均匀，干燥后烧成收缩也较大。另外该法有适应性强、便于机械化等优点。

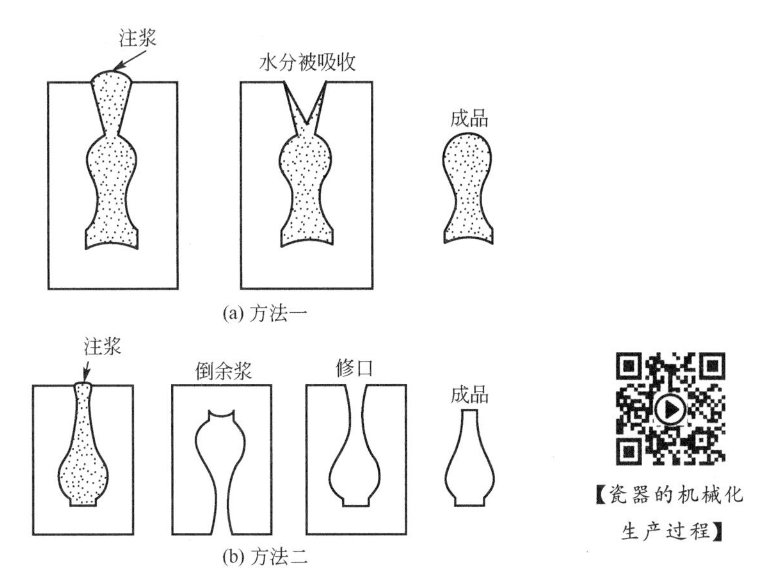

图7-21　注浆成形法示意图

(3) 模压成形法

其为利用压力将干粉坯料在模型中压成致密坯体的一种成形方法。由于模压成形的坯料水分少、压力大，坯体比较致密，因此能获得收缩小、形状准确、无须干燥的生坯。其加压成形过程简单，生产量大、缺陷少，便于机械化，因此对于成形形状简单的小型坯体较为合适，但对于形状复杂的大型制品，采用一般的模压成形就比较困难。成形后的坯体仅为半成品，其后还要进行干燥、施釉等工艺才可以烧成。

① 施釉。釉是附着于陶瓷坯体表面的连续玻璃质层，具有与玻璃相类似的物理与化学性质。陶瓷坯体表面的釉层从外观来说使陶瓷具有平滑而光泽的表面，使陶瓷美观，尤其是颜色釉与艺术釉更增添了陶瓷制品的艺术价值。就力学性能来说，正确配合的釉层可以增加陶瓷的强度与表面硬度，同时还可以使陶瓷的电气绝缘性能、抗化学腐蚀性能有所提高。

釉料按组成成分可分为长石釉、石灰釉、铅釉、硼釉、铅硼釉等。传统日用瓷生产中主要用长石釉与石灰釉。长石釉主要由石英、长石、大理石、高岭土等所组成，其特征是硬度较高，光泽较强，略具乳白色。石灰釉主要由锈石(由石英、长石釉组成并含有若干高岭土、长石等岩石状矿物)与釉灰(主要成分为碳酸钙)配制而成。石灰釉的特点是逆光性强、适应性能好，硬度也较高。

将釉料经配料、制浆后进行施釉。施釉方法分为浸釉法、喷釉法、浇釉法、刷釉法。浸釉法是将产品全部浸入釉料中，使之附着一层釉浆。喷釉法是利用压缩空气或静电效应，将釉浆喷成雾状，使其黏附于坯体。浇釉法是将釉浆浇到坯体上，该方法适用于大件器皿。刷釉法常用于同一个坯体上施几种不同釉料，如用于艺术陶瓷生产。

② 烧成。经过成形、施釉后的半成品，最后必须通过高温烧成才能获得瓷器的一切特性。坯体在烧成过程中发生一系列物理化学变化，如膨胀、收缩、气体的产生、液相的出现、旧晶相的消失、新晶相的析出等，这些变化在不同温度阶段中进行的状况决定了陶瓷的质量与性能。

烧成过程大致可分为以下 4 个阶段。

a. 蒸发期——坯体内残余水分的排除，为常温～300℃。

b. 氧化分解和晶型转化期——
- 排除结构水
- 有机物、碳和无机物等的氧化
- 碳酸盐、硫化物等的分解
- 晶型转变

（300～900℃）

c. 玻璃化成瓷期——
- 坯体内氧化分解反应的继续
- 形成液相，固相溶解
- 釉的熔融

（950℃～烧成温度）

d. 冷却期——
- 液相析晶
- 液相的过冷凝固
- 晶型转变

（止火温度～常温）

7.4.2 水泥制备

1. 原料

生产硅酸盐水泥的主要原料为石灰质原料、黏土质原料和铁质校正原料。

石灰质原料：主要包括石灰岩、泥灰岩、白垩、贝壳等。主要成分为 SiO_2、Al_2O_3、Fe_2O_3、CaO、MgO 等。含量最多的为 CaO。

黏土质原料：主要包括黄土、黏土、页岩、粉砂岩及河泥等，其中前两者应用最多。主要成分为 SiO_2、Al_2O_3、Fe_2O_3、CaO、MgO 及部分的 K_2O、Na_2O、SO_3 等。含量最多的为 SiO_2。

铁质校正原料：当石灰质和黏土质原料配合所得到的生料成分和配料方案不符合时，必须根据所缺少的组分添加此类原料。其中，掺加氧化铁含量大于 40%的铁质校正原料最为多见。常用的有低品位铁矿石、炼铁厂尾矿以及硫酸厂工业废渣等。

2. 制备工艺

硅酸盐水泥的生产过程大致可以分为 3 个阶段：生料制备、熟料煅烧和水泥粉磨。图 7－22 所示为水泥的制备工艺流程。

【水泥砖生产过程】

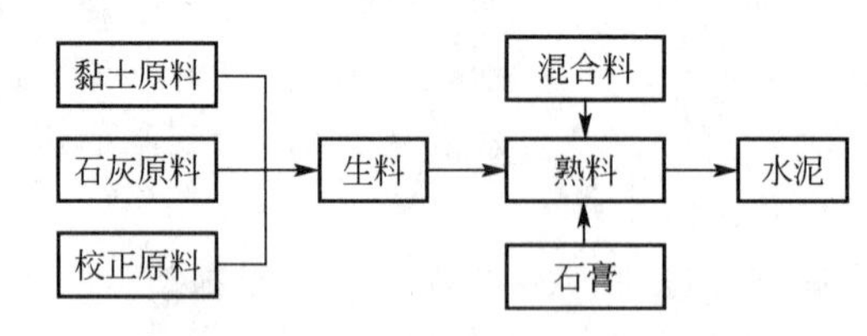

图 7－22 水泥的制备工艺流程

（1）生料制备

此阶段主要是将 3 种原料破碎后按一定的比例配合，然后磨细，调配成合适、质量均匀的生料。其生产方法有干法和湿法两种。前者是将原料同时烘干与粉磨或先烘干后粉磨成生料粉，而后进入窑内煅烧。后者是将原料加水粉磨成生料浆，输入湿法回转窑煅烧成熟料。

（2）熟料煅烧

此阶段一般在回转窑和立窑中进行。两种窑类型不同，但是生料在窑内进行的反应大致相同。现以湿法回转窑为例加以说明。

① 干燥脱水。干燥是将物料中的自由水蒸发，脱水是使物料失去化合水。自由水蒸发温度为100℃左右，而黏土矿物在500～600℃失去结晶水。

② 碳酸盐分解。生料中的碳酸盐如碳酸钙、碳酸镁，在煅烧温度下分解：

$$CaCO_3 \xleftrightarrow{590℃} CaO + CO_2 \uparrow$$

$$MgCO_3 \xleftrightarrow{890℃} MgO + CO_2 \uparrow$$

③ 固相反应。在碳酸盐进行分解时，石灰质和黏土质之间，通过质点间的相互扩散进行固相反应，形成相应的产物。固相反应相关温度及产物见表7-7所列。

表7-7 固相反应相关温度及产物

温度	生成产物
～800℃	$CaO \cdot Al_2O_3$(CA)、$CaO \cdot Fe_2O_3$(CF)、$CaO \cdot SiO_2$(C_2S)
800～900℃	$12CaO \cdot 7Al_2O_3$($C_{12}A_7$)
900～1 100℃	$3CaO \cdot Al_2O_3$(C_3A)、$4CaO \cdot Al_2O_3 \cdot Fe_2O_3$($C_4AF$)，游离钙最多
1 100～1 200℃	$3CaO \cdot Al_2O_3$(C_3A)、$4CaO \cdot Al_2O_3 \cdot Fe_2O_3$($C_4AF$)大量形成，$C_2S$最多

④ 熟料烧结。硅酸盐水泥在1 250℃下开始出现液相，水泥熟料开始烧结，物料逐渐由疏松态变为色泽灰黑、结构致密的熟料。同时，硅酸二钙和游离氧化钙逐步溶解在液相里，硅酸二钙吸收氧化钙形成硅酸三钙。其反应式为

$$C_2S + CaO \xrightarrow{液相} C_3S$$

⑤ 熟料冷却。此阶段对熟料的矿物组成具有较大的影响。急速冷却可使高温下形成的液相来不及结晶而形成玻璃相，并且在此过程中还会发生相应的相变，极大地影响熟料的使用性能。因此，在工艺设备允许的条件下应尽量采用快速冷却。

（3）水泥粉磨

水泥熟料经过粉磨后才可以进行使用。所以选用合理的细度、粉磨系统对保证水泥生产的产量和质量，降低生产电耗具有十分重要的意义。

熟料经过粉磨后，在其中加入少量的石膏，达到一定细度才成为水泥。通常水泥越细，水化速度越快，越易水化完全，对水泥凝胶性质的有效利用率越高，其强度越高。但是过细，比表面积过大，水泥浆体要达到同样的流动度需水量就过多，将使水泥浆体因水分过多引起孔隙率增加而降低强度。所以，通常水泥粉末的比表面积要求达到3 000$cm^2 \cdot g^{-1}$。

7.4.3 玻璃制备

1. 玻璃的形成

【玻璃品的制备(1)】

传统玻璃的形成方法是熔融法，是目前玻璃生产大量采用的方法。即将单组分或多组分的玻璃原料加热成熔体，在冷却过程中不断析出非晶体而转变为玻璃体。

并非所有物质都能形成玻璃，有些可能形成玻璃的物质由于工艺条件不合适，也不会形成玻璃。硅酸盐、硼酸盐和石英等熔融体在冷却过程中有可能全部转变成玻璃体，也可能部分转变为玻璃体、部分转变为晶体，甚至全部转变为晶体。

（1）形成玻璃的物质

可单一形成玻璃的氧化物有 SiO_2、B_2O_3 等；有条件形成玻璃的氧化物如 TeO_2、SeO_2、Al_2O_3、V_2O_5 等，其本身不能形成玻璃，但能与某些氧化物如 SiO_2 一起形成玻璃。

（2）形成玻璃的条件

玻璃的形成主要取决于内在结构，即化学键的类型和强度、负离子基团的大小、结构堆集排列的状况等。

① 结构因素。能单一形成玻璃的氧化物如硅酸盐、硼酸盐、磷酸盐等无机熔体，在转变为玻璃时，熔体中含有多种负离子基团，如硅酸盐熔体中的 $[SiO_4]^{4-}$、$[Si_2O_7]^{6-}$、$[Si_6O_{18}]^{12-}$、$[SiO_3]_n^{2n-}$、$[Si_4O_{11}]_n^{6n-}$。这些基团处于缩聚平衡状态，随着温度降低，聚合过程占优势。聚合程度高，形成链状或网状结构大型负离子集团时，就容易形成玻璃。

② 动力学条件。冷却速率对玻璃形成影响很大。熔体能否形成玻璃主要取决于熔体过冷后是否形成晶核，以及晶核能否长大。这两个过程都需要时间。因此，熔体要形成玻璃，必须在熔点以下迅速冷却，使它来不及析晶。

总的说来，形成玻璃的关键是熔体应尽快冷却，以免出现可见的析晶。形成玻璃的临界冷却速率是随熔体组成而变化的。

2. 玻璃生产工艺

玻璃可以采用滚压、压制和吹制、浇注及熔融抽丝等来成形。用何种方法加工，主要取决于最终应用。

（1）滚压

这种方法广泛应用于平板玻璃生产。原料熔化后，流经两滚筒，并严格控制温度，在合适的黏度下滚压成平板玻璃，然后使板材穿过一个长退火炉。为了得到表面光洁度高、平整的板材，可使玻璃熔体流经液态锡的浮池上面，池内保持可控制的加热气氛以防止氧化，让成形板材穿过退火炉即得成品。目前国内的茶色玻璃大多采用较先进的浮法生产。

【玻璃品的制备(2)】

（2）压制和吹制

这种方法广泛应用于容器制造。先将黏性玻璃块放入模具中压制，然后移去半个模具，以最终形状的模具代替，吹制成所要求的外形。

（3）浇注

将玻璃熔体注入模具里完成浇注，如浇注光学玻璃镜片等。浇注电视机显像管壳时，为了使熔融玻璃充满模具，还需使模具旋转，称为离心浇注。

（4）熔融抽丝

玻璃纤维的制备与聚合物纤维的制备方法类似，熔融玻璃料流过多孔加热铂板而成纤维状，对纤维在缠绕的同时进行牵引，最后得到玻璃纤维。

7.4.4 功能陶瓷制备

功能陶瓷又称精细陶瓷、先进陶瓷、新型陶瓷等。功能陶瓷制品区别于普通陶瓷的主要特征是：原料是人工合成而非天然，制品基本由骨架材料成分构成。

功能陶瓷材料的原料都不是自然界中存在的矿物，而必须经过一系列人工提炼过程才能获得。其种类繁多，以下对用途较广泛的功能陶瓷的生产工艺分别举例介绍。

1. 氧化物陶瓷(以高铝瓷为例)

高铝瓷是一种以 Al_2O_3 和 SiO_2 为主要成分的陶瓷，其中 Al_2O_3 的含量为 45%以上。随 Al_2O_3 含量的增高，其力学性能和物理性能都有明显的改善。高铝瓷生产中主要采用工业氧化铝作原料，它是将含铝量高的天然矿物如铝矾土，用碱法或酸法处理而得。

一般来说，对机、电性能要求较高的超高级刚玉质瓷或刚玉瓷刀，最好用一级工业氧化铝。其他的高铝瓷，按性能要求不同，可用品位稍低的 Al_2O_3。至于品位较次的 Al_2O_3 可用来生产研磨材料或高级耐火材料。

若利用铝矾土、水铝石、工业 Al_2O_3 或杂质高的天然刚玉砂，将上述原料加碳在电炉内于 2 000～3 000℃处理，便能得到人造刚玉。人造刚玉中的 Al_2O_3 含量可达 99%以上，Na_2O 含量可低于 0.1%～0.3%。

在 Al_2O_3 含量较高的瓷坯中，主要晶相为刚玉($\alpha-Al_2O_3$)。我国目前大量生产含有氧化铝 95%的刚玉瓷，这种刚玉瓷，由于 Al_2O_3 含量高，具有很高的耐火度和强度。其生产工艺过程如下。

(1) 工业氧化铝的预烧。预烧使原料中的 $\gamma-Al_2O_3$ 全部转变为 $\alpha-Al_2O_3$，减少烧成收缩。预烧还能排除原料中大部分 Na_2O 杂质。

(2) 原料的细磨。工业氧化铝是由氧化铝微晶组成的疏松多孔聚集体，很难烧结致密。为了破坏这种聚集体的多孔性，必须将原料细磨。但过分细磨，也可能使烧结时的重结晶作用很难控制，导致晶粒长大，降低材料性能。

(3) 酸洗。如果采用钢球磨粉磨，料浆要经过酸洗除铁。铁能与盐酸生成 $FeCl_2$ 或 $FeCl_3$ 而溶解，然后水洗以达到除铁的目的。

(4) 成形。把经酸洗除铁并烘干备用的原料采用下压、挤制、注浆、入膜、捣打、热压及等静压等方法成形，以适应各种不同形状的要求。

(5) 烧成。烧成制度对刚玉制品的密度及显微结构起着决定性作用，从而对性能也起着决定性作用。适当地控制加热温度和保温时间，可获得致密的具有细小晶粒的高质量瓷坯。

(6) 表面处理。对于高温、高强度构件或表面要求平整而光滑的制品，烧成后往往要经过研磨及抛光。

2. 碳化物陶瓷(以碳化硅陶瓷为例)

(1) 原料的获得

SiC 是将石英、碳和锯末装在电弧炉中合成而得的。合成反应为

$$SiO_2 + 3C \longrightarrow SiC + 2CO\uparrow$$

反应温度一般高达 1 900～2 000℃，最终得到 $\beta-SiC$ 及 $\alpha-SiC$ 的混合物。

【陶瓷品制作工艺技法】

其中 α－SiC 属于六方结构，在高温下是稳定相。而 β－SiC 属于等轴结构，在低温下是稳定相。β－SiC 向 α－SiC 转变温度为 2 100～2 400℃。Si 和 C 原子之间以共价键结合。

（2）SiC 陶瓷的生产工艺

SiC 难以烧结，因而必须加入烧结促进剂，如 B_4C 以及 Al_2O_3 等。然后将粒度为 1μm 左右的原料采用注浆、干压或等静压成形，于 2 100℃烧结。其孔隙率约 10%。采用热压法得到的产品其密度得到进一步改善，可达到理论密度的 99%以上。

3．氮化物陶瓷（以氮化硅为例）

（1）Si_3N_4 原料的获得

工业合成 Si_3N_4 有两种方法。一种是将硅粉在氮气中加热：

$$3Si+2N_2 \xrightarrow{1\ 300℃} Si_3N_4$$

另一种是用硅的卤化物（$SiCl_4$、$SiBr_4$ 等）与氨反应：

$$3SiCl_4+4NH_3 \xrightarrow{1\ 400℃} Si_3N_4+12HCl$$

所得到的 Si_3N_4 粉末一般是 α 相与 β 相的混合物，其中 α－Si_3N_4 是在 1 100～1 250℃下生成的低温相，β－Si_3N_4 是在 1 300～1 500℃下生成的高温相。α 相加热到 1 400～1 600℃开始变为 β 相，到 1 800℃转变结束。这一转变是不可逆的。

（2）Si_3N_4 陶瓷的生产工艺

Si_3N_4 陶瓷的生产方法有反应烧结法和热压烧结法。反应烧结法的主要工艺过程如下。

将 Si 粉或 Si 粉与 Si_3N_4 粉的混合料按一般陶瓷生产方法成形，然后在氮化炉内于 1 150～1 200℃预氮化，获得一定的强度之后，可在机床上进行车、刨、钻、铣等切削加工，然后在 1 350～1 450℃进一步氮化处理 18～36h，直到全部成为 Si_3N_4 为止。由于第二次氮化，其体积几乎不变化，因此得到的产品尺寸精确，体积稳定。

反应烧结后获得的 Si_3N_4 坯体密度比硅粉素坯密度增大 66.5%，这是氮化的极限值，可以用它来衡量氮化反应的程度。

热压烧结法是将 Si_3N_4 粉和少量添加剂（如 MgO、Al_2O_3、MgF_2、AlF_3 或 FeO 等）在 19.6MPa 以上的压强和 1 600～1 700℃条件下热压成形烧结。原料 Si_3N_4 粉的相组成对产品密度影响很大。

7.4.5 耐火材料制备

耐火材料分为很多种，选择的原料不同，生产中就会进行不同的物理化学反应。但它们的生产工序和加工方法却基本一致，大致都可以分为原料加工、配料、混炼、成形、干燥和烧成几个工序。

（1）原料加工。生产耐火材料的原料多数必须经过煅烧后使用，以免其直接制成砖坯时在加热过程中松散开裂，造成废品。经过煅烧后的矿石称为耐火熟料，可以保证耐火成品材料外形尺寸正确性。之后对煅烧料进行破碎，制成一定细度的颗粒或细粉，便于混合成形。常用的破碎机械有颚式破碎机、圆锥破碎机等。之后经过筛分，获得符合规定尺寸的颗粒组分，所采用的主要设备是振动筛和固定筛。

（2）坯料制备。根据耐火材料的工艺特点，配料将不同材质和粒度的物料按一定的比例进行配合，然后进行混炼。所谓混炼是指使不同组分和粒度的物料同适量的结合剂经混合和挤压作用达到分布均匀和充分润湿的目的。混炼还可以使物料颗粒接触和塑化。

(3) 成形。这是将泥料加工成一定形状的坯体或制品的过程，有以下几种方法。

① 注浆法成形是将含水率 40%的泥浆注入吸水性模型(石膏模型)中，经模型吸收水分后，在表面形成一层泥料膜，当膜达到一定厚度要求时，倒掉多余的泥浆，放置一段时间后，当坯体达到一定强度时脱模。

② 可塑法成形用于含水率 16%～25%的塑性状态泥料，设备为挤泥机。

③ 半干法成形指用于含水率 2%～7%的泥料成形方法。其坯体具有密度高、强度大、烧成收缩小和制品尺寸易控制等特点。

④ 挤压成形是指将可塑性泥料经过强力模孔成形的方法，适于条形、压块状和管形坯体。

(4) 坯体干燥。目的在于提高强度和保证烧成初期的顺利进行，防止烧成初期由于升温快、水分急剧丢失所造成的制品开裂。

(5) 烧成。烧成指对坯体进行煅烧的过程。通过此阶段，坯体发生分解和化合反应，形成玻璃质或与晶体结合的制品，从而使制品获得较好的体积稳定性和强度。其为耐火材料生产中最为重要的一道工序，极大地影响制品性能。一般其分为 3 个阶段：加热阶段、最高烧成温度的保温阶段和冷却阶段。

7.5 传统无机非金属材料

7.5.1 普通陶瓷

普通陶瓷是用黏土($Al_2O_3 \cdot 2SiO_2 \cdot H_2O$)、长石($K_2O \cdot Al_2O_3 \cdot 6SiO_2$，$Na_2O \cdot Al_2O_3 \cdot 6SiO_2$)、石英($SiO_2$)为原料经过烧制而成的。这类陶瓷质地坚硬，不会氧化生锈、不导电，能耐 1 200℃高温，加工成型性好，成本低廉。其缺点是强度较低，高温下玻璃相易软化。

普通陶瓷除了作为日用陶瓷外，还可用于制作工作温度低于 200℃的耐蚀器皿和容器、管道、绝缘子等。普通陶瓷的种类、原料、性能及用途见表 7-8。

表 7-8 普通陶瓷的种类、原料、性能及用途

种类	原料	性能	用途
日用陶瓷	黏土、石英、长石、滑石等	具有一定的热稳定性、致密性、机械强度和硬度	生活器皿
建筑陶瓷	黏土、长石、石英等	具有较好的吸水性、耐磨性、耐酸碱腐蚀性	铺设地面、输水管道、卫生间
电　瓷	黏土、长石、石英等	介电强度高，抗拉强度和抗弯强度较高，耐温度急变性能好，有防污染性	隔电的机械承件、瓷质绝缘器件

续表

种类	原料	性能	用途
化工陶瓷	黏土、焦宝石（熟料）滑石、长石等	耐酸碱腐蚀性好，不污染介质	石油化工、冶炼、造纸、化纤、制药工业
多孔陶瓷	原料品种多，如以石英砂、河砂为骨料等	做过滤材料，流体从气孔通过时达到净化过滤及均匀化的效果	耐强酸、耐高温的多孔陶瓷器件

7.5.2 水泥

砼（tóng），注解为“人工石”即通常所称的“混凝土”，是人类自己制造的石头。构成砼最根本的材料就是水泥。图 7－23 所示为混凝土制品。

【沙子盖屋】

图 7－23　混凝土制品

凡是能将散状材料或纤维材料胶结在一起，经物理、化学作用，由浆体硬化而成固体的人造石材的材料，称为胶凝材料。胶凝材料分为有机和无机两类。无机胶凝材料按硬化条件又分为水硬性胶凝材料和气硬性胶凝材料。无机胶凝材料未硬化前一般为粉末状固体，用水或水溶液拌制成浆体。浆体只能在空气中凝结、硬化并增长强度的称为气硬性胶凝材料。浆体不仅能在空气中凝结、硬化而且能在水中硬化增长强度的称为水硬性胶凝材料。

水泥属于胶凝材料中应用最为广泛的一种无机胶凝材料。它是一种粉末状水硬性胶凝材料。加水搅拌后成浆体，可塑性成形，在空气和水里均可以水化硬化，并将砂、石和金属等材料牢固胶结在一起。

1. 组成与分类

水泥的主要化学组成为 Ca、Al、Si、Fe 的氧化物，其中大部分为 CaO，约占 60%以上；其次是 SiO_2，约占 2%；剩余的为 Al_2O_3 和 Fe_2O_3 等，水泥中的 CaO 来自石灰石，SiO_2 和 Al_2O_3 来自黏土，Fe_2O_3 来自黏土和氧化铁粉。

水泥的种类很多，按照国标，将水泥按用途和性能分为通用水泥、专用水泥和特性水泥三类。通用水泥主要用于大量的土建工程中，主要有硅酸盐水泥、普通硅酸盐水泥及矿渣、火山灰质、粉煤灰质、复合硅酸盐水泥等六个品种。专用水泥则指有专门用途的水泥，主要用于油井、大坝、砌筑等。特性水泥是某种性能特别突出的水泥，主要有快硬型、低热型、抗硫酸盐型、膨胀型、自应力型等类型。按水硬性矿物组成，水泥分为硅酸盐的、铝酸盐的、硫酸盐的、少(无)熟料的等。

硅酸盐水泥的质量决定于其熟料的质量。优质熟料应该具有合适的矿物组成和岩相结构。在硅酸盐水泥中有四种矿物：硅酸三钙($3CaO \cdot SiO_2$，简写为C_3S)，硅酸二钙($2CaO \cdot SiO_2$，简写为C_2S)，铝酸三钙($3CaO \cdot Al_2O_3$，简写为C_3A)，及铁铝酸四钙($4CaO \cdot Al_2O_3 \cdot Fe_3O_4$，简写为$C_4AF$)。这四种组分在水泥水化硬化过程中起到很大的作用。

水泥是建筑工业三大基本材料之一。其生产需要较多的能源，但所制成的混凝土则为低能耗建材。在相同载荷下，混凝土柱能耗仅为钢柱的1/7及砖柱的1/4。

2. 水泥的水化硬化

水泥的水化硬化是个非常复杂的物理化学过程，简单概括起来具有以下几个反应：

$$3CaO \cdot SiO_2 + nH_2O \longrightarrow 2CaO \cdot SiO_2(n-1)H_2O + Ca(OH)_2$$

$$2CaO \cdot SiO_2 + mH_2O \longrightarrow 2CaO \cdot SiO_2 \cdot mH_2O$$

$$3CaO \cdot Al_2O_3 + 6H_2O \longrightarrow 3CaO \cdot Al_2O_3 \cdot 6H_2O$$

$$4CaO \cdot Al_2O_3 \cdot Fe_3O_4 + 7H_2O \longrightarrow 3CaO \cdot Al_2O_3 \cdot 6H_2O + CaO \cdot Fe_3O_4 \cdot H_2O$$

从中可以看出，其水化产物主要有氢氧化钙、含水硅酸钙、含水铝酸钙、含水铁铝酸钙等。它们的水化速度直接决定了水泥硬化的一些特点。

水泥凝结硬化分为三个阶段：溶解期、胶化期和硬化期(结晶期)。

(1) 溶解期。水泥遇水后，在颗粒表面进行上述化学反应，生成氢氧化钙、含水硅酸钙、含水铝酸钙。前两个化合物在水中容易溶解，随着它们的溶解，水泥颗粒新表面产生了，再与水发生反应，使周围水溶液很快成为它们的饱和溶液。

(2) 胶化期。紧接溶解期的过程，水分继续深入颗粒内部，使内部产生的新生物不能再被溶解，只能够以分散状态胶体析出，并包围在颗粒表面形成一层凝胶薄膜，使水泥浆具有良好的塑性。随着反应继续进行，新生物不断增加，凝胶体逐渐变稠，使水泥浆失去塑性，而表现为水泥的凝结。

(3) 硬化期。随着胶化期的完成，凝胶体内水泥颗粒未水化部分将继续吸收水分进行反应，因此，胶体逐渐脱水而紧密，同时氢氧化钙及含水铝酸钙也由胶体转变为稳定的结晶相，析出结晶体嵌入凝胶体，两者互相交错，使水泥产生强度。

水泥硬化后，生成游离的氢氧化钙微溶于水，但之后其会与空气中的CO_2生成一层$CaCO_3$硬壳，可防止氢氧化钙溶解。

7.5.3 玻璃

【五彩玻璃芯】

玻璃是一种无机非晶态材料，是由熔体过冷而制得的非晶无机物。它透明、坚硬，有良好的耐蚀、耐热和电学、光学特性，原料丰富、价格低廉，可制成形状不同、大小各异的制品，应用极广。

近代玻璃包括传统玻璃和用非熔融法(如气相沉积、真空蒸发和溅射等)获得的新型玻璃。玻璃的广义定义是具有经典玻璃的特性的物质。非晶半导体材料是近年发展起来的新型半导体材料，主要有非晶硅和硫系非晶玻璃，应用在存储器、传感器、静电复印及太阳能电池等方面。

可单一形成玻璃的氧化物如SiO_2、B_2O_3等，有条件形成玻璃的氧化物如TeO_2、

SeO_2、Al_2O_3、V_2O_5 等，它们本身不能形成玻璃，但能与某些氧化物如 SiO_2 一起形成玻璃。

图 7-24 窗玻璃

1. 常见的玻璃

(1) 硅酸盐玻璃

二氧化硅是硅酸盐玻璃中的主体氧化物。仅由二氧化硅组成的石英玻璃是硅酸盐玻璃中结构最简单的品种，也是其他硅酸盐玻璃的基础。该体系是应用最广泛的玻璃，可做窗玻璃(图 7-24)、容器和电子管等。

(2) 硼酸盐玻璃

硼酸盐玻璃的结构和硅酸盐玻璃的不同，体系中 B_2O_3 是主要玻璃形成剂。硼酸盐玻璃为层状结构，其性能不如 SiO_2 玻璃，软化温度低、化学稳定性也差，故纯 B_2O_3 玻璃实用价值小。但在 B_2O_3 中加入一定量碱金属氧化物如 Na_2O，可改善玻璃的物理性能。重要品种有 Pyrex 玻璃，其化学稳定性优良、热膨胀系数小(3.5×10^{-6}/℃)，而且硬度高，耐磨性好，液相温度在高硅玻璃中是最低的。其被广泛用于制备各种耐热玻璃仪器，而且还用于制造成套化工设备和管道以及日常生活用品。由于电绝缘性好、介电损耗小，其还广泛用于电真空技术。

2. 性能

玻璃属于脆性材料，抗弯、抗拉强度不高，但它的硬度高、抗压强度好，具有较好的化学稳定性。

(1) 玻璃的强度

玻璃的理论强度可用下式近似计算：

$$\sigma_{th}=XE \tag{7-2}$$

式中，E 为弹性模量；X 为与物质结构和键型有关的常数，一般取为 0.1～0.2。按上式计算，一般玻璃的理论强度大约为 100MPa，而实际强度则不到理论值的 1%。玻璃的理论强度与实际强度间存在显著差别的主要原因，在于表面微裂纹、内部不均匀性或缺陷的存在以及微观结构上的各种因素。据测定，在 $1mm^2$ 玻璃表面上含有约 300 个微裂纹，其深度为 4～8nm。当玻璃受到应力时，表面上的微裂纹急剧扩展，因应力集中而破裂。

(2) 玻璃的脆性

玻璃的脆性可以用抗冲击能力来表示。玻璃分子松弛运动的速度低是脆性的重要原因。当受到突然施加的负荷(冲击力)时，玻璃内部质点来不及做出适应性流动就相互分裂而破坏。

玻璃的化学成分对其脆性影响很大。例如，玻璃中加入碱金属和二价金属氧化物时，其脆性随加入离子半径的增大而增大；而引入阳离子半径小的氧化物(如 Li_2O、BeO、MgO 等)，则有利于制备硬度大而脆性小的玻璃。

热处理对玻璃的抗冲击强度影响很大，通过退火消除玻璃中的应力，可使玻璃的抗冲击强度提高 40%～50%。

(3) 玻璃的弹性模量

玻璃的弹性模量与玻璃组分的化学键强度有关，键力越强模量越大。所以在玻璃中引入离子半径较大、电荷低的 Na^+、K^+、Sr^{2+}、Ba^{2+} 等金属离子，不利于提高弹性模量；

而引入离子半径小、极化能力强的离子如 Li^+、Be^{2+}、Mg^{2+}、Al^{3+}、Ti^{4+} 等，有利于提高玻璃的弹性模量。

玻璃的弹性模量一般为 44～88GPa。大多数硅酸盐玻璃的弹性模量随温度上升而下降，因温度高使得离子间距离增大，相互作用力降低。硼硅酸盐玻璃的弹性模量均随温度升高而增大。

(4) 玻璃的化学稳定性

玻璃有较高的化学稳定性，因而常用来制造盛装食品、药液和各种化学制品的容器及化学用管道和仪器。

玻璃对不同介质有不同的抗侵蚀能力。普通的建筑门窗玻璃在大气和雨水的长期侵蚀下，表面会失去光泽，并且表面出现脂状薄膜、斑点及液滴等受侵蚀的痕迹。水对硅酸盐玻璃的侵蚀，开始于水中 H^+ 和玻璃中 Na^+ 进行交换，其反应为

$$-\overset{|}{\underset{|}{Si}}-O-Na^+ + H^+ \ OH^- \xrightarrow{\text{交换}} -\overset{|}{\underset{|}{Si}}-OH + NaOH$$

如果玻璃仅含 Na_2O 和 SiO_2 两种组分，则在水中将继续溶解下去，直到 Na^+ 几乎全部被沥滤为止。但若含有 ZrO_2、Li_2O 等三组分和多组分系统，则能阻挡 Na^+ 的扩散，使玻璃的耐水侵蚀性能提高。

除氢氟酸外，一般的酸并不直接与玻璃起反应，而是通过水的作用侵蚀玻璃。浓酸对玻璃的侵蚀能力低于稀酸，就是因为浓酸中水含量低。

7.5.4 耐火材料

材料在高温作用下不熔化的性质称为耐火度，耐火材料是指耐火度不低于1 580℃的材料。

1. 耐火材料的性能要求

(1) 耐火材料的耐火度一定要高于炉子的工作温度。现代工业炉的工作温度一般为1 000～1 800℃。

(2) 有较高的荷重软化开始温度。虽然耐火材料的熔点可达 1 650～1 700℃，但在比此低得多的温度下使用会因软化而变形。荷重软化开始温度是指材料在 0.2MPa 应力下加热到高温开始变形(约达 0.6%)的温度。

(3) 高温时体积稳定性要好。

(4) 有一定的抗热振性。

(5) 有着抵抗酸性渣或碱性渣侵蚀的能力。

2. 常用耐火材料

常用的耐火材料有耐火黏土砖、高铝砖、轻质砖等，如图 7-25 所示。耐火黏土砖是耐火材料中产量最大、使用最广泛的一种材料，所用原料是耐火黏土和高岭土。黏土砖的主要成分是 30%～48% Al_2O_3 和 50%～60% SiO_2。高铝砖是 Al_2O_3 含量大于 48%的硅酸铝质耐火材料，其性能高于黏土砖，主要缺点是高温下收缩较大，且价格较贵，可用于

图 7-25 耐火材料

炼钢炉、电阻炉等。轻质砖的化学成分与重质砖相同，只是含有更多的气孔，因而不仅耐火，而且绝热。

除了各类耐火砖外，耐火材料还包括各种耐火纤维及耐火混凝土。耐火纤维中使用最多的是硅酸铝耐火纤维，其制品包括各种纤维毡、纤维纸、纤维绳等，主要用作加热炉、热处理炉等的内衬，以及用于炉窑、管道隔热和密封。

7.6 新型无机非金属材料

与传统无机非金属材料相比，新型无机非金属材料具有以下特点：

(1)其组成、纯度、粒度得到精选，组成已超出了传统陶瓷硅酸盐成分范围，是纯的氧化物、氮化物、硼化物等盐类或单质；

(2)应用领域已经从结构材料扩展到电、光、热、磁等功能材料方面；

(3)成形工艺方面应用了等压成形、热压成形等；

(4)制品的形态多样，有晶须、薄膜、纤维等。

7.6.1 结构材料

1. 氧化物陶瓷

氧化物陶瓷的主要成分为 Al_2O_3、ZrO_2、MgO、CaO、BeO 等，可以是单一氧化物，也可以是复合氧化物。目前应用广泛的是氧化铝陶瓷，又称高铝陶瓷，主要成分为 Al_2O_3 和 SiO_2，按 Al_2O_3 含量不同可分为刚玉瓷、刚玉-莫来石瓷和莫来石瓷，其中刚玉瓷中 Al_2O_3 含量高达 99%。氧化铝陶瓷的熔点在 2 000℃以上，耐高温，能在 1 600℃左右长期使用，具有很高的硬度，仅次于碳化硅、立方氮化硼、金刚石等，且有较高的高温强度和耐磨性。此外，其还具有良好的绝缘性和化学稳定性，能耐各种酸碱的腐蚀，缺点是热稳定性差。氧化铝陶瓷广泛用于制造高速切削工具、高温炉零件、火箭导流罩、真空材料、绝热材料、化工零件、熔化金属的坩埚、高温热电偶套管等。图 7－26 为氧化铝陶瓷垫圈。

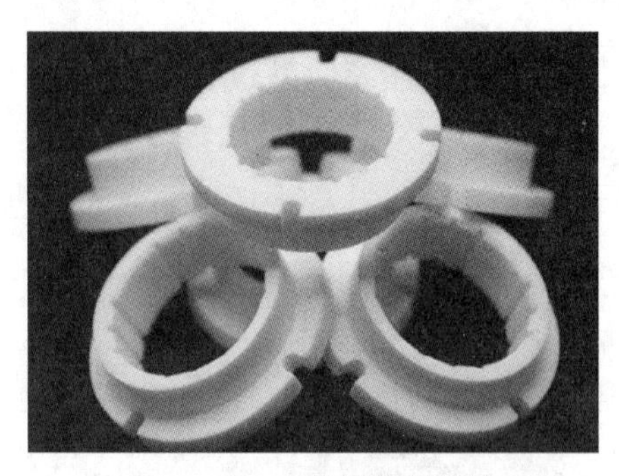

图 7－26 氧化铝陶瓷垫圈

氧化锆陶瓷有 3 种晶体结构：立方(c 相)、四方(t 相)和单斜(m 相)。在 ZrO_2 中加入适量的 MgO、Y_2O_3、CaO、CaO_2后，可显著提高氧化锆陶瓷的强度和韧性，形成氧化锆增韧陶瓷，如 MgO 为稳定剂的 Mg-PSZ、Y_2O_3 为稳定剂的 Y-TZP 和 TZP-Al_2O_3复合陶瓷(常用 PSZ 表示部分稳定氧化锆，TZP 表示四方多晶氧化锆)。氧化锆增韧陶瓷导热系数小、热膨胀系数大，强度及韧性好，是制造绝热内燃机的适合材料。氧化锆增韧陶瓷可用作汽缸内衬、活塞和活塞环、气门导管、进气和排气阀、轴承等。陶瓷绝热内燃机的热效率达 48%(普通内燃机为 30%)，且省去散热器、水泵、冷却管等 360 个零件，质量减少 190kg。

氧化镁陶瓷、氧化钙陶瓷能抗各种金属碱性渣的腐蚀，但热稳定性差，前者易在高温下挥发，后者易在空气中水化。二者可制造坩埚，氧化镁陶瓷还可用作炉衬和高温装置。氧化铍陶瓷导热性好，消散高能射线能力强，具有很高的稳定性，但强度不高，可用作制造熔化纯金属的坩埚，也可做真空陶瓷和反应堆陶瓷。

2. 氮化物陶瓷

最常用的氮化物陶瓷是氮化硅陶瓷和氮化硼陶瓷。氮化硅陶瓷是以 Si_3N_4 为主要成分的陶瓷，根据制作方法可分为热压烧结陶瓷和反应烧结陶瓷。氮化硅陶瓷材料用作刀具与硬质合金相比，热硬性高、化学稳定性好，适用于高速切削。其与氧化铝、氧化铝-碳化钛陶瓷相比硬度不高，但抗弯强度高、导热性好、抗热振，因而适用性比氧化铝陶瓷材料广得多。氮化硅陶瓷材料可用反应烧结法、热压法、常压烧结法制造。热压烧结氮化硅陶瓷的强度、韧性都高于反应烧结氮化硅陶瓷，主要用于制造形状简单、精度要求不高的零件，如切削刀具、高温轴承等；反应烧结氮化硅陶瓷用于制造形状复杂、精度要求高的零件，用于要求耐磨、耐蚀、耐热、绝缘等的场合，如泵密封环、热电偶保护套、高温轴套、电热塞、增压器转子、缸套、电磁泵管道等。作为高温、高强陶瓷材料，氮化硅陶瓷材料已成为当今的主流。氮化硅陶瓷还是制造新型陶瓷发动机的重要材料，实践证明其用于柴油机汽车可节油 30%～40%，经济效益相当可观。图 7－27 为氮化硅陶瓷轴承。

氮化硼陶瓷以 BN 为主要成分，分为低压型和高压型两类。低压型为六方晶系，结构与石墨相似，又称白石墨，其硬度较低，具有自润滑性、高温绝缘性、耐热性、导热性及化学稳定性，用作耐热润滑剂、高温轴承、高温容器、坩埚、热电偶套管、散热绝缘材料等。高压型为立方晶系，硬度接近金刚石，在 1 925℃以下不会氧化，常用于磨料、金属切削刀具及高温模具。

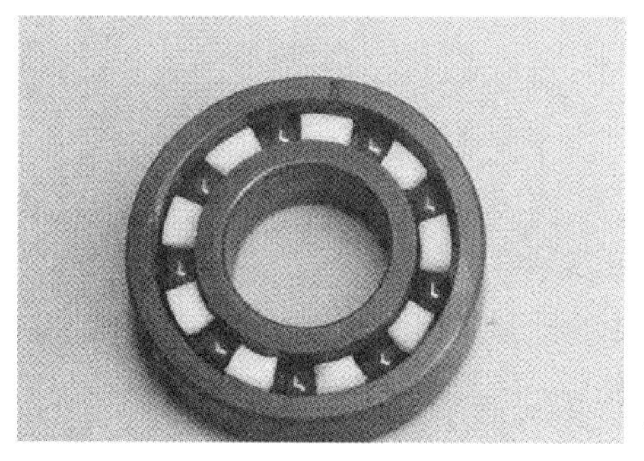

图 7－27 氮化硅陶瓷轴承

3. 碳化物陶瓷

碳化物陶瓷包括碳化硅陶瓷、碳化硼陶瓷、碳化钛陶瓷、碳化钨陶瓷、碳化钽陶瓷、碳化钒陶瓷、碳化锆陶瓷等。此类陶瓷具有较高的熔点、硬度和耐磨性，缺点是耐高温氧化性较差，脆性大。

碳化硅陶瓷以 SiC 为主要成分，最大特点是高温强度高，在 1 400℃时抗弯强度仍保持在 500～600MPa 的较高水平。碳化硅陶瓷有很好的耐磨损、耐腐蚀、抗蠕变性能，热传导能力很强，在陶瓷中仅次于氧化铍陶瓷。其可用于火箭尾喷管的喷嘴、浇注金属用的喉嘴、热电偶套管、炉管，以及燃气轮机的叶片、轴承等零件。其因具有良好的耐磨性，还可用于制造各种泵的密封圈。

碳化硼陶瓷硬度极高，抗磨粒磨损能力很强，熔点高达 2 450℃，但在高温下会快速氧化，且会与热或熔融的黑色金属发生反应，因此其使用温度限定在 980℃以下。其主要用于磨料，有时用于超硬质工具材料。

4. 硼化物陶瓷

硼化物陶瓷主要包括硼化铬陶瓷、硼化铝陶瓷、硼化钛陶瓷、硼化钨陶瓷、硼化锆陶瓷等，其特点是硬度高，同时具有很好的耐化学侵蚀能力，熔点范围为 1 800～3 000℃。其具有比碳化物陶瓷高的抗高温氧化性，温度可达 1 400℃。其主要用于高温轴承、内燃机喷嘴、各种高温器件，处理熔融铜、铝、铁的器件。此外，二硼化物如 ZrB_2、TiB_2 还具有良好的导电性能，电阻率接近铁或铂，可用于电极材料。

7.6.2 功能材料

功能材料指具有一定声、光、电、磁、热等物理、化学性能特征的无机非金属材料，具有应用广、品种多、性能优良的等特点。

1. 半导体材料

半导体材料指导电性能介于金属和绝缘体之间的物质，如图 7-28 所示。半导体按其化学成分分为单质半导体和化合物半导体；按其是否含有杂质分为本征半导体和杂质半导体。最具有实用价值的单质半导体是 Si 和 Ge。

图 7-28　半导体材料

杂质半导体的电导率比本征半导体高得多。例如 25℃时，纯 Si 的本征电导率是 $10^{-4}S \cdot m^{-1}$，通过适当掺杂，其电导率可增加几个数量级。把各种类型的半导体适当组合，可制成各种晶体管和小型化的集成电路，广泛用于电子计算机、电视机、通信设备和雷达等。此外，利用半导体电导率随温度升高而迅速增大的特点，可制成各种热敏电阻，广泛用于测量温度。利用光照能使半导体电导率大大增加的性质，可制造光敏电阻，用于自动控制、遥感、静电复印等。利用半导体中载流子的密度随温度改变而发生显著变化的特点，可制成半导体制冷装置。利用温差能使不同半导体材料间产生温差电势的特点，可以制作热电偶等。

【透明陶瓷】

由两种不同半导体材料所组成的 p-n 结，称为异质结。两种或两种以上不同材料的薄层周期性地交替构成超晶格。两个同样的异质结背对背接起来，构成一个量子阱。半导体异质结、超晶格和量子阱材料统称为半导体微结构材料。近 20 年来，半导体微结构材料的出现，改变了人们设计电子器件的思想，开辟了半导体材料更广阔的应用前景。

2. 压电材料

压电材料是一种可以实现电能和机械能相转换的功能材料，如图 7-29 所示。当机械力作用于压电材料使其极化而产生变形时，在其表面上会产生电荷；反之，加电压于压电材料会使其发生形变。许多具有四面体结构的晶体(如 ZnO 和 ZnS)都具有压电转换的性能，在已发现的几千种压电材料中，锆钛酸铅是重要的压电物质之一。

图 7-29　压电石英晶体

利用压电材料的正压电效应，可将机械能转换成电能，高电压发生器是压电材料较早开拓的应用之一，其中应用较多的有压电点火器、引燃引爆装置、压电开关等。水声换能器是压电材料的一项重要应用，其利用正、逆压电效应以发射声波或接收声波来完成水下观察、通信和探测工作。利用压电材料的逆压电效应，在高驱动电压下产生高强度超声波，并以此作为动力，其可应用在超声清洗、超声乳化、超声焊接、超声粉碎等装置上的机电换能器等方面。压电材料作为超声换能器，具有结构简单、使用方便、灵敏度高、选择性好、易与电源匹配、小型轻便等优点。

3. 磁性材料

磁性材料指在磁场中能被强烈磁化的材料，其中铁酸盐磁性陶瓷称为铁氧体。软磁材料指易于反复磁化的材料，其磁导率高，但磁矫顽抗力小，用于电动机、变压器的硅钢片等。软磁铁氧体包括 Mn-Zn、Fe-Si、Fe-Ni、Ni-Zn 系铁氧体，主要用于感应铁心、电视机显像管偏转线圈及行输出变压器。

硬磁材料与软磁材料相反，在磁场中难以磁化，在撤去磁场后仍保持高的剩余磁化强度。其主要包括钡和锶的铁氧体和稀土磁体，其中稀土钕-铁-硼磁体为目前磁性最强的永磁材料，制造器件可大大降低质量和尺寸，对航空、航天工业具有重要的意义。硬磁材料广泛用于扬声器、永磁发电机、电动机及磁性仪器仪表等。

4. 生物陶瓷

【气敏陶瓷】

人体器官和组织需要修复或再造时，要求选用的材料生物相容性好、对肌体无免疫排异反应；血液相容性好，无溶血、凝血反应；不会引起代谢作用异常现象；对人体无毒，不会致癌等。目前生物合金、生物高分子和生物陶瓷能满足这些要求。但生物合金植入体内，三五年后便会出现腐蚀斑，且会有微量金属离子析出；生物高分子材料做成的人工器官容易老化，相比之下，生物陶瓷是惰性材料，耐腐蚀，更适合植入体内。

Al_2O_3陶瓷做成的假牙与天然齿十分接近，还可以做成人工关节用于很多部位，如膝关节、肘关节、肩关节等。ZrO_2陶瓷的强度、断裂韧性和耐磨性比 Al_2O_3陶瓷好，也可用以制造牙根、骨和股关节等。陶瓷材料的最大弱点是脆性、韧性不足，这也严重影响了其作为人工人体器官的推广应用。

5. 光导纤维

光通信中使用的纤维称为光导纤维，简称光纤，如图 7－30 所示。光纤是近几十年发展起来的新型材料。石英光纤是最具实用价值的光纤，已广泛用于各种通信系统。石英光纤的主要成分为 SiO_2，还要添加少量的 GeO_2、P_2O_5及氟化物等控制光纤的折射率。这种光纤原材料资源丰富，化学性能极其稳定，除氢氟酸外，对各种化学试剂有较强的耐蚀性及优异的长期可靠性，而且生产技术先进，因此已实际应用在各种通信线路上。除石英光纤外，其他类型的光纤材料也在大力开发之中。

图 7－30 光导纤维

目前光纤最大的应用是在通信上，即光纤通信。

光纤通信信息容量很大，如 20 根光纤组成的像铅笔一样大小的一支光缆每天可通话76 200人次，而直径 3in(1in=2.54cm)、由 1 800 根铜线组成的电缆每天只能通话 900 人次；另外光纤传输的光损失小，约为 $0.2d \cdot km^{-1}$，因此失真度小，通信质量高，用最新的氟玻璃制成的光导纤维可以把光信号传输到太平洋彼岸而不需任何中继站。此外，光纤通信具有质量小、抗干扰、耐腐蚀等优点，而且保密性好，原材料丰富，可大量节约有色金属(每千米可节省 1.1t 铜)。光纤通信与数字技术及计算机结合起来，起到部分取代通信卫星的作用。因此光纤是一种极为理想的通信材料，光缆的铺设使全世界通信进行了一次革新，对现代信息社会做出了巨大的贡献。

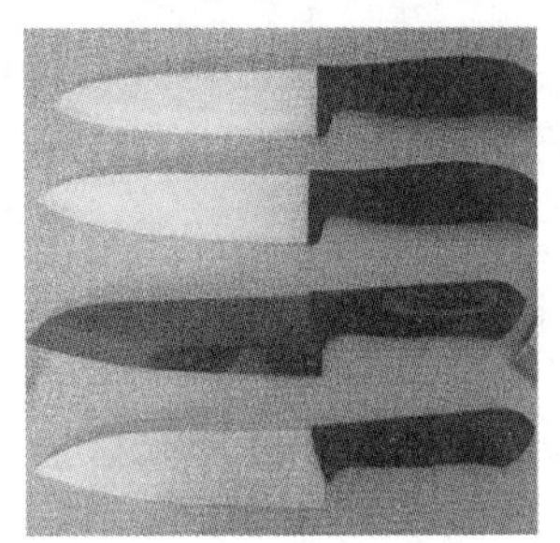
图 7-31　纳米陶瓷材料

6. 纳米陶瓷

陶瓷材料的发展经历了 3 次飞跃。由陶器进入瓷器是第一次飞跃；由传统陶瓷发展到精细陶瓷是第二次飞跃。在此期间，不论是原材料，还是制备工艺、产品性能和应用等许多方面都有了长足的进展和提高，然而陶瓷材料的致命弱点——脆性问题还没有得到根本的解决。精细陶瓷粉体的颗粒较大，属微米级(10^{-6}m)，学者们用新的制备方法把陶瓷粉体的颗粒加工到纳米级(10^{-9}m)，用这种超细粒子制造新一代纳米陶瓷，是陶瓷材料的第三次飞跃。纳米陶瓷(图 7-31)具有延伸性，有的甚至出现超塑性。例如室温下合成的 TiO_2 陶瓷，可以弯曲，其塑性变形高达 100%，韧性极好。因此人们寄希望于发展纳米技术去解决陶瓷材料的脆性问题。纳米陶瓷被称为 21 世纪陶瓷，是材料科学重要的研究方向之一。

习题

一、填空题

1. 典型的无机非金属材料的晶体结构有________、________、________、________、________等类型。

2. P_2O_5、SiO_2、TiO_2、Al_2O_3、Fe_2O_3 这几种氧化物中，酸性最强的是________，碱性最强的是________。

3. 陶瓷材料按化学成分分为________、________、________等几种。

4. 普通陶瓷是用________、________、________等原料烧制而成的。

5. 在硅酸盐水泥中有 4 种矿物，即________、________、________、________。

6. 水泥凝结硬化分为 3 个阶段，分别是________、________、________。

二、简答题

1. 无机非金属材料的结合键包括几类？由它们组成的材料性能有何区别？
2. 试画出 NaCl 晶体结构原子空间分布图。
3. 试描述无机非金属材料的各种性能。
4. 陶瓷材料都包括哪些陶瓷？其性能、应用有何区别？
5. 水泥水化硬化过程如何？
6. 功能陶瓷都包括哪些陶瓷？分别描述其性能特点。

第8章 高分子材料

知识要点	掌握程度	相关知识
高分子材料的概述	了解高分子材料的特点； 掌握高分子材料的命名方法、分类方法	聚合度、单体、结构单元
高分子化合物的结构	掌握高分子化合物的化学结构； 了解高分子化合物的二级结构和三级结构	链结构、聚集态结构、近程结构、远程结构、高聚物的分子量、柔顺性
高分子材料的性能特点	了解高分子化合物的力学性能、电学性能、光学性能、热学性能、化学稳定性	蠕变、应力松弛、内耗、介电损耗、弹性模量
高分子材料的制备	掌握聚合反应的分类及自由基聚合反应； 了解离子型聚合反应、配位聚合反应、共聚合反应、缩合聚合及聚合实施方法	加聚与缩聚、连锁聚合和逐步聚合、配位聚合、共聚合反应、缩合聚合
常用高分子材料	掌握塑料、橡胶、纤维的分类、特性； 了解塑料、橡胶、纤维的应用范围； 了解涂料、胶黏剂的分类、组成及应用	热塑性塑料、热固性塑料、天然橡胶、合成橡胶、天然纤维、化学纤维、无机胶黏剂、有机胶黏剂、合成树脂漆
功能高分子材料	了解物理功能高分子、化学功能高分子、生物功能高分子、可降解高分子、智能型高分子的特性、分类及主要应用	导电高分子、液晶高分子、离子交换树脂、高吸水性树脂、高分子催化剂、生物相容性、凝胶

导入案例

在人们的印象中，塑料是不导电的，在普通的电缆中，塑料常被用作导电铜丝外面的绝缘层。但美国科学家 Alan J. Heeger、Alan G. Mac Diarmid 及日本科学家 Hideki Shirakawa 却向人们习以为常的观念提出了挑战。他们通过研究发现，经过特殊处理之后，塑料能够像金属一样，产生导电性，如图 8-1、图 8-2 所示。由于在导电聚合物领域的开创性贡献，他们 3 人荣获了 2000 年的诺贝尔化学奖。

图 8-1 导电橡胶

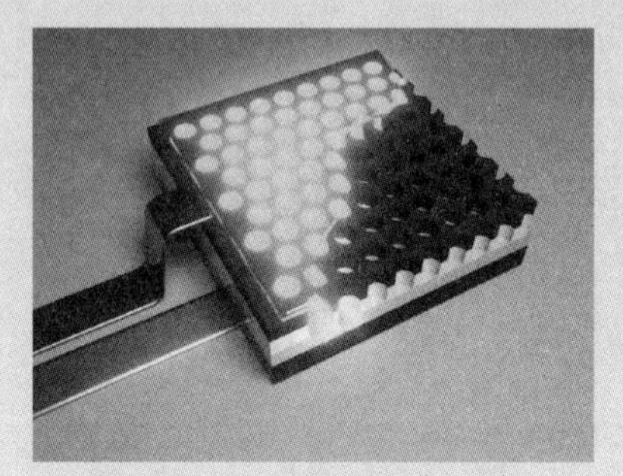

图 8-2 导电塑料发光

聚合物要能够导电，其内部的碳原子必须由单键和双键交替连接，同时还必须经过掺杂处理，即通过氧化或还原反应移去或导入电子。由于 3 位科学家在塑料导电研究领域的开创性工作，导电聚合物成为对物理学家和化学家都有重要意义的研究对象。目前，导电塑料已广泛用于许多工业领域，如抗电磁辐射的计算机视保屏、能过滤太阳光的“智能”玻璃窗等。除此之外，导电聚合物还在发光二极管、太阳能电池、移动电话和微型电视显示装置等领域中得到了推广应用。导电聚合物的研究成果，还对分子电子学的迅速发展起到了推动作用。将来，人类将能制造由单分子组成的晶体管和电子元件，其不仅能大大提高计算机的运算速度，还能缩小计算机的体积。

军用飞机上使用了大量电器元件，如果这些元件部分地采用导电聚合物来制造，可使飞机质量减轻 10%。这不但可以节省燃料油的消耗量，而且可提高飞机的战术能力。此外，导电聚合物在战略防御中将起到重要的防护作用，使军用电子设施免遭损害，确保军队指挥、控制通信和情报系统畅通。如核爆炸产生的电磁脉冲会使电子、电器设备的线路系统发生损坏，失去效能，但对聚合物光学系统却无能为力。

高分子材料具有原料品种丰富、加工成形容易、产品种类多样等优点，在日常生活、工农业生产和尖端科学等领域都具有重要的应用价值。高分子材料按其组成可分为**无机高分子材料**和**有机高分子材料**两大类，由于有机高分子材料应用较多，故本章所述的高分子材料均指有机高分子材料。

8.1 高分子材料概述

8.1.1 高分子材料的概念

高分子材料是以高分子化合物为基本成分，加入适当的添加剂，通过一定的加工方法制成的一类材料的总称。**高分子化合物**一般指相对分子量大于10 000的化合物，其分子由千百万个原子彼此以共价键(少数为离子键)相连接，通过小分子的聚合反应而制得，简称高分子，又称大分子化合物、高聚物或聚合物。高分子材料又称聚合物材料。

常把生成高分子化合物的小分子原料称为**单体**。如尼龙66的单体是己二酸HOOC—$(CH_2)_4$—COOH和己二胺$H_2N—(CH_2)_6—NH_2$。单体或单体混合物生成聚合物的反应称为聚合，如在常温常压下氯乙烯单体经聚合生成聚氯乙烯，其反应式如下：

$$n CH_2=CHCl \longrightarrow \sim CH_2—CHCl—CH_2—CHCl—CH_2—CHCl\sim$$

存在于聚合物分子链中重复出现的原子团为结构单元。例如聚氯乙烯的结构单元为—CH_2—CHCl—，尼龙66的结构单元为—$NH(CH_2)_6NHCO(CH_2)_4CO$—。结构单元在高分子链中又称**链节**。高聚物中结构单元的数目称为**聚合度**，如聚四氟乙烯$\left[CF_2—CF_2 \right]_n$的聚合度为$n$。对高聚物而言，不同高分子链的聚合度不同，相对分子质量不同，因此高分子的聚合度和相对分子量都是一个平均值。

8.1.2 高分子材料的命名

高分子材料约达几百万种，命名比较复杂，归纳起来一般有以下几种情况：

(1) 聚字加单体名称命名。在构成高分子材料的单体名称前冠以“**聚**”字组成，大多数烯烃类单体高分子材料采用此方法命名，如聚乙烯、聚丙烯等。

(2) 以特征化学单元名称命名。以其品种中共有的特征化学单元名称命名，如聚酰胺、聚酯、聚氨酯等杂链高分子材料分别含有特征化学单元酰胺基、酯基、氨酯基。这类材料中的某一具体品种还可有更具体的名称以示区别，如聚酰胺中有尼龙6、尼龙66等；聚酯中有聚对苯二甲酸乙二醇酯、聚对苯二甲酸丁二醇酯等。

(3) 以原料名称命名。以生产该聚合物的原料名称命名，如以苯酚和甲醛为原料生产的树脂称酚醛树脂，以尿素和甲醛为原料生产的树脂称脲醛树脂。共聚物的名称多从其共聚单体的名称中各取一字，再加上共聚物的属性类别而组成，如ABS树脂，A、B、S分别取自其共聚单体丙烯腈、丁二烯、苯乙烯的英文字头；丁苯橡胶的丁、苯取自其共聚单体丁二烯、苯乙烯的字头；乙丙橡胶的乙、丙取自其共聚单体乙烯、丙烯的字头等。

(4) 用商品、专利商标或习惯的名称。有时还以商品、专利商标或习惯来命名。由商品名称可以了解到基材品质、配方、工艺及材料性能等信息；习惯名称是沿用已久的习惯性叫法，如聚酯纤维习惯称为涤纶，聚丙烯腈纤维习惯称为腈纶等。高分子材料的英文名称缩写因简洁方便，在国内外被广泛采用，表8-1列举了常见高分子材料的英文缩写。

表8-1 常见高分子材料的英文缩写

高分子材料	缩写	高分子材料	缩写	高分子材料	缩写
聚乙烯	PE	聚对苯二甲酸乙二醇酯	PETP	ABS树脂	ABS
聚丙烯	PP	聚对苯二甲酸丁二醇酯	PBTP	天然橡胶	NR
聚丁二烯	PB	聚甲基丙烯酸甲酯	PMMA	顺丁橡胶	BR
聚苯乙烯	PS	聚丙烯酸甲酯	PMA	丁苯橡胶	SBR
聚氯乙烯	PVC	聚酰胺	PA	氯丁橡胶	CR

续表

高分子材料	缩写	高分子材料	缩写	高分子材料	缩写
聚异丁烯	PIB	聚甲醛	POM	丁基橡胶	IIR
聚氨酯	PU	聚丙烯腈	PAN	乙丙橡胶	EPR
聚碳酸酯	PC	环氧树脂	EP	乙酸纤维素	CA

8.1.3 高分子材料的分类

【天然高分子材料】

高分子材料的种类繁多，各有其特色，下面简单介绍 4 种分类方法。

（1）根据高分子化合物的来源分类：可以分为天然高分子、半天然高分子和合成高分子三大类。如天然橡胶、纤维素、淀粉和蛋白质为天然高分子；醋酸纤维和改性淀粉为半天然高分子；聚乙烯、顺丁橡胶和聚酯纤维为合成高分子。

（2）根据高分子材料的使用性质分类：可以分为塑料、橡胶、纤维、涂料和胶黏剂五大类。如聚乙烯、聚丙烯、聚氯乙烯为塑料；天然橡胶、顺丁橡胶、丁苯橡胶为橡胶；纤维素、蚕丝、聚酰胺纤维为纤维；天然树脂漆、酚醛树脂漆、醇酸树脂漆为涂料；氯丁橡胶胶黏剂、聚乙烯醇缩醛胶为胶黏剂。

（3）根据高分子材料的热性质分类：可以分为热塑性高分子材料和热固性高分子材料两大类。如聚乙烯、聚丙烯、聚氯乙烯为热塑性高分子材料；氨基树脂、酚醛树脂、环氧树脂为热固性高分子材料。

（4）根据高分子化合物的主链结构分类：可以分为碳链高分子材料、杂链高分子材料和元素高分子材料三大类。如聚乙烯、聚氯乙烯、聚苯乙烯为碳链高分子材料；氨基树脂、酚醛树脂、环氧树脂为杂链高分子材料；有机硅树脂为元素高分子材料。

8.2 高分子化合物的结构

高分子的结构通常分为高分子的**链结构**和高分子的**聚集态结构**两部分。高分子的链结构指单个高分子链的结构和形态，包括近程结构和远程结构。近程结构属于化学结构，又称一级结构，包括高分子链中原子的种类和排列、取代基和端基的种类、结构单元的排列顺序等。远程结构指分子的尺寸、形态，链的柔顺性以及分子在环境中的构象，又称二级结构。聚集态结构是指高分子材料整体的内部结构，包括晶态结构、非晶态结构、取向态结构、液晶态结构等高分子链间堆积结构，又称三级结构。以三级堆积结构为单位进一步堆砌形成的结构，称为四级结构。

高分子的链结构是反映高分子各种特性的最主要的结构层次，聚集态结构则是决定聚合物制品使用性能的主要因素。

8.2.1 高分子化合物的化学结构

1. 高分子链结构单元的化学组成

高分子链的化学组成不同，聚合物的化学和物理性能也不同，按其主链结构单元可分为以下几大类。

(1) 碳链高分子：分子主链为碳原子以共价键相连接的高分子，大多数由加聚反应制得，如聚乙烯、聚苯乙烯等。大多数碳链高分子具有可塑性好、容易加工成形等优点，但耐热性较差，且易燃烧、易老化。

(2) 杂链高分子：分子主链除碳原子外，还有其他原子如氧、氮、硫等存在，如聚酯、聚酰胺、聚甲醛等。其多由缩聚反应或开环聚合而制得，具有较高的耐热性和机械强度，但容易水解。

(3) 元素有机高分子：主链中不含碳原子，由 Si、B、P、Al、Ti 等元素和 O 组成，侧链是有机基团，故元素有机高分子兼有无机高分子和有机高分子的特征，其优点为具有较高的热稳定性、耐寒性、弹性和塑性，缺点是强度较低。如各种有机硅高分子。

(4) 无机高分子：主链上不含碳原子，也不含有机基团，完全由其他元素组成。如二硫化硅、聚二氯一氮化磷，这类元素的成链能力较弱，所以聚合物分子量不高，并容易水解。

2. 高分子链结构单元的键接方式

(1) 均聚物结构单元顺序。在缩聚和开环聚合中，结构单元的键接方式是明确的。加聚过程中，单体可以按头-头、尾-尾、头-尾 3 种形式键接，其中以头-尾键接为主。在双烯类高聚物中，高分子链结构单元的键接方式较为复杂，除头-头（尾-尾）和头-尾键接外，还根据双键开启位置有不同的键接方式，同时可能伴随有顺反异构等。例如，丁二烯 $CH_2=CH-CH=CH_2$ 的聚合，存在 1，2-加成、顺式 1，4-加成、反式 1，4-加成结构等。单元的键接方式对高聚物材料的性能有显著的影响。如 1，4-加成是线形高聚物；1，2-加成则有支链，作橡胶用时会影响材料的弹性。

(2) 共聚物的序列结构。按其结构单元在分子链内排列方式的不同，可分为以下几种：

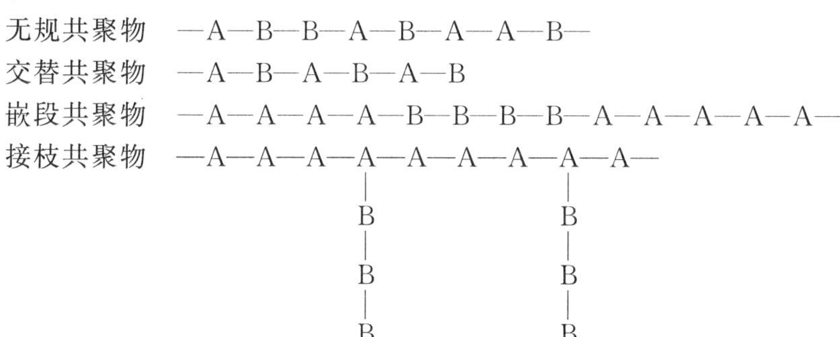

无规共聚物中，两种单体的无规则排列，改变了结构单元及分子间的相互作用，使其性能与均聚物有很大的差异。如聚乙烯、聚丙烯为塑料，而乙烯-丙烯为无规共聚物，当丙烯含量较高时则为橡胶。接枝与嵌段共聚物的性能既不同于类似成分的均聚物，又不同于无规共聚物，因此可利用接枝或嵌段的方法对聚合物进行改性，或合成具有特殊要求的新型聚合物。如接枝 10%聚乙烯的聚丙烯腈纤维，既可保持原聚丙烯腈纤维的物理性能，又使纤维的着色性能增加 3 倍。

3. 高分子链的几何形态

高分子的性能与其分子链的几何形态密切相关，高分子链的几何形状通常有如下几种。

(1) 线形高分子：一般无支链，自由状态是无规线团，在外力拉伸下可得锯齿形的高分子链，这类高聚物由于大分子链之间没有任何化学键连接，因此其柔软、有弹性，在加热和外力作用下，分子链之间可产生相互位移，并在适当的溶剂中溶解，可热塑成各种形状的制品，故常称为热塑性高分子。包括聚乙烯、定向聚丙烯、无支链顺式1，4-丁二烯等。

(2) 支链高分子：在主链上带有侧链的高分子为支链高分子，其能溶于适当的溶剂中，并且加热能熔融。短支链使高分子链之间的距离增大，有利于活动，流动性好；而支链过长则阻碍高分子流动，影响结晶，降低弹性。总的来说，支链高分子堆砌松散、密度低，因而硬度、强度、耐腐蚀性等较差，但透气性好。

(3) 交联高分子：高分子支链以化学键交联而成的网状结构大分子，称为交联高分子。交联高分子为既不溶解也不熔融的网状结构，故其耐热性好、强度高、抗溶剂能力强，且形态稳定。如硫化橡胶、酚醛树脂、脲醛树脂等。

4. 高分子链的构型

高分子链的构型是指分子中由化学键所固定的原子在空间的相对位置和排列，这种排列非常稳定，要改变构型必须经过化学键的断裂和重组。构型异构体包括旋光异构体和几何异构体两类。

8.2.2 高分子化合物的二级结构

1. 高聚物的分子量

高聚物的分子量有两个特点：①分子量大；②分子量有多分散性。绝大多数高分子由于聚合过程比较复杂，生成物的分子量都有一定分布，都是分子量不等的同系物的混合物。且高聚物分子量或聚合度都是平均值，只有统计意义。

高聚物的分子量显著影响其物理-机械性能，实践证明，每种聚合物只有达到一定的分子量才开始具有力学强度，此分子量称为临界分子量 M_c(或临界聚合度 DP_c)。不同聚合物的 M_c 不同，极性高聚物的 DP_c 约为40，非极性高聚物的 DP_c 则为80，超过 DP_c 后机械强度随聚合度增加而迅速增大，但当聚合度达600～700时，分子量增加对聚合物的机械强度的影响就不明显了。同时，随着分子量的增大，聚合物熔体的黏度也增高，给加工成形带来困难，所以聚合物的分子量要控制在适当的范围内。

2. 高分子链的柔顺性

高分子长链能不同程度卷曲的特性称为柔性。长链高分子的柔性是决定高分子形态的主要因素，对高分子的物理力学性能有根本的影响。主链结构决定了高分子链的刚柔性，主链上的C—O、C—N、Si—O、C—C单键有利于增加柔性，尼龙、聚酯、聚氨酯等都是柔性链；主链上的芳环、大共轭结构则使分子链僵硬，柔性降低，如聚亚苯基等。环境的温度和外力作用快慢等是影响高分子柔性的外因。温度越高，热运动越大，分子内旋转越自由，故分子链越柔顺；外力作用快，大分子来不及运动，则表现出刚性或脆性。如柔软的橡胶轮胎在低温下或高速运行中就显得僵硬。

8.2.3 高分子化合物的三级结构

高聚物通过分子间力的作用聚集成固体，又按其分子链的排列有序和无序而形成晶态和非晶态。根据分子在空间排列的规整性可将高聚物分为晶态、部分晶态和非晶态3种，如图8-3所示。通常线形聚合物在一定条件下可以形成晶态或部分晶态，而体型聚合物为非晶态。通常结晶度越高，高分子间作用力越强，高分子化合物的强度、硬度、刚度和熔点越高，耐热性和化学稳定性也越好，而与链有关的性能如弹性、伸长率、冲击强度则越低。聚合物的结晶度一般为30％～90％，特殊情况下可达98％。

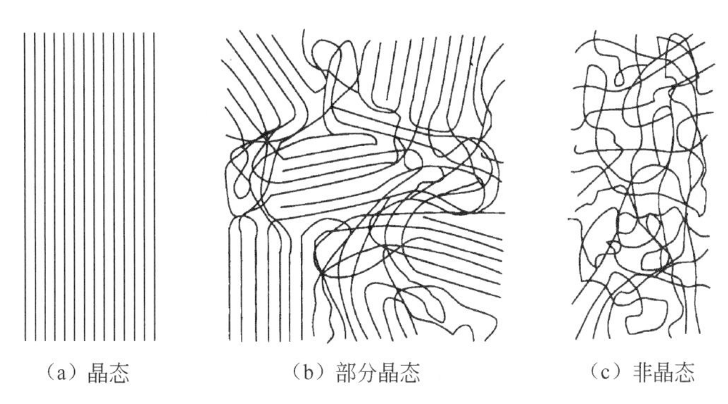

(a) 晶态　　(b) 部分晶态　　(c) 非晶态

图8-3　高聚物的3种聚集结构

在高分子材料中，可能同时存在晶态、非晶态、液晶态和取向态结构中的至少两种结构，以这些结构构成的新结构为四级结构，又称高级结构或织态结构。四级结构和其他3个高分子结构层次共同决定了高分子材料的最终性能。

8.3　高分子材料的性能

高分子材料与低分子化合物相比，在性能上具有一系列新的特征。

1. 力学性能

高聚物的力学性能指在外力作用下，高聚物应力与应变之间所呈现的关系，包括弹性、塑性、强度、蠕变等。高分子材料的力学性能具有如下特点：

(1) 低强度。高聚物的抗拉强度平均约为100MN·m^{-2}，比金属材料低得多。通常热塑性材料σ_b=(50～100)MN·m^{-2}，热固性材料σ_b=(30～60)MN·m^{-2}，玻璃纤维增强尼龙材料$\sigma_b \approx$200MN·m^{-2}，橡胶的强度更低，但由于高聚物密度小，故其比强度较高，在生产应用中有着重要意义。

(2) 高弹性和低弹性模量。这是高聚物材料特有的性能。橡胶为典型高弹性材料，弹性变形率为100％～1 000％，弹性模量为10～100MN·m^{-2}，约为金属弹性模量的1‰；塑料因其使用状态为玻璃态，故无高弹性，但其弹性模量也远比金属低，约为金属弹性模量的1/10。

(3) 黏弹性。高聚物在外力作用下同时发生高弹性变形和黏性流动，其变形与时间有关，这一性质称为黏弹性。高聚物的黏弹性表现为蠕变、应力松弛、内耗3种现象。蠕变是在应力保持恒定的情况下，应变随时间的延长而增加的现象；应力松弛是在应变保持恒定的情况下，应力随时间延长而逐渐衰减的现象；内耗是在交变应力作用下出现的黏弹性现象。

(4) 高耐磨性。高聚物的硬度比金属低，但耐磨性却优于金属，尤其是塑料。塑料的摩擦因数小，有些塑料本身就具有自润滑性能。而橡胶则相反，其摩擦因数大，适合制作具有较大摩擦因数的耐磨零件。

2. 电学性能

高聚物是具有优良介电性能的绝缘材料。高聚物分子通过原子共价键结合，没有自由电子和离子，分子间的距离较大，电子云重叠很差，故导电能力极低、介电常数小、介电损耗低。

自20世纪20年代起，人们开始研究一些高聚物如硬橡胶、橡皮、赛璐珞等的压电性能，压电高聚物具有许多无机压电材料所不具备的特点，如力学性能好、易于加工、价格便宜。其缺点是压电常数小、熔融温度和软化点也较低。迄今研究最多的压电高聚物是聚偏氟乙烯，由其薄膜做成的电声换能器已商品化，还可作为触诊传感器，应用于炮弹引信、地应力测试等。

高聚物被接触和摩擦会引起显著的静电现象，一般情况下，静电对高聚物的加工和使用不利，影响人身或设备安全，甚至会引起火灾或爆炸等事故。实际中主要的解决方法是提高高聚物表面电导以使电荷尽快泄漏。例如，用烷基二苯醚磺酸钾作涤纶片基的抗静电涂层时，可使其表面电阻率降低7～8个数量级。

【隐形眼镜生产过程】

3. 光学性能

高聚物的光学性能有吸收、透明度、折射、双折射、反射等，是入射光的电磁场与高聚物相互作用的结果。高聚物光学材料具有透明、不易破碎、加工成形简便和廉价等优点，可制作镜片、导光管和导光纤维等；可利用光学性能测定高聚物的结构，如聚合物种类、分子取向、结晶等；用有双折射现象的高聚物作光弹性材料，可用于进行应力分析；可利用界面散射现象制备彩色高聚物薄膜等。

利用光在高聚物中能发生全内反射的原理可制成导光管，在医疗上可用来观察内脏。如用聚甲基丙烯酸甲酯作内芯，外层包一层含氟高聚物即可制成传输普通光线的导光管；用高纯的钠玻璃为内芯、氟橡胶为外层，则可制成能通过紫外线的导光管。

4. 热学性能

高聚物最基本的热学性能是热膨胀、比热容、热导率，其数值随状态(如玻璃态、结晶态)和温度而变，并与制品的加工和应用有密切关系。高聚物热学性能受温度的影响比金属、无机材料大。其特点如下：

(1) 低耐热性。由于高分子链受热时易发生链段运动或整个分子链移动，导致材料软化或熔化，使性能变坏，故耐热性差。对于不同的高分子材料，其耐热性评定的判据不同。例如，对于塑料是指在高温下能保持高硬度和较高强度的能力，对于橡胶是指在高温下保持高强度的能力。

(2) 低导热性。高分子材料内部无自由电子，且分子链相互缠绕在一起，受热时不易运动，故导热性差，为金属材料导热性的1‰～1%。热导率越小的高聚物，其绝热隔声性能越好。高聚物发泡材料可作为优良的绝热隔声材料，在相同孔隙率下，闭孔发泡材料比开孔材料的绝热隔声效果好。常用的制品有脲醛树脂、酚醛树脂、橡胶和聚氨酯类发泡材料，后二者为弹性体，兼有良好的消振作用。

(3) 高膨胀性。高分子材料的线膨胀系数大，为金属材料的3～10倍。这是由于受热时，分子间结合力减小，分子链柔性增大，故产生明显的体积和尺寸的变化。高聚物制品的尺寸稳定性较差，因此在制造高分子复合材料时，两种材料之间的热膨胀性能不应相差太大。

5. 化学稳定性

高分子材料的化学稳定性很高，在酸、碱等溶液中有优良的耐腐蚀性能。这是由于高分子材料中无自由电子，不发生电化学腐蚀；同时分子链相互缠绕在一起，许多分子链基团包在里面，与反应试剂接触少。但有些高分子材料与特定溶剂相遇，会发生"溶胀"现象，使其尺寸增大、性能恶化。

8.4 高分子材料的制备

8.4.1 聚合反应的分类

由低分子单体合成聚合物的反应称为聚合反应。聚合反应有多种类型，下面主要介绍两种分类法。

1. 加聚与缩聚

按单体和聚合物在组成和结构上的差异，可将聚合反应分为加成聚合（简称加聚）与缩合聚合（简称缩聚）两大类。单体通过加成而聚合起来的反应称为加聚反应，加聚产物的元素组成与其单体相同，分子量是单体分子量的整数倍，如氯乙烯经加聚得到聚氯乙烯。缩聚反应的主产物称为缩聚物，缩聚反应往往是官能团间的反应，除形成缩聚物以外，根据官能团种类的不同，还产生水、醇、氨或氯化氢等低分子副产物。缩聚物的元素组成与相应单体的元素组成不同，其分子量不是单体分子量的整数倍。如己二胺与己二酸缩聚生成尼龙66的反应为

$$nH_2N(CH_2)_6NH_2 + nHOCO(CH_2)_4COOH \longrightarrow$$

$$H\!\left[\!-NH(CH_2)_6NH\overset{\overset{\displaystyle O}{\|}}{C}(CH_2)_4\overset{\overset{\displaystyle O}{\|}}{C}-\!\right]_n\!OH + (2n-1)H_2O$$

缩聚物中往往留有官能团的结构特征，如酰胺键—NHCO—、酯键—OCO—、醚键—O—等。因此大部分缩聚物是杂链聚合物，容易与水、醇、酸等发生水解、醇解和酸解反应。

2. 连锁聚合和逐步聚合

根据聚合反应机理和动力学，可以将聚合反应分为连锁聚合和逐步聚合两大类。烯类单体的加聚反应大部分属于连锁聚合。连锁聚合反应需要活性中心，活性中心可以是自由基、阳离子或阴离子，因此可以根据活性中心的不同将连锁聚合反应分为自由基聚合、阳离子聚合和阴离子聚合等。连锁聚合的特征是整个聚合过程由链引发、

链增长、**链终止**等几步基元反应组成，各步的反应速率和活化能差别很大。链引发是活性中心的形成，单体只能与活性中心反应而使链增长，但彼此间不能反应，活性中心被破坏使链终止。聚合物量（转化率）随时间增加，而单体则随时间减少。对于某些阴离子聚合，则是快引发、慢增长、无终止，即所谓活性聚合，有分子量随转化率成线性增加的情况。

绝大多数缩聚反应和合成聚氨酯的反应属于逐步聚合反应。逐步聚合反应的特征是在低分子单体转变成高分子的过程中，反应是逐步进行的。反应初期，大部分单体很快聚合成二聚体、三聚体、四聚体等低聚物，短期内转化率很高。随后低聚物间继续反应，随反应时间延长，分子量继续增大，直至转化率很高（>98%）时分子量才达到较高的数值。在逐步聚合全过程中，体系由单体和分子量递增的一系列中间产物所组成，中间产物的任何两分子间都能反应。

按聚合机理分类很重要，因为涉及聚合反应的本质，根据这两类反应的机理特征，就有可能按照不同的规律来控制聚合速率、分子量等重要指标。

8.4.2 自由基聚合反应

【高聚物合成用助剂】

在光、热、辐射或引发剂的作用下，单体分子被活化，变为活性自由基，再与单体连锁聚合形成高聚物的化学反应称为**自由基聚合**反应。自由基聚合反应是合成高聚物的一种重要反应，许多塑料、合成橡胶和合成纤维都是通过这种反应合成的，如聚乙烯、聚氯乙烯、聚苯乙烯、丁苯橡胶、丁腈橡胶、聚丙烯腈等。

（1）链引发。链引发是形成自由基活性中心的反应，可以用引发剂、热、光、电、高能辐射引发聚合。以引发剂引发时，首先发生引发剂的分解，产生初级自由基，而后进攻单体双键，形成单体自由基。引发剂是容易分解成自由基的化合物，分子结构上具有弱键。因离解能决定分解速度的快慢，故引发剂主要分为偶氮化合物和过氧化物两类。偶氮二异丁腈（AIBN）是最常用的偶氮类引发剂，一般在40～65℃使用；过氧化二苯甲酰（BPO）是最常用的过氧类引发剂，BPO中的O—O键的电子云密度大且相互排斥，容易断裂，通常在60～80℃分解。

（2）链增长。在链引发阶段形成的单体自由基，仍具有活性，能打开第二个烯类分子的π键，形成新的自由基，并继续加成于下一单体，形成链自由基。这个过程称为链增长，如下所示：

$$RCH_2\overset{H}{\underset{X}{C}}\cdot + CH_2{=}\underset{X}{CH} \longrightarrow RCH_2\underset{X}{CH}CH_2\overset{H}{\underset{X}{C}}\cdot \rightarrow \rightarrow \rightarrow RCH_2\underset{X}{CH}\,[\,CH_2\underset{X}{CH}\,]_n\,CH_2\overset{H}{\underset{X}{C}}\cdot$$

链增长反应活化能较低，为20～34kJ·mol^{-1}，增长速率极高，较引发速度高10^6倍，在0.01s至几秒钟内，就可以使聚合度达到数千至上万。因此，聚合体系往往由单体和聚合物组成，不存在聚合度递增的一系列中间产物。

（3）链终止。自由基活性高，有相互作用而终止的倾向，链终止反应有耦合终止和歧化终止两种方式。两链自由基的独电子相互结合成共价键的终止反应称为耦合终止。耦合终止结果，大分子的聚合度为链自由基中重复单元数的两倍，用引发剂引发并无链转移时，大分子两端一般均为引发剂的残基。链自由基夺取另一自由基的氢原子或其他原子的终止反应，称为歧化终止。歧化终止的结果，聚合度与链自由基中单元数相同，每个大分子只有一端为引发剂残基，另一端为饱和或不饱和，两者各半。

8.4.3 离子型聚合反应

在催化剂作用下，单体活化为带正电荷或负电荷的活性离子，然后按离子型反应机理进行的聚合反应，称为**离子型聚合**反应。离子型聚合反应为连锁反应，根据活性中心离子的电荷性质，可分为阳离子聚合、阴离子聚合和配位聚合。配位聚合因发展迅速，机理独特，将在8.4.4节单独介绍。

由于离子型聚合反应的活性中心是离子，生成离子活性中心的活化能低，所以反应进行得快，能在低温下很短时间内聚合形成高分子产物。

1. 阳离子型聚合反应

其指以碳阳离子 C^+ 为反应活性中心进行的离子型聚合反应，其反应通式为

$$A^{\oplus}B^{\ominus}+M\longrightarrow AM^{\oplus}B^{\ominus}\rightarrow \xrightarrow{M_n} A—M_n—M^{\oplus}B^{\ominus}$$

(1) 阳离子聚合反应的单体。此类单体都能在催化剂作用下生成碳阳离子，包括供电子的烯烃类化合物、羰基化合物、含氧杂环等。具有给电子基的烯类单体原则上可以进行阳离子聚合，给电子基可使碳-碳电子云密度增加，有利于阳离子进攻，并使生成的碳阳离子电子云分散而稳定。异丁烯是 α -烯烃中唯一能高效率进行阳离子聚合的单体。

(2) 阳离子聚合的引发体系。阳离子聚合的引发方式有两种：①由引发剂生成阳离子，阳离子再引发单体，生成碳阳离子；②单体参与电荷转移，引发阳离子聚合。阳离子聚合的引发剂都是亲电试剂，常用的引发剂包括质子酸、Lewis 酸等。

普通质子酸如 H_2SO_4、H_3PO_4、$HClO_4$ 等，在水溶液中能离解产生 H^+，使烯烃质子化引发阳离子聚合。但酸根亲核性太强，与增长活性中心的阳离子结合，使链易终止，常常只能得到低聚物。$AlCl_3$、BF_3、$ZnCl_2$、$TiBr_4$ 等 Lewis 酸是最常见的阳离子聚合引发剂。绝大部分 Lewis 酸需要共引发剂（如微量水）作为质子或碳阳离子的供给体，才能引发聚合。如 BF_3 与微量水结合形成超强质子酸 $H^{\oplus}[BF_3(OH)]^{\ominus}$，加成引发单体进行阳离子聚合。

除了水以外，醇(ROH)、醚(ROR)、氢卤酸(HX)等都可作为共引发剂引发聚合。过量的助引发剂将捕捉碳正离子中心，导致阻聚。此外电离辐射也能引发阳离子聚合。

2. 阴离子型聚合反应

其指以阴离子为反应活性中心进行的离子型聚合反应，其反应通式为

$$A^{\oplus}B^{\ominus}+M\longrightarrow BM^{\ominus}A^{\oplus}\rightarrow \xrightarrow{M_n} B—M_n—M^{\ominus}A^{\oplus}$$

(1) 阴离子聚合反应的单体。烯类、羰基化合物、含氧三元杂环以及含氮杂环都有可能成为阴离子聚合的单体。具有吸电子基的烯类单体原则上都可以进行阴离子聚合，吸电子基能使双键上电子云密度减少，有利于阴离子的进攻，并使形成的碳阴离子的电子云密度分散而稳定。具有 π-π 共轭体系的烯类单体才能进行阴离子聚合，如丙烯腈、(甲基)丙烯酸酯类、苯乙烯、丁二烯、异戊二烯等，这类单体的共振结构使阴离子活性中心稳

定。虽有吸电子基而非 π-π 共轭体系的烯类单体则不能进行阴离子聚合，如氯乙烯、醋酸乙烯酯。这类单体的 p-π 共轭效应与诱导效应相反，削弱了双键电子云密度下降的程度，故不利于阴离子聚合。

(2) 阴离子聚合的引发体系。阴离子聚合引发剂是给电子体，即“亲核试剂”，属于碱类，按引发机理可分为电子转移引发和阴离子引发。较为常见的有活泼碱金属与金属有机化合物类，碱金属可以直接作用于单体，产生阴离子自由基，自由基偶合形成双端阴离子活性种，引发单体进行阴离子聚合。金属钠引发丁二烯聚合是电子直接引发的例子。

常选用较弱的电子受体与碱金属作用，通过电子转移，形成活性阴离子中间体，引发聚合，如萘钠在四氢呋喃中引发苯乙烯聚合。有机金属化合物作为阴离子聚合引发剂的也很多，主要有金属氨基化合物、金属烷基化合物、格利雅试剂等。金属氨基化合物是研究得最早的一类阴离子聚合引发剂，如 $NaNH_2$、KNH_2-液氨体系等。金属烷基化合物(R-M)比较常用，其引发活性与金属电负性有关，金属-碳键极性越强，越趋向于离子键，则引发剂活性越大，越易引发阴离子聚合。丁基锂(C_4H_9—Li)是最常见的阴离子聚合引发剂，能溶于烃类，以离子对形式引发丁二烯、异戊二烯聚合。阴离子聚合机理的特点是快引发，慢增长，无终止。阴离子聚合的应用实例非常多，如氨基钠引发苯乙烯、丙烯腈、甲基丙烯酸甲酯等；氢氧化钾通过阴离子开环，引发环氧类单体聚合，获得聚醚等。

8.4.4 配位聚合反应

全同立构和间同立构高聚物的侧基空间排列十分有规律，这种高聚物称为定向高聚物，制备定向高聚物的聚合反应称为定向聚合反应。因为高度立构规整性的高聚物与无规立构聚合物的物理-力学性能有显著的差别（如无规聚丙烯无实用价值，而有规聚丙烯则是性能优良的塑料），所以定向聚合反应具有重要的意义。配位聚合是定向聚合的主要方法，是在配位催化剂的作用下进行的聚合。聚合时单体与带有非金属配位体的过渡金属活性中心先进行“配位络合”，构成配位键后使其活化，再按离子型聚合机理进行增长，因此又称配位离子型聚合。

1. 配位聚合引发剂

配位聚合的引发剂（又称齐格勒-纳塔催化剂）是一种具有特殊定向效能的引发剂，由主引发剂与共引发剂两部分组成。主引发剂一般是指周期表中第Ⅳ到第Ⅷ族的过渡金属卤化物或金属有机配合物，如 $TiCl_4$、$TiCl_3$、$TiBr_4$、VCl_3 和 $ZrCl_4$ 等，其中最常用的是 $TiCl_3$。共引发剂主要包括周期表中第Ⅰ到第Ⅲ族的金属烷基化合物（或氢化合物），最常用的烷基铝化合物如三乙基铝 $(C_2H_5)_3Al$、一氯二乙基铝 $(C_2H_5)_2AlCl$、倍半乙基铝 $(C_2H_5)_2AlCl \cdot (C_2H_5)AlCl_2$。

2. 配位聚合反应机理

关于配位聚合能形成立构规整性聚合物的机理，目前尚处于研究探索之中。但根据实验资料建立的机理模型很多，如以［Cat］表示催化剂部分，则反应机理可示意如下：

$$[\mathrm{Cat}]^{+}\cdots\mathrm{CH_2}\text{—}\mathrm{CHR}\sim + \mathrm{CH_2{=}CHR} \longrightarrow [\mathrm{Cat}]^{+}\cdots\mathrm{C^{-}}\text{—}\mathrm{C} \longrightarrow [\mathrm{Cat}]^{+}\cdots\mathrm{C^{-}H_2}\text{—}\mathrm{CHR}\text{—}\mathrm{CH_2}\text{—}\mathrm{CHR}\sim$$

（Ⅳ）　（Ⅴ）　（Ⅵ）

通常聚合过程中首先是单体与催化剂发生络合(Ⅳ)，经过渡态(Ⅴ)，单体“插入”活性链与催化剂之间，使活性链增长(Ⅵ)。单体与引发剂的络合能力和加成方向，取决于它们的电子效应和空间效应等结构因素。极性单体的配位能力较强、配位络合程度较高，只要其不破坏引发剂，就容易得到立构规整度高的聚合物。非极性的乙烯、丙烯及其他烯烃，配位程度都较低，因此要采用立构规整性效果极强的催化剂才能获得高立构规整性的聚合物。

Ziegler－Natta 催化剂能使难以自由基聚合或离子聚合的烯类单体聚合成立构规整的高聚物。其聚合链增长的方式可以理解为单体通过与催化剂中心金属原子空轨道的配位作用，逐个插入已形成的金属-碳键中(M—C)，即新增加的单体总是与金属中心结合。配位聚合的最大优势在于实现了聚合物立构可调控性，对提高聚烯烃产物的强度、耐热性等产生了重大影响。

8.4.5 共聚合反应

1. 共聚合反应的特点和分类

对于连锁聚合，两种或两种以上的单体聚合时，得到的高聚物分子链中含有两种或两种以上的单体链节，这种聚合物称为共聚物，该聚合过程称为共聚合反应。逐步聚合历程获得的共聚物由两种或两种以上单体共同聚合得到。一般共聚物针对连锁聚合。

共聚物的性质与均聚物不同，它具有两种或多种均聚物的综合特性，故称为“高分子合金”。例如，聚苯乙烯塑料透明、加工性好，但性脆，若引入15％～30％丙烯腈可得到苯乙烯-丙烯腈共聚物，其既保持原有的优点又具有较高的冲击强度，且兼有聚丙烯腈的耐热、耐油和耐腐蚀等特性。表8－2是典型共聚物改性的例子。

表8－2　典型共聚物改性实例

主单体	第二单体	改进的性能及主要用途
乙烯	醋酸乙烯	增加柔性，软塑料，可做聚氯乙烯共混料
乙烯	丙烯	破坏结晶性，增加柔性和弹性，生产乙丙橡胶
异丁烯	异戊二烯	引入双键，供交联用，生产丁基橡胶
丁二烯	苯乙烯	增加强度，生产丁苯橡胶
丁二烯	丙烯腈	增加耐油性，生产丁腈橡胶
苯乙烯	丙烯腈	提高抗冲强度，生产增韧塑料
氯乙烯	醋酸乙烯酯	增加塑性和溶解性能，生产塑料和涂料

共聚物的物理-力学性能取决于分子链中单体链节的性质、相对数量及其排列方式。在合成中选择适当条件，即可得到所需性能的共聚物。由两种单体所组成的共聚物，按大分子链中两单体链节的排列方式，可分为无规共聚物、交替共聚物、嵌段共聚物、接枝共聚物4类。根据单体反应特点，采用自由基聚合可分别获得上述4种共聚物；采用离子聚合合成嵌段共聚物比较有效。

2. 竞聚率与共聚物组成的关系

对两种单体的共聚合，有两个重要的参数 r_1 和 r_2，分别为两种单体的竞聚率。下面以自由基聚合为例说明竞聚率的含义，设链自由基为 $\sim\sim M_1^{\cdot}$ 和 $\sim\sim M_2^{\cdot}$，则在链增长过程中有

$$\sim\sim M_1^{\cdot} + M_1 \xrightarrow{k_{11}} \sim\sim M_1 M_1^{\cdot}$$

$$\sim\sim M_1^{\cdot} + M_2 \xrightarrow{k_{12}} \sim\sim M_1 M_2^{\cdot}$$

$$\sim\sim M_2^{\cdot} + M_1 \xrightarrow{k_{21}} \sim\sim M_2 M_1^{\cdot}$$

$$\sim\sim M_2^{\cdot} + M_2 \xrightarrow{k_{22}} \sim\sim M_2 M_2^{\cdot}$$

式中，k_{11}、k_{12}分别为单体 M_1 和 M_2 游离基 $M_1^{\cdot}$ 及 $M_2^{\cdot}$ 反应的速率常数；k_{21}、k_{22}分别为单体 M_1 和 M_2 与游离基 $M_1^{\cdot}$ 及 $M_2^{\cdot}$ 反应的速率常数。定义 $r_1 = k_{11}/k_{12}$，$r_2 = k_{22}/k_{21}$，可见 r_1、r_2 代表在竞争反应中两种单体和同一链自由基反应时的相对活性，所以“竞聚率”的含义是竞争聚合时两种反应活性的比值。显然 r 值反映了两种反应方式的速率相对大小：

当 $r<1$ 时，单体倾向于共聚；

当 $r=1$ 时，单体发生自聚和共聚的倾向相等；

当 $r>1$ 时，单体倾向于自聚（即均聚）；

当 $r=0$ 时，单体不能自聚而只能共聚。

8.4.6 缩合聚合

缩聚是缩合聚合反应的简称，生成聚合物同时常伴随有小分子副产物形成。缩聚反应和某些非缩聚（类似加聚）反应属于逐步聚合。绝大多数缩聚反应是典型的逐步聚合反应，聚酰胺、聚酯、聚碳酸酯、酚醛树脂、脲醛树脂、醇酸树脂等都是重要的缩聚物。许多带有芳杂环的耐高温聚合物，如聚酰亚胺、聚噻吩等也是由缩聚反应制得的。逐步聚合反应中还有非缩聚型的，如聚氨酯的合成、Diels - Alder 加成反应合成梯形聚合物等。

1. 聚合单体的类型

逐步聚合反应的基本特点是反应发生在单体所携带的官能团上，这类官能团有—OH、—NH_2、—COOH、—COOR、—COCl、—H、—Cl、—SO_3 等。可供逐步聚合的单体类型很多，但需同一单体上至少带有两个可进行逐步聚合反应的官能团。

2. 缩聚反应的分类

缩聚反应可从不同角度进行分类，主要的分类方法是按照所生成聚合物的几何构型。

(1) 线形缩聚反应。参加缩聚反应的单体都含有两个官能团，反应中形成的大分子向两个方向增长，得到线形分子的聚合物，此种缩聚反应称为线形缩聚反应。涤纶、尼龙、

聚碳酸酯等就是按此类型反应合成的。如二元酸与二元胺的反应为

$$nHOOCRCOOH + nH_2NR'NH_2 \longleftrightarrow HO\text{[}OCRCONHR'NH\text{]}_nH + (2n-1)H_2O$$

(2) 体型缩聚反应。参加缩聚反应的单体至少有一种含两个以上的官能团，反应中形成的大分子向3个方向增长，得到体型结构的高聚物，此种反应称为体型缩聚反应。酚醛树脂、脲醛树脂等就是按此类反应合成的。如邻苯二甲酸酐和甘油（丙三醇）的反应为

$$x\,C_6H_4(CO)_2O + y\,HOCH_2-CH(OH)-CH_2OH \longrightarrow \cdots$$

此外，按参加缩聚反应的单体不同，缩聚反应可分为均缩聚（如尼龙6的合成）、混缩聚（尼龙66的合成）、共缩聚等；按反应后所形成键合基团的性质分为聚酯、聚酰胺、聚醚、聚砜等；按反应的热力学特征分为平衡缩聚与非平衡缩聚等。

8.4.7 聚合实施方法

在聚合物的生产中，自由基聚合占有较大比例。其聚合方法可分为本体聚合、溶液聚合、悬浮聚合、乳液聚合4种，其配方、聚合机理、生产特征、产物特征比较见表8-3。

表8-3 4种聚合实施方法比较

项目	本体聚合	溶液聚合	悬浮聚合	乳液聚合
配方主要成分	单体、引发剂	单体、引发剂、溶剂	单体、引发剂、水、分散剂	单体、水溶性引发剂、水、乳化剂
聚合场所	本体内	溶液内	液滴内	胶束和乳胶粒内
聚合特征	遵循自由基聚合一般机理，提高速率往往使分子量降低	伴有向溶剂的链转移反应，一般分子量较低，速率也较低	与本体聚合相同	能同时提高聚合速率和分子量
生产特征	热不易散出，主要是间歇生产，设备简单，宜制板材和型材，分子量调节难	散热容易，可连续生产，不宜制成干燥粉状或粒状树脂，分子量调节容易	散热容易，间歇生产，须经分离、洗涤、干燥等工序，分子量调节难	散热容易，可连续生产，制成固体树脂时须经凝聚、洗涤、干燥等工序，分子量易调节

续表

项目	本体聚合	溶液聚合	悬浮聚合	乳液聚合
产物特征	聚合物纯净，易于生产透明、浅色制品，分子量分布宽	一般聚合液直接使用，分子量分布窄，分子量较低	比较纯净，可能留有少量分散剂，直接得到粒状产物，利于成形，分子量分布宽	聚合物留有少量乳化剂及其他助剂，用于对电性能要求不高的场合，乳液也可直接使用，分子量分布窄

8.5 常用高分子材料

8.5.1 塑料

1. 塑料的概述

塑料是高分子材料中主要的品种之一，产量占合成高分子材料总量的70%～75%，其质量小(密度为0.9～2.2kg・m^{-3}，仅为钢铁的1/8～1/4)、比强度高、电绝缘性好(10^{10}～10^{20}Ω・cm)、耐化学腐蚀、耐辐射、容易成形；但其力学性能差、表面硬度低、大多数易燃、导热性差，使用温度范围窄。塑料的品种很多，增长速度很快，用途广泛。表8-4列出了一些常用塑料的力学性能和主要用途。

表8-4 常用塑料的力学性能和主要用途

名 称	抗拉强度/MPa	抗压强度/MPa	抗弯强度/MPa	冲击强度/(kJ・m^{-2})	使用温度/℃	主要用途
聚乙烯	8～36	20～25	20～45	～2	−70～+100	一般机械构件，电缆包缚，耐蚀、耐磨涂层等
聚丙烯	40～49	40～60	30～50	5～10	−35～121	一般机械零件、高频绝缘件、电缆包缚等
聚氯乙烯	30～60	60～90	70～110	4～11	−15～55	化工耐蚀构件、一般绝缘件、薄膜、电缆套等
聚苯乙烯	>60	—	70～80	12～16	−30～75	高频绝缘件，耐蚀、装饰构件等
ABS	21～63	18～70	25～97	6～53	−40～90	一般构件，耐磨传动件，化工装置、管道等
聚酰胺	45～90	70～120	50～110	4～15	～100	一般构件，减摩、耐磨传动件，耐磨涂层等

续表

名　称	抗拉强度 /MPa	抗压强度 /MPa	抗弯强度 /MPa	冲击强度 /(kJ·m^{-2})	使用温度 /℃	主要用途
聚甲醛	60～75	～125	～100	～6	−40～100	一般构件、耐磨传动件、耐蚀件及化工容器等
聚碳酸酯	55～70	～85	～100	65～75	−100～130	耐磨、受力机械件，仪表零件，绝缘件等
聚四氯乙烯	21～28	～7	11～14	～98	−180～260	耐蚀、耐磨件，密封件，高温绝缘件等
聚砜	～70	～100	～105	～5	−100～150	高强度耐热件、绝缘件、高频印制电路板等
有机玻璃	42～50	80～126	75～135	1～6	−60～100	透明件、装饰件、绝缘件等
酚醛塑料	21～56	105～245	56～84	0.05～0.82	～110	一般构件、水润滑轴承、绝缘件、复合材料等
环氧塑料	56～70	84～140	105～125	～5	−80～155	塑料膜，精密膜，仪表构件，金属涂覆，包封、修补、制备复合材料等

塑料有不同的分类方法，叙述如下。

(1) 按加工条件下的流变性能分类：①热塑性塑料，指在特定温度范围内具有可反复加热软化、冷却硬化特性的塑料品种，如聚乙烯、聚苯乙烯、聚氯乙烯等。热塑性塑料具有线形高分子链结构。②热固性塑料，指在受热或其他条件下固化后具有不溶、不熔的特性，经加工成形后，形状不再改变，若加热则分解的品种，如聚氨酯、环氧树脂、酚醛树脂等。

(2) 按使用性能分类：①通用塑料，通常指产量大、成本低、通用性强的塑料，如聚氯乙烯、聚乙烯等；②工程塑料，指具有较高的力学性能，耐热、耐腐蚀，可以代替金属材料用作工程材料或结构材料的一类塑料，如聚酰胺（尼龙）、聚甲醛、聚碳酸酯等；③特种塑料，指具有某些特殊性能的塑料，如耐高温、耐腐蚀等，此类塑料产量少，价格较贵，只用于特殊场合。

随着塑料应用范围不断扩大，工程塑料和通用塑料之间的界限很难划分。如聚乙烯可用于化工机械(作工程塑料)，也可用于食品工业(作通用塑料)。

2. 塑料的应用

(1) 热固性塑料

① 酚醛塑料(PF)。酚醛塑料由酚醛树脂外加添加剂构成，是世界上最早实现工业化生产的塑料，在我国热固性塑料中占第一位。由于在酚醛树脂中存在着酚羟基和羟甲基等极性基团，故其与金属或其他材料的黏附力好，可用作黏结剂、涂料、层压材料及玻璃钢的原料和配料。因酚醛树脂中苯环多、交联密度大，故其有一定的机械强度、耐热性较

好，且成形工艺简单、价格低廉，因此广泛用于机械、汽车、航空、电器等工业部门中，如图 8-4 所示。酚醛树脂缺点是颜色较深、性脆、易被碱侵蚀等。改性酚醛树脂是当今研究热点之一。

② 环氧塑料(EP)。环氧塑料是在环氧树脂中加入固化剂填料或其他添加剂制成的热固性塑料，如图 8-5 所示。环氧树脂是很好的胶黏剂，有“万能胶”之称，在室温下容易调和固化，对金属和非金属都有很强的胶黏能力。EP 具有较高的强度、韧性，在较宽的频率和温度范围内具有良好的电性能，通常具有优良的耐酸、碱及有机溶剂的性能，还能耐大多数霉菌并耐热、耐寒。

【注射成型】

图 8-4　酚醛塑料制品

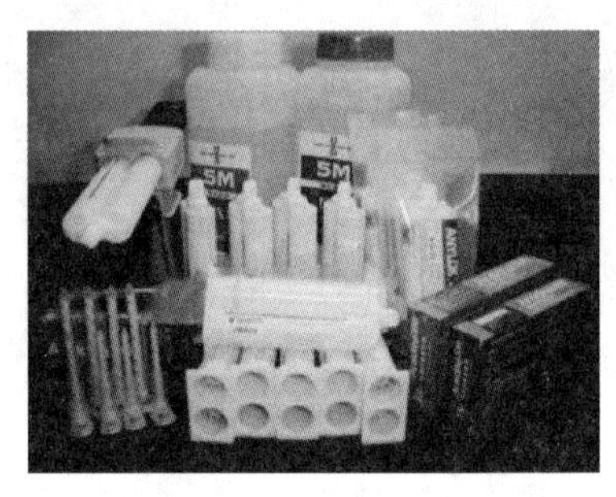
图 8-5　环氧塑料制品

(2) 热塑性塑料

【塑料制品加工工艺简介】

① 聚氯乙烯(PVC)。聚氯乙烯是以碳链为主链的线形结构大分子，由氯乙烯单体加聚合成，属于热塑性的高聚物。其优点是耐化学腐蚀、不燃烧、成本低、易于加工；缺点是耐热性差，冲击强度低，有一定的毒性。根据添加剂的不同，聚氯乙烯制品可分为软聚氯乙烯塑料和硬聚氯乙烯塑料。软聚氯乙烯塑料可以制成包装、保温、防水用的薄膜、软管、人造革等；硬聚氯乙烯塑料可制作硬管、板材(图 8-6)，可以焊接加工制成各种生产设备代替金属，还可制成软、硬泡沫塑料。

② 聚乙烯(PE)。其为世界上产量最大的塑料品种，具有 90 多年的工业化生产历史，价格便宜、性能优良、发展速度快、应用面最广；按其生产方法可分为高压聚乙烯(低密度聚乙烯)和低压聚乙烯(高密度聚乙烯)。高压聚乙烯的质地柔软、较透明，具有良好的机械强度、化学稳定性，且耐寒、耐辐射、无毒，在工农业和国防上被广泛用作包装薄膜、农用薄膜、电缆等，如图 8-7 所示；低压聚乙烯的质地柔韧，机械强度较高压聚乙烯大，可供制造电气、仪表、机器的壳体和零部件等，也可以抽丝做成渔线、渔网。

【挤出成型】

图 8-6　聚氯乙烯板

图 8-7　聚乙烯薄膜

③ 聚丙烯(PP)。其在催化剂作用下，由丙烯单体聚合而成，是无色透明的塑料(图 8-8)，机械性能好，具有较高的抗拉强度，弹性好且表面强度大，质轻，相对密度仅为0.90～0.91，是目前已知常用塑料中相对密度最小的一种。其主要缺点是低温易脆化，易受热、光作用变质，易燃等。聚丙烯可用于制作电气元件、机械零件等工业制品，也可以用其做餐盒、药品、食品的包装等。

④ ABS塑料。ABS塑料是由丙烯腈(A)、丁二烯(B)和苯乙烯(S)3种单体以苯乙烯为主体共聚而成的树脂。ABS塑料兼有3种组分的综合特点，A使其耐化学腐蚀、耐热，并有一定的表面硬度；B使其具有高弹性和韧性；S使其具有热塑性塑料的加工成形特征并改善其电性能，因此，ABS树脂具有耐寒、表面硬度高、尺寸稳定、易于成形和机械加工等特点，其缺点是耐热性不高。综合而言，ABS塑料是一种原料易得、综合性能好、价格低廉、用途广泛的材料(图 8-9)，在家用电器、电器制造、汽车等领域得到广泛应用。

图 8-8 聚丙烯

图 8-9 多功能 ABS 塑料笔记本电脑折叠桌

⑤ 聚酰胺(PA)。聚酰胺是最早发现的热塑性塑料，是指主链上含有酰胺基团(—NHCO—)的高分子化合物，其商品名称是尼龙或锦纶，是目前机械工业中应用比较广泛的一种工程材料。尼龙6是己内酰胺的聚合物，是工程塑料中发展最早的品种，目前在产量上居工程塑料之首。尼龙的品种很多，其中尼龙1010是我国独创，用蓖麻油为原料制成的。聚酰胺用于纤维工业，突出的特点是断裂强度高、抗冲击负荷、耐疲劳、与橡胶黏附力好，被大量用作结构材料，也可用作输油管、高压油管和储油容器等，如图 8-10 所示。

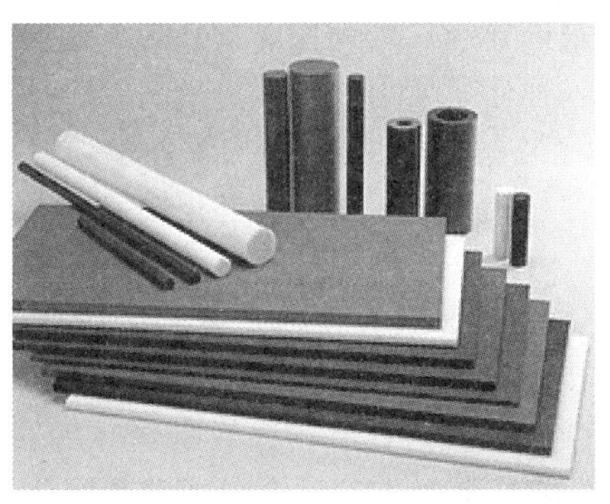

图 8-10 聚酰胺

图 8-11　聚四氟乙烯

⑥ 聚四氟乙烯(PTFE 或 F4)。聚四氟乙烯是四氟乙烯单体的均聚物，是一种线形结晶态高聚物。聚四氟乙烯为含氟树脂中综合性能最突出的一种，其应用最广、产量最大，约占氟塑料总产量的 85%。由于分子链中有氟原子和稳定的碳氟键，其耐热、耐寒，具有良好的自润滑性、优异的耐化学腐蚀性，有“塑料王”之称；其具有优良的电性能，是目前所有固体绝缘材料中介电损耗最小的，如图 8-11所示。但聚四氟乙烯强度、硬度低，加热后黏度大，只能用冷压烧结方法成形。目前聚四氟乙烯常被用于制作耐热性高、介电性能好的电工器材和无线电零件，耐腐蚀的密封件、化工设备，机械工业中的耐磨件及航天、航空和核工业中的超低温材料等。

8.5.2　橡胶

1. 橡胶的概述

橡胶与塑料的区别是在很宽的温度范围内(－50℃～150℃)处于高弹态，具有显著的高弹性。其最大特点是具有良好的柔顺性、易变性、复原性，因而广泛用作弹性材料、密封材料、减磨材料、防振材料和传动材料，在工业、农业、交通、国防、民用等领域有着重要的实际应用价值。

(1) 橡胶的组成

纯橡胶的性能随温度的变化有较大的差别，高温时发黏、低温时变脆，易于被溶剂溶解。因此，其必须添加其他组分且经过特殊处理后制成橡胶材料才能使用。其组成包括：①生胶，为橡胶制品的主要组分，起黏结剂的作用。使用不同的生胶，可以制成不同性能的橡胶制品，其来源可以是天然的，也可以是合成的。②橡胶配合剂，主要有硫化剂、硫化促进剂、防老化剂、软化剂、发泡剂等，能提高橡胶制品的使用性能或改善其加工性能。

(2) 橡胶的种类

实际应用的橡胶种类已达 20 余种，有多种分类方法，但基本上分为天然橡胶和合成橡胶两大类。

【天然橡胶】

① 天然橡胶。天然橡胶是橡树上流出的胶乳经过凝固、干燥、加压等工序制成的生胶，是以异戊二烯为主要成分的不饱和天然高分子化合物。天然橡胶有较好的弹性，弹性模量为 3～6MN·m^{-2}；有较好的机械性能，硫化后抗拉强度为 17～29MN·m^{-2}；有良好的耐碱性，但不耐浓强酸；还有良好的电绝缘性。其缺点是耐油性差、耐臭氧老化性差、不耐高温。其广泛用于制造轮胎等橡胶工业上。

② 合成橡胶。合成橡胶是一类合成弹性体，按其用途分为通用合成橡胶、特种合成橡胶两类。通用合成橡胶，其性能与天然橡胶相近，主要用于制造各种轮胎、日常生活用品和医疗卫生用品等；特种合成橡胶，具有耐寒、耐热、耐油、耐腐蚀等某些特殊性能，用于制造在特定条件下使用的橡胶制品。通用合成橡胶和特种合成橡胶之间并没有严格的界线，有些合成橡胶兼具上述两方面的特点。

2. 橡胶的应用

世界合成橡胶产量已大大超过了天然橡胶。合成橡胶的种类很多，其中产量最大的是丁苯橡胶，约占合成橡胶的50%，其次是顺丁橡胶，约占15%，两者都是通用橡胶。另外，还有产量较小、具有特殊性能的合成橡胶，如耐老化的乙丙橡胶、耐油的丁腈橡胶、不燃的氯丁橡胶、透气性小的丁基橡胶等。表8-5列出了一些橡胶的种类、性能和用途。

表8-5 一些橡胶的种类、性能和用途

名称	代号	抗拉强度/ $(MN\cdot m^{-2})$	延伸率 /%	使用温度 /℃	特 性	用 途
天然橡胶	NR	25～30	650～900	−50～120	高强绝缘防振	通用制品轮胎
丁苯橡胶	SBR	15～20	500～800	−50～140	耐磨	通用制品胶版、胶布轮胎
顺丁橡胶	BR	18～25	450～800	120	耐磨、耐寒，与天然橡胶非常相似	轮胎运输带、天然橡胶代用品
异戊橡胶	IR	—	—	−50～100		
氯丁橡胶	CR	25～27	800～900	−35～130	耐酸碱、阻燃	管道、电缆、轮胎
丁腈橡胶	NBR	15～30	300～800	−35～175	耐油水、气密	油管、耐油垫圈
乙丙橡胶	EPDM	10～25	400～800	150	耐水、气密	汽车零件、绝缘体
聚氨酯胶	VR	20～35	300～800	80	高强、耐磨	胶辊、耐磨件
硅橡胶		4～10	50～500	−70～275	耐热、绝缘	耐高温零件
氟橡胶	FPM	20～22	100～500	−50～300	耐油碱、真空	化工设备衬里、密封件
聚硫橡胶		9～15	100～700	80～130	耐油、耐碱	水龙头衬垫、管子

(1) 丁苯橡胶(SBR)：为含3/4丁二烯、1/4苯乙烯的共聚物，是典型的通用合成橡胶，如图8-12所示。其优点为质量均一、硫化速率快、生产工艺易控、价格低廉等，缺点是生胶强度低、黏附性差、收缩大、成形困难等。其主要用于制作空心轮胎、软管、轧辊、胶布、模型等工业用品。

(2) 顺丁橡胶(BR)：由丁二烯聚合而成，又称聚丁二烯橡胶。优点是回弹性高、受振动时内部发热少、耐磨耗性优良、价格低廉等，缺点是强度很低、抗撕裂性差、储藏较难等。顺丁橡胶大多是与天然橡胶或者丁苯橡胶掺和使用，主要用于制造胶带、减振部件、绝缘零件、轮胎(图8-13)等。

(3) 异戊橡胶 (IR)：因其主要成分为聚异戊二烯，与天然橡胶一致，故其化学结构和物理力学性能都与天然橡胶非常相似，因此被称为“合成天然橡胶”，能作为天然橡胶的代用品。其耐弯曲开裂性、电性能、吸水性、耐老化性等性能均优于天然橡胶。但强度、刚性、硬度则比天然橡胶差一些，价格高于天然橡胶。异戊橡胶可作浅色制品，凡能使用天然橡胶的领域均适用。

【轮胎的制造过程】

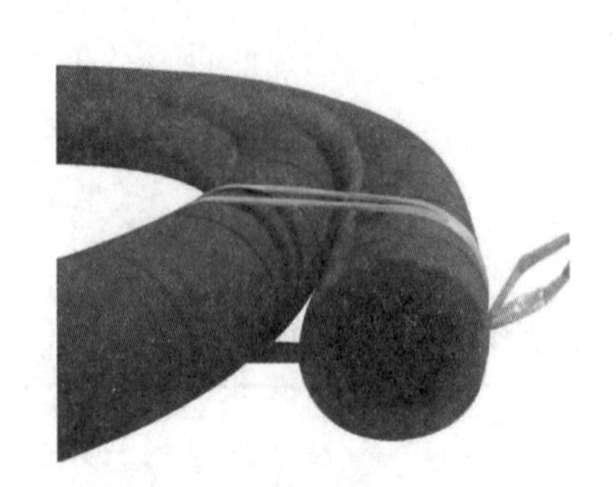
图 8-12　丁苯橡胶管

图 8-13　顺丁橡胶轮胎

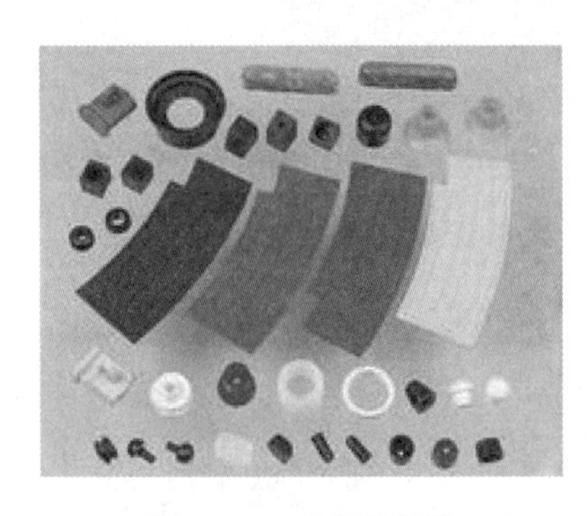
图 8-14　硅橡胶制品

（4）硅橡胶：由有机硅氧烷与其他有机硅单体共聚而成，具有良好的耐热和耐寒性，在−100～350℃保持良好的弹性，抗老化、绝缘性好。其缺点是强度低，耐磨、耐酸碱性差，价格高。其分为热硫化型（高温硫化硅胶 HTV）、室温硫化型（RTV）。高温硅橡胶主要用于制造各种硅橡胶制品，室温硅橡胶主要作为黏结剂、灌封材料或模具使用。硅橡胶在现代医疗中发挥着重要作用，此外还用于制造飞机和宇航中的密封件、薄膜和耐高温的电线、电缆等。图 8-14 所示为硅橡胶制品。

（5）氯丁橡胶（CR）：由单体氯丁二烯经乳液聚合而得，具有高弹性、高绝缘性、高强度、耐油等。物性上处于通用橡胶和特种橡胶之间，有“万能橡胶”之称。主要缺点是耐寒性差、密度较大（$1.25g \cdot cm^{-3}$）、生胶稳定性差等。氯丁橡胶主要用于制作输送带、风管、电缆、输油管等。

8.5.3　纤维

1. 纤维的概述

纤维指直径很小（几十微米以下），长度比直径大许多倍，在室温下分子的轴向强度很大，受力后变形较小，在一定温度范围内力学性能变化不大的高聚物材料。纤维分为天然纤维与化学纤维两大类，而化学纤维又分为人造纤维和合成纤维两种。

【蚕丝的制作流程】

（1）天然纤维：常见的天然纤维有棉、羊毛、蚕丝和麻等。棉花和麻的主要成分是纤维素，棉纤维是外观具有扭曲的空心纤维，其保暖性、吸湿性和染色性好，纤维间抱合力强。羊毛由两种吸水能力不同的成分组成，是蛋白质纤维；蚕丝的主要成分也是蛋白质，同属天然蛋白质纤维。

（2）化学纤维：其中人造纤维是以天然高分子材料作原料，经化学处理与机械加工而制得的纤维。再生纤维是人造纤维中最主要的产品。以绵短绒、木材等为原料用烧碱和二氧化碳处理，纺丝制得的纤维称为再生纤维素纤维，如黏胶纤维；以玉米、大豆、花生以及牛乳酪素等蛋白质为原料制得的纤维，称为再生蛋白质纤维。人造纤维是人造丝和人造棉的通称。而合成纤维是以合成高分子材料为原料经纺丝制成的纤维，用于制备此种纤维的聚合物必须能够熔融或溶解，其有较高的强度，较好的耐热性、染色性、抗腐蚀性等。

2. 纤维的应用

合成纤维品种繁多，其产量已超过人造纤维。合成纤维强度高、耐磨、保暖，不会发生霉烂，大量用于工业生产以及各种服装等，其中聚酯纤维、聚酰胺、聚丙烯腈纤维被称为三大合成纤维，产量最大。主要合成纤维的性能和用途见表8-6。

表8-6 主要合成纤维的性能和用途

商品名称	锦纶	涤纶	腈纶	氯纶	丙纶	乙纶	芳纶
化学名称	聚酰胺	聚酯	聚丙烯腈	聚氯乙烯	聚丙烯	聚乙烯	芳香族聚酰胺
密度/($g\cdot cm^{-3}$)	1.14	1.38	1.17	1.30	1.39	0.97	1.45
吸水率(24h)/%	3.5～5	0.4～0.5	1.2～2.0	4.5～5.0	0	0	3.5
软化温度/℃	170	240	190～230	220～230	60～90	140～150	160
特性	耐磨、强度高、模量低	强度高、弹性好、吸水率低、耐冲击、黏着力强	柔软、蓬松、耐晒、强度低	价格低、比棉纤维优异	化学稳定性好、不易燃、耐磨	超轻、高比强度、耐磨	强度高、模量大、耐热、化学稳定性好
用途	轮胎、帘子布、渔网、帆布等	电绝缘材料、运输带、帐篷、帘子线	窗布、帐篷、船帆、碳纤维、原材料	化工滤布、工作服、安全帐篷	军用被服、水龙带、合成纸、地毯	用于复合材料、飞机安全椅、绳索	飞行服、宇航服、防弹衣

(1) 聚酯纤维(PET)：又称涤纶或的确良，是生产量最大的合成纤维，如图8-15所示。涤纶的化学组成是聚对苯二甲酸乙二醇酯。其特点是强度高，耐日光稳定性仅次于腈纶，耐磨性稍逊于锦纶，热稳定性特别好，即使被水润湿也不走样，经洗耐穿，可与其他纤维混纺，是很好的衣料纤维。缺点是因为疏水性，不吸汗，与皮肤不亲和，而且需高温染色。涤纶可用作衣料、纺织品、编织品以及工业生产，用于制造轮胎帘子线、电绝缘材料、运输带、渔网、帆布、缆绳等。

【废塑料瓶变纤维】

图8-15 聚酯纤维

(2) 聚酰胺纤维：又称尼龙、锦纶或耐纶。尼龙(nylon)开始是杜邦公司的商品名，现在已成为通用名称。其具有高强韧、弹性高、质量小、染色性好等优点，拉伸弹性好较难起皱、抗疲劳性好，是比蜘蛛丝还细、比钢丝还强的纤维。缺点是保暖性、耐热性和耐光性偏弱，做衣料易变形、褪色。但目前仍为代表性合成纤维，约1/2的锦纶用作衣料(图8－16)，约1/6做轮胎帘子线，约1/3用于其他工业生产。

(3) 聚丙烯腈纤维：又称腈纶、奥纶或开司米，包括丙烯腈均聚物及其共聚物纤维，前者缩写为PAN，杜邦公司1950年工业化的“奥纶”是其代表性产品；后者是与氯乙烯或偏二氯乙烯的共聚产品，几乎都是短纤维。聚丙烯腈纤维的主要优点是蓬松柔软、轻盈、保暖性好，性能极似羊毛，故有“人造羊毛”之称，如图8－17所示。缺点是吸水率低(1%～2%)，所以不适合做贴身内衣，强度不如涤纶和尼龙，耐磨性差，甚至不及羊毛和棉花。

图8－16　聚酰胺纤维制品

图8－17　聚丙烯腈纤维

【水性多彩涂料的生产和施工】

8.5.4 涂料

1. 涂料的概述

涂料是一种液态或粉末状的物质，能均匀地涂覆在物体表面形成坚韧的保护膜，对物体起保护、装饰和标志等作用或赋予其一些特殊功能(如示温、发光、导电和感光等)。涂料品种繁多，广泛用于人类日常生活、石油化工、宇航等方面，开发高质量、低成本、易施工、环保型的涂料是涂料工业发展的方向。

(1) 涂料的组成

① 成膜物质(黏料)：是涂料的基本成分。原则上各种天然及合成聚合物均可作成膜物质，包括通过聚合或缩聚反应形成的膜层，和溶解于液体介质中的线形聚合物通过挥发形成的膜层。

② 颜料：起装饰和抗腐蚀的保护作用，有铬黄、铁红等无机颜料，铝粉、铜粉等金属颜料，炭黑、大红粉等有机颜料和夜光粉、荧光粉等特种颜料。

③ 溶剂：用来溶解成膜物质的易于挥发的物质，常用的有甲苯、二甲苯、丁醇、醋酸乙酯等。

④ 填充剂：又称增量剂或体质颜料，能改进涂料的流动性、提高膜层的力学性能和耐久性，主要有重晶石、碳酸钙、滑石、云母等粉料。

⑤ 催干剂：促进聚合或交联的催化剂，有环烷酸、辛酸、松香酸、亚油酸的铝、锰、钴盐等。

⑥ 其他：包括增塑剂、增稠剂或稀释剂、颜料分散剂、杀菌剂、阻聚剂、防结皮剂等。

(2) 涂料的种类

① 按性质分类。

油性涂料：即油基树脂漆，包括植物油加天然树脂或改性酚醛树脂为基的清漆、色漆及天然树脂类漆等。

合成树脂漆：包括酚醛树脂漆、醇酸树脂漆、聚氨酯树脂漆等。其形成的漆膜硬度高、耐磨性好、涂饰性能好，但使用有机溶剂量大，对环境和人体健康不利。

乳胶漆：又称乳胶涂料，属于水性涂料，是以合成聚合物乳液为基料，将颜料、填料、助剂分散于其中形成的水分散系统。其安全、无毒、施工方便、涂膜干燥快、成本低，但硬度和耐磨性差。主要品种有聚醋酸乙烯酯乳漆、丙烯酸酯乳漆系列。

粉末涂料：采用喷涂或静电涂工艺涂敷。包括热塑性粉末涂料，如聚乙烯、尼龙等；热固性粉末涂料有环氧型和聚酯型，为由反应性成膜物质等组成的混合物。

② 按功能分类。

保护性涂料：防止化学或生物性侵蚀。

装饰和色彩性涂料：用于美化环境或分辨功用。

特殊功能性涂料：用于绝缘、防火、抗辐射、导电、耐油、隔声等。

2. 涂料的应用

(1) 合成树脂漆：属油性涂料，主要优点是耐蚀性和耐水性好、价格低、表面附着力强、干燥快等，用于家具、建筑、船舶、汽车等。

(2) 乳胶涂料：其优点是不污染环境、安全无毒、不燃烧等，主要用作建筑涂料。但涂膜的硬度和耐磨性能比树脂漆差。

(3) 功能涂料：施用此种涂料是对材料改性或赋予其特殊功能的最简单方法，涂料不但有一般涂料的功能，还可根据不同要求，具有以下各种功能。

【神奇涂料】

① 防火涂料：具有防火功能，涂料本身不燃或难燃，能阻止底材燃烧或对底材燃烧的蔓延起阻滞作用，以减少火灾的发生、降低损失。

② 防霉涂料：是一种能抑制涂膜中霉菌生长的建筑涂料，用于食品加工厂、酿造厂、制药厂等车间与库房的墙面。

③ 防蚊蝇涂料：又称杀虫涂料，涂料中含有杀虫药液，属接触性杀虫。

④ 伪装涂料：在各种设施或武器上涂一层该类涂料，或吸收雷达波，或防红外侦察、声呐探测等，其中迷彩涂料可以减少或消除目标背景的颜色，变色涂料可以实现光色互变等。

⑤ 导电涂料：涂料中含有导电微粒，可以导电，也可以使涂层加热，用于电气、电子设备塑料外壳的电磁屏蔽、房间取暖和汽车玻璃防雾等。

⑥ 航空航天特种涂料：包括用于减少振动、降低噪声的阻尼涂料，用于宇航飞行器表面防止高热流传入飞行器内部的防烧蚀涂料，可以保持航天器的各种仪器、设备和宇航员的正常工作环境温度的温控涂料。

8.5.5 胶黏剂

1. 胶黏剂的概述

胶黏剂又称“胶粘剂”或“胶”，指通过黏附作用使被黏物结合在一起，且结合处有足够强度的物质。

（1）胶黏剂的组成

胶黏剂是一种多组分的材料，一般由黏结物质、固化剂、增韧剂、填料、稀释剂、改性剂等组成。

黏结物质又称黏料，是胶黏剂中的基本组分，起黏结作用。固化剂是促使黏结物质通过化学反应加快固化的组分，可以增加胶层的内聚强度，是胶黏剂的主要成分。增韧剂是提高胶黏剂硬化后黏结层的韧性、抗冲击强度的组分，常用的有邻苯二甲酸二丁酯、邻苯二甲酸二辛酯等。稀释剂又称溶剂，主要是起降低胶黏剂黏度、便于操作的作用，常用的有丙酮、苯、甲苯等。填料在胶黏剂中不发生化学反应，其能使胶黏剂的稠度增加，热膨胀系数、收缩性降低，抗冲击韧性和机械强度提高，常用的品种有滑石粉、石棉粉、铝粉等。改性剂是为了改善胶黏剂的某一方面性能，以满足特殊要求而加入的组分，如防老化剂、防腐剂、防霉剂、阻燃剂等。

（2）胶黏剂的分类

胶黏剂的品种繁多，目前有多种分类方法，尚无统一的分类标准。

按黏料或主要组成分类，胶黏剂可分为无机胶黏剂和有机胶黏剂。无机胶黏剂包括硅酸盐、磷酸盐、硼酸盐和陶瓷胶黏剂等，有机胶黏剂又可分为天然与合成两大类。天然胶黏剂包括动物性、植物性和矿物性；合成胶黏剂包括合成树脂型、合成橡胶型和树脂橡胶复合型。合成树脂型又包括热塑性和热固性两类，热塑性树脂胶黏剂有纤维素酯类、聚醋酸乙烯酯等；热固性树脂胶黏剂有酚醛树脂、脲醛树脂、环氧树脂等。合成橡胶型有氯丁橡胶、丁苯橡胶等。树脂橡胶复合型有酚醛-氯丁橡胶、酚醛-聚氨酯橡胶等。天然胶黏剂来源丰富、价格低廉、毒性低，但耐水、耐潮和耐微生物作用较差，在家具、书籍、包装、木材加工和工艺品制造等方面有着广泛的应用，占胶黏剂用量的30%～40%。合成胶黏剂一般有良好的电绝缘性、隔热性、抗振性、耐腐蚀性、耐微生物作用和较好的黏合强度，其品种多，是胶黏剂的主力，占胶黏剂用量的60%～70%。

按物理形态分类，有胶液、胶糊、胶粉、胶棒、胶膜和胶带等。按固化方式分类，有水基蒸发型、溶剂挥发型、热熔型、化学反应型和压敏胶。按胶接强度特性分类，有结构型胶黏剂、次结构型胶黏剂和非结构型胶黏剂。按用途分类，有通用胶黏剂、高强度胶黏剂、软质材料用胶黏剂、热熔型胶黏剂、压敏胶及胶黏带和特种胶黏剂(如导电胶、点焊胶、耐高温胶黏剂、医用胶黏剂、导磁胶等)。

2. 胶黏剂的应用

胶黏剂在人类生活的各个方面都有着广泛的应用，从儿童玩具、工艺美术品的制作到飞机、火箭的生产，处处都要用到胶黏剂。例如，一架波音747喷气式客机需用胶膜约2500m^2，一架B-58超音速轰炸机用约400kg胶黏剂代替了15万只铆钉等。下面介绍几类典型的胶黏剂的应用。

（1）环氧树脂胶黏剂：基料主要为环氧树脂，应用最广泛的是双酚A型。环氧树脂胶黏剂由于黏结强度高、通用性强，有“万能胶”“大力胶”之称，已在航空航天、汽车、机械、化工及日常生活各领域得到广泛应用。环氧树脂胶黏剂的胶黏过程是一个复杂的物理和化学过程，胶接性能不仅取决于胶黏剂的结构、性能、被黏物表面的结构及胶黏特性，而且和接头设计、胶黏剂的制备工艺和储存以及胶接工艺密切相关，同时还受周围环境的制约。

(2) 氯丁橡胶类胶黏剂：以氯丁橡胶为主体材料配制的胶黏剂统称为氯丁橡胶类胶黏剂，被广泛用于布鞋、皮鞋的黏胶。该类材料具有良好的黏接性能，主要分为溶剂型氯丁橡胶胶黏剂和水基型氯丁橡胶胶黏剂。溶剂型氯丁橡胶胶黏剂品种繁多，有普通型和接枝型两类。一般情况下，普通型氯丁橡胶胶黏剂主要用于硫化橡胶、皮革和棉帆布等材料的黏接，接枝型氯丁橡胶胶黏剂主要用于聚氯乙烯人造革、皮革、硫化橡胶和热塑性弹性体等材料的黏接。

(3) 酚醛改性胶黏剂：主要有酚醛-聚乙烯醇缩醛胶黏剂、酚醛-有机硅树脂胶黏剂和酚醛-橡胶胶黏剂。酚醛树脂改性胶黏剂可用作结构胶黏剂，黏结金属与非金属，制造刹车片、砂轮、复合材料等，在汽车、航空、航天等工业部门都获得了广泛的应用。

8.6 功能高分子材料

8.6.1 功能高分子材料的概述

功能高分子材料是指具有某些特定功能的高分子材料。一般是带有特殊功能基团的高分子，又称精细高分子。按照其功能或用途所属的学科领域，可分为物理功能高分子、化学功能高分子和生物功能高分子三大类。

物理功能高分子指对光、电、磁、热、声、力等物理作用敏感并能够对其进行传导、转换或储存的高分子材料，包括光活性高分子、导电高分子、发光高分子和液晶高分子等。化学功能高分子指具有某种特殊化学功能和用途的高分子材料，是一类最经典、用途最广的功能高分子材料，包括离子交换树脂、吸附树脂、高分子试剂和高分子催化剂等。生物功能高分子指具有特殊生物功能的高分子，包括高分子药物、医用高分子材料等。下面分别作简单介绍。

8.6.2 物理功能高分子材料

1. 导电高分子材料

导电高分子指电导率在半导体和导体之间具有电特性的高分子材料，可做导电膜或填料用于电磁屏蔽、防静电、计算机触点等电子器件，在微电子技术、激光技术、信息技术中也发挥着越来越重要的作用。利用其电化学性能可制作电容器、电池传感器、选择透过性膜等。导电高分子是具有共轭长链结构的一类聚合物，研究得最多的是聚乙炔、聚苯胺、聚噻吩等。导电高分子材料可分为以下类型。

(1) 复合型导电高分子：在基体材料中加入导电填料制成的复合材料。按基体可以分为导电塑料、导电橡胶、导电胶黏剂等；按导电填料可以分为碳系(炭黑、石墨)、金属系等。表8-7列出了几种典型复合型导电高分子材料。

(2) 结构型导电高分子：本身或经过掺杂后具有导电功能的高分子材料。该材料本身具有“固有”的导电性，由其结构提供导电载流子(电子、离子或空穴)，一旦经掺杂后，电导率可大幅度提高，甚至可达到金属的导电水平。根据导电载流子的不同，结构型导电高分子材料又被分为离子型和电子型两类。离子型导电高分子又称高分子固体电解质，载流子主要是离子；电子型导电高分子指以共轭高分子为基体的导电高分子材料，导载流子是电子(或空穴)，这类材料是目前导电高分子中研究开发的重点。

表 8－7　几种典型复合型导电高分子材料

材料种类	电导率/(S·m^{-1})	基体材料	导电填料
半导体材料	10^{-8}～10^{-5}	塑料、橡胶	金属氧化物粒子、抗静电剂
防静电材料	10^{-5}～10^{-2}	塑料、弹性体	炭黑、抗静电剂
弱导电材料	10^{-2}～0	塑料、硅橡胶	炭黑
导电性电材料	～10^{1}	塑料、树脂、硅橡胶	金属纤维、银、铜、炭黑、石墨等

(3) 其他导电高分子材料：主要指电子转移型和离子转移型的高分子电解质等。

2. 高分子磁性材料

高分子磁性材料主要用作密封条、密封垫圈、电机、电子仪器仪表等，是一类重要的磁性材料。

(1) 复合型高分子磁体：以高聚物为基体材料，均匀地混入铁氧体或其他类型的磁粉制成的复合型高分子磁性材料，又称黏结磁体。按基体不同可分为塑料型、橡胶型两种；按混入的磁粉类型不同可分为铁氧体、稀土类等。目前应用的高分子磁性材料都是复合型高分子磁体。

(2) 结构型高分子磁体：目前已发现多种具有磁性的结构型高分子材料，主要是二炔烃类衍生物的聚合物、含氨基的取代苯衍生物、多环芳烃类树脂等。但是其磁性弱，实验的重复性差，距实际的应用还有相当长的时间。

【神奇的发光线】

3. 高分子发光材料

高分子发光材料指在光照射下，吸收的光能以荧光或磷光形式发出的高分子材料，如图 8－18 所示。其包括高分子荧光材料和高分子磷光材料，可用于显示器件、荧光探针等的制备。高分子发光材料可通过将小分子发光化合物引入高分子的骨架或侧基中来制备，并通过本身不发光的小分子高分子化后共轭长度增大而发光，如聚对苯乙烯(PPV)。

(a) 白天效果

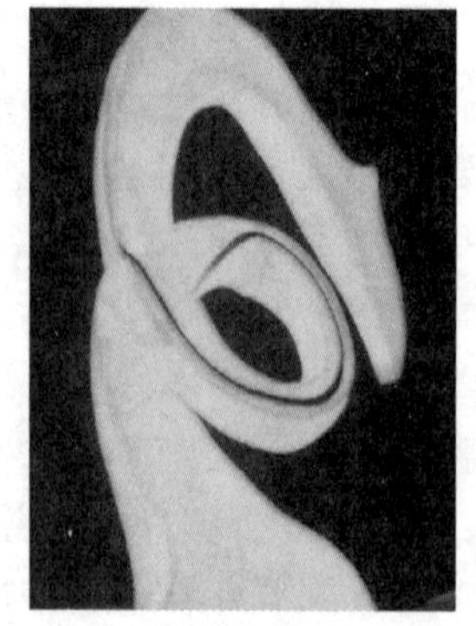
(b) 夜晚效果

图 8－18　高分子发光材料

目前高分子发光材料最重要的应用是聚合物电致发光显示(PLED)，PPV是第一个实现电致发光的聚合物，合成方法和途径较多，可通过改变取代基的结构改善其溶解性、提高荧光效率并调制其发光颜色，设计的余地大，是目前研究最多的一类发光材料。

4. 液晶高分子

液晶是一种取向有序，并能反映光、声、机械压力等外界刺激的流体。发现和研究最早的液晶高分子是溶致性液晶，而目前多数液晶高分子属于热致性液晶。PPTA以N-甲基吡咯烷酮为溶剂，$CaCl_2$为助溶剂，由对苯二胺和对苯二甲酰氯进行低温溶液缩聚而成。它是典型的溶致性液晶，属于主链型溶致性液晶，已广泛用作航空和宇航材料。

热致性液晶高分子的主要代表是芳香族聚酯，其不仅可以制造纤维和薄膜，而且弥补了溶致性液晶材料的不足。除了主链型溶致性和热致性液晶外，还有许多侧链型液晶，它们具有特殊的光电性能，可用作电信材料。

8.6.3 化学功能高分子材料

化学功能高分子材料，是以高分子链为骨架并连接具有化学活性的基团构成的。其种类很多，如离子交换树脂、高吸水性树脂、高分子催化剂、高分子化学试剂等。

1. 离子交换树脂

(1) 离子交换树脂的特点与分类

离子交换树脂指在聚合物骨架上含有离子交换基团的功能高分子材料。在作为吸附剂使用时，其骨架上所带离子基团可以与不同反离子通过静电引力发生作用，吸附环境中的反离子。当环境中存在其他与离子交换基团作用更强的离子时，原来与之配对的反离子将被新离子取代。一般将反离子与离子交换基团结合的过程称为吸附过程；原被吸附的离子被其他离子取代的过程称为脱附过程。

目前离子交换树脂衍生发展了一些很重要的功能高分子材料，如离子交换纤维、吸附树脂、高分子试剂、固定化酶等。离子交换纤维是在离子交换树脂基础上发展起来的一类新型材料，其基本特点与离子交换树脂相同，但外观为纤维状，可以不同的织物形式出现。吸附树脂也是在离子交换树脂基础上发展起来的新型树脂，是一类多孔性的、高度交联的高分子共聚物，又称高分子吸附剂。其具有较大的比表面积和适当孔径，可以从气相或溶液中吸附某些物质。

(2) 离子交换树脂的功能

① 离子交换。常用的评价离子交换树脂的性能指标有交换容量、选择性、交联度、化学稳定性等。其中选择性指离子交换树脂对溶液中不同离子亲和力大小的差异，可用选择性系数表征。一般室温下的稀水溶液中，强酸性阳离子树脂优先吸附多价离子；对同价离子而言，原子序数越大，选择性越高；弱酸性树脂和弱碱性树脂分别对H^+和OH^-有最大亲和力等。

② 吸附功能。凝胶型、多孔型离子交换树脂均具有很大的比表面积和较强的吸附能力。吸附量的大小和吸附的选择性，主要取决于表面和被吸附物质的极性等因素，多孔型树脂的吸附能力远远大于凝胶型树脂，适当的溶剂或适当的温度可使之解吸。

③ 催化作用。离子交换树脂可对许多化学反应起催化作用，如酯的水解、醇解、酸解等。与低分子酸碱相比，离子交换树脂催化剂具有易于分离、不腐蚀设备、不污染环

境、产品纯度高等优点。

除了上述几个功能外，离子交换树脂还具有脱水、脱色、作载体等功能。

（3）离子交换树脂的应用

离子交换树脂在工业上应用十分广泛。表8－8给出了离子交换树脂的主要用途。

表8－8　离子交换树脂的主要用途

行　业	主要用途
水处理	水的软化、脱碱、脱盐，高纯水制备
冶金工业	超铀元素、稀土金属、重金属、轻金属、贵金属和过渡金属的分离、提纯和回收
原子能工业	核燃料的分离、精制、回收，反应堆用水净化，放射性废水处理
海洋资源利用	从海洋生物中提取碘、溴、镁等重要化工原料，海水制淡水
化学工业	无机、有机化合物的分离、提纯和回收，催化剂，高分子试剂、吸附剂、干燥剂
食品工业	糖类生产的脱色，酒的脱色、去浑、去杂质，乳品组成的调节
医药卫生	药剂的脱盐、吸附分离、提纯、脱色、中和及中草药有效成分的提取
环境保护	电镀废水、造纸废水、矿冶废水、生活污水、影片洗印废水、工业废气等的治理

如用丙烯酸系阴离子水处理用树脂来净化水，工作交换量可达800～1 100kg・mol^{-1}・m^{-3}，相当于自来水经28次重复蒸馏的结果，净水效率很高。目前离子交换树脂处理水技术已广泛应用于原子能工业、医疗、宇航等各领域。

【超级吸水树脂】

2. 高吸水性树脂

高吸水性树脂是一种含有羧基、羟基等强亲水性基团并具有一定交联度的水溶胀型高分子聚合物，如图8－19所示，其不溶于水，也难溶于有机溶剂，具有吸收自身几百倍甚至上千倍质量的水的能力，且吸水速率快，保水性能好，在石油、化工、轻工、建筑、医药和农业等部门都有广泛的用途。

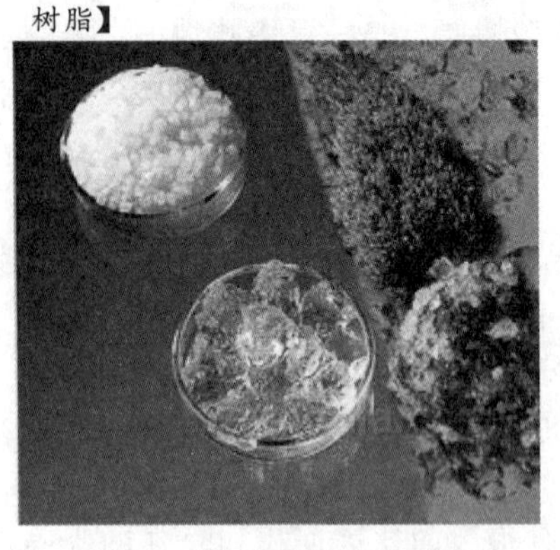

图8－19　高吸水性树脂

高吸水性树脂有多种分类方法，其中按原料来源分类最为常用。按此方法分类，高吸水性树脂主要可分为淀粉类、纤维素类和合成聚合物类三大类。

（1）淀粉类高吸水性树脂：主要有两种形式，一种是淀粉与丙烯腈进行接枝后，用碱性化合物水解引入亲水性基团的产物，由美国农业部北方研究中心开发成功；另一种是淀粉与亲水性单体（如丙烯酸、丙烯酰胺等）接枝聚合，然后用交联剂交联的产物，由日本三洋化成公司研发成功。淀粉类高吸水性树脂的优点是原料来源丰富、产品吸水倍率较高，缺点是吸水后凝胶强度低、长期保水性差等。

（2）纤维素类高吸水性树脂：有两种类型，一种是纤维素与一氯醋酸反应引入羧甲基后用交联剂交联的产物；另一种是由纤维素与亲水性单体接枝的共聚产物。纤维素类高吸水性树脂的吸水倍率较低，同时也存在易受细菌的分解失去吸水、保水能力的缺点。

（3）合成聚合物类高吸水性树脂：主要有4种类型。①聚丙烯酸盐类，为生产最多的高吸水性树脂，由丙烯酸或其盐类与具有二官能团的单体共聚而成。其吸水倍率较高，一般均在千倍以上。②聚丙烯腈水解物，为将聚丙烯腈用碱性化合物水解，再经交联剂交联得到的高吸水性树脂。其吸水倍率不太高，一般在500～1 000倍。③醋酸乙烯酯共聚物，为醋酸乙烯酯与丙烯酸甲酯的共聚产物经水解后得到的高吸水性树脂。这类树脂在吸水后有较高的机械强度，适用范围较广。④改性聚乙烯醇类，为由聚乙烯醇与环状酸酐反应生成的高吸水性树脂。其吸水倍率为150～400倍，虽吸水能力较低，但初期吸水速度较快，耐热性和保水性都较好，是一类适用面较广的高吸水性树脂。

3. 高分子化学试剂

常见的高分子化学试剂根据所具有的化学活性不同，分为高分子氧化还原试剂、高分子磷试剂、高分子卤代试剂等。高分子化学试剂的应用范围非常广泛，且发展迅速，表8-9列出了几种常见的高分子试剂。

表8-9 常见的高分子试剂

高分子试剂	母体	功能基团	反应
氧化剂	聚苯乙烯	$-C_6H_4-COOH$	烯烃环氧化
还原剂	聚苯乙烯	$-C_6H_4-Sn(n-Bu)H_2$	将醛、酮等羰基还原成醇
氧化还原树脂	乙烯基聚合物	O … O ⇌ OH … HO	兼具氧化还原的特点
卤化剂	聚苯乙烯	$-C_6H_4-PCl_2(C_6H_5)_2$	将羟基或羧基转变为氯代或酰氯
酰基化剂	聚苯乙烯	$-C_6H_3(NO_2)-OCOR$	使胺类转化为酰胺，当R为氨基酸衍生物时，用于多肽合成
烷基化剂	聚苯乙烯	$-C_6H_4-SCH_2^-Li^+$	与碘代烷反应增长碳链

4. 高分子催化剂

高分子催化剂由高分子母体和催化剂基团组成，催化剂基团参与反应，反应结束后自身却不发生变化。因高分子母体不溶于反应溶剂中，其属液固相催化反应，产物容易分离，催化剂可循环使用，流程示意图如下：

原料＋P－Cat —化学反应→ 产物＋P－Cat —分离→ 纯产物

（P－Cat 循环使用）

高分子催化剂包括酸碱催化用的离子交换树脂、聚合物氢化和脱羧基催化剂、聚合物相转移催化剂等。由于使用目的和制备方法的影响，使用高分子材料生产的固化酶也属于高分子催化剂。一些酸、碱离子交换树脂也可作为酸、碱催化剂。

8.6.4 生物功能高分子材料

生物功能高分子材料指与人体组织、体液或血液相接触，具有人体器官、组织的全部或部分功能的材料。20 世纪 50 年代，有机硅聚合物用于医学领域，使人工器官的应用范围大大扩展。特别是 20 世纪 60 年代以后，各种具有特殊功能的高分子材料的出现及其医学上的应用，克服了凝血问题、炎症反应与组织病变问题、补体激活与免疫反应问题等。医用高分子材料快速发展起来，并不断取得成果。例如，聚氨酯和硅橡胶用来制作人工心脏，中空纤维用来制作人工肾等。

1. 生物高分子材料的分类

根据材料的用途，生物高分子材料可以分为：①硬组织高分子材料，主要用于骨科、齿科的材料，要求材料与替代组织有类似的机械性能，且能够与周围组织结合在一起；②软组织高分子材料，主要用于软组织的替代与修复，要求材料不引起严重的组织病变，有适当的强度和弹性；③血液相容性高分子材料，用于制作与血液接触的人工器官或器械，要求不引起凝血、溶血等生理反应，与活性组织有良好的互相适应性；④高分子药物和药物控释高分子材料，要求无毒副作用、无热源、不引起免疫反应。

2. 生物高分子材料的性能

生物高分子材料是植入人体或与人体器官、组织直接接触的，必然会产生各种化学、力学、物理作用。因此对进入临床使用阶段的生物高分子材料具有以下严格的要求：

（1）耐生物老化。对于长期植入的材料，要求生物稳定性好，在体内环境中不发生降解。对于短期植入的材料，则要求能够在确定时间内降解为无毒的单体或片段，通过吸收、代谢过程排出体外。

（2）物理和力学性能好。即材料的强度、弹性、几何形状、耐挠曲疲劳性、耐磨性等在使用期内应适当。例如，牙齿材料需要高硬度和耐磨性，能够承受长期的、数以亿万次的收缩和挠曲，而不发生老化和断裂。用作骨科的材料要求有很好的强度和弹性。

（3）材料价格适当，易于加工成形，便于消毒灭菌。

（4）生物相容性好。要求材料无毒、无热源反应、不致癌、不干扰免疫系统、不引起过敏反应、不破坏相邻组织、不发生材料表面钙化沉着，有良好的血液相容性等。

3. 生物高分子材料的应用

生物高分子的化学结构多种多样，在聚集形态上可以表现为结晶态、玻璃态、黏弹态、凝胶态、溶液态，并可以加工为几乎任意的几何形状，因此在医学领域用途十分广泛，能够达到多种多样的治疗目的。其应用范围主要包括 4 个方面：人工器官、药物制剂与释放体系、诊断试验试剂、生物工程材料与制品，见表 8－10 所列。

表 8-10 生物功能高分子材料的应用范围

应用领域	应用目的	实 例
长期和短期治疗器件	受损组织的修复和替代，辅助或暂时替代受损器官的生理功能，一次性医疗用品	人工血管、人工晶体、人工皮肤、人工软骨、美容填充，人工心肺系统、人工心脏、人造血、人工肾、人工肝、人工胰腺，注射器、输液管、导管、缝合线、医用胶黏剂
药物制剂	药物控制释放	部位控制：定位释放(导向药物)； 时间控制：恒速释放(缓释药物)； 反馈控制：脉冲释放(智能释放体系)
诊断检测	临场检测新技术	快速响应、高灵敏度、高精确度的检测试剂与工具，包括试剂盒、生物传感器、免疫诊断微球等
生物工程	体外组织培养，血液成分分离	细胞培养基、细胞融合添加剂、生物杂化，人工器官血浆分离、细胞分离、病毒和细菌的清除

8.6.5 可降解高分子材料

石油化工的飞速发展，促使塑料应用的广泛普及，但这类材料的性能非常稳定、耐酸耐碱、不蛀不霉，因此废弃塑料成为严重的公害。20 世纪 70 年代以来，世界上有许多国家开始研制可降解塑料，目前已研制开发出的可降解塑料主要有光降解塑料和生物降解塑料。

光降解塑料是在制造过程中，其高分子链上每隔一定的距离就被添加了光敏基团。这样的塑料在人工光线的照射下是安全、稳定的，但是在太阳光(含有紫外线)的照射下，光敏基团就能吸收足够的能量而使高分子链在此断裂，分裂成较低分子量的碎片，碎片在空气中进一步发生氧化作用，降解成可被生物分解的低分子量化合物，最终转化为二氧化碳和水。

生物降解塑料是在高分子链上引入一些基团，以便空气、土壤中的微生物使高分子长链断裂为碎片，进而将其完全分解。生物降解塑料除了用于制作包装袋和农用地膜外，还可用作医药缓释载体，使药物在体内发挥最佳疗效，也可包埋化肥、农药、除草剂等。另外，用生物降解聚合物制成的外科用手术线，可被人体吸收，伤口愈合后不用拆线。

目前，可降解塑料的研制和生产已具有相当的规模，随着环境保护意识的不断增强，可降解塑料的应用将更为广泛。

8.6.6 智能型高分子材料

智能型高分子材料，指能随着外部条件的变化而进行相应动作的高分子材料。材料本身需具有能感应外部刺激的感应器功能、能进行实际操作的动作器功能以及得到感应器的信号使动作器动作的过程器功能，主要是凝胶类材料。具体类型如下。

(1) pH 敏感型：指利用其电荷数随 pH 而改变制成的凝胶。如利用带离解离子的凝胶容易产生体积相变的特点，调整条件，制出随微小 pH 变化而发生巨大体积变化的智能凝胶。

(2) 温度敏感型：指利用其在溶剂中的溶解度随温度而变化制成的凝胶。在水溶液中，高温时脱水化，从溶液中沉析出来。高分子与溶液产生相分离的温度称为下限溶液温度。改变亲水性部分和疏水性部分之间的平衡，可控制下限溶液温度。对显示下限溶液温度的高分子材料进行交联，可制备出温度敏感型凝胶。

（3）电场敏感型：电场敏感型智能材料主要是高分子电解质，在离凝胶较远的位置改变电场强度，也可达到控制材料特性的目的。

（4）抗原敏感型：抗体能与抗原产生特异结合，这种结合有静电、氢键、范德华力等作用，其分子识别能力非常高，在免疫系统内起非常重要的作用。

一、填空题

1. 常把生成高分子化合物的小分子原料称为________，将存在于聚合物分子中重复出现的原子团称为________，高聚物中结构单元的数目称为__________。

2. PP、PE、PS、PVC 分别为__________、__________、__________、__________的缩写。

3. 高分子的链结构指单个高分子链的结构和形态，包括________和________。前者属于化学结构，又称__________，包括高分子链中原子的种类和排列、取代基和端基的种类、结构单元的排列顺序等。后者指分子的尺寸、形态，链的柔顺性以及分子在环境中的构象，又称__________。

4. 自由基型聚合反应主要包括__________、__________和链终止等基元反应。

5. 阴离子聚合机理的特点是__________、__________、__________。

6. __________由酚醛树脂外加添加剂构成，是世界上最早实现工业化生产的塑料；产量最大的合成橡胶是__________。__________蓬松柔软、轻盈、保暖性好，性能极似羊毛，故有“人造羊毛”之称。

7. 实际应用的橡胶种类已达20余种，但基本上分为__________和__________两大类。

8. 按照功能或用途所属的学科领域，可将功能高分子分为__________、__________和__________三大类。

二、名词解释

蠕变　应力松弛　内耗　胶黏剂　物理功能高分子　热塑性塑料

三、简答题

1. 举例说明塑料的分类。
2. 简述橡胶的组成并举例说明其应用。
3. 简述纤维的种类及其应用。
4. 简述离子交换树脂的功能。
5. 简述连锁聚合和逐步聚合的特点。

第9章 复合材料

知识要点	掌握程度	相关知识
复合材料的概述	了解复合材料的定义、命名方法； 掌握复合材料的分类方法及特点	复合材料、增强相、基体
复合材料的基体	掌握金属基体、无机非金属基体、聚合物基体材料的类型、特征及作用； 了解3种基体材料的应用	结构复合材料基体、功能复合材料基体、陶瓷基复合材料、碳/碳复合材料、热固性聚合物、热塑性聚合物
复合材料的增强相	掌握纤维增强体、晶须增强体、颗粒增强体的类型、特征及作用； 了解3种增强体的应用	聚芳酰胺纤维、聚乙烯纤维、玻璃纤维、碳纤维、碳化硅纤维、晶须
复合材料的制备	掌握聚合物基复合材料的制备方法及特点； 了解金属基复合材料、陶瓷基复合材料的制备方法及特点	手糊成形工艺、连续缠绕工艺、泥浆浇注法、热压烧结法、浸渍法、模压成形工艺
复合材料的主要性能与应用	掌握聚合物基复合材料、金属基复合材料、陶瓷基复合材料的性能及特性； 了解复合材料的应用现状、存在问题及发展趋势	聚合物基复合材料、金属基复合材料、陶瓷基复合材料、界面化学结合

导入案例

硅、锗、砷化镓等块状单晶材料在制造器件前要加工成一定厚度的薄片，有50%的材料在切、磨、抛等加工过程中损失，浪费很大。随着半导体薄膜制备技术的提高，20世纪80年代研制成功了在绝缘层上形成半导体(如硅)单晶层，组成复合薄膜材料的技术。

这一新技术的实现，使材料器件的研制一气呵成，不但大大节省了单晶材料，更重要的是使半导体集成电路达到了高速化、高密度化，也提高了可靠性，同时为微电子工业中三维集成电路的设想提供了实施的可能性。这类半导体薄膜复合材料，特别是硅薄膜复合材料已开始用于低功耗、低噪声的大规模集成电路中，以减小误差，提高电路的抗辐射能力。在三维电路研制中，则着眼于把传感器、移位寄存器、存储器等在空间叠加起来，以便完成更复杂的功能。图9-1为弱光型非晶硅薄膜复合材料太阳能电池。

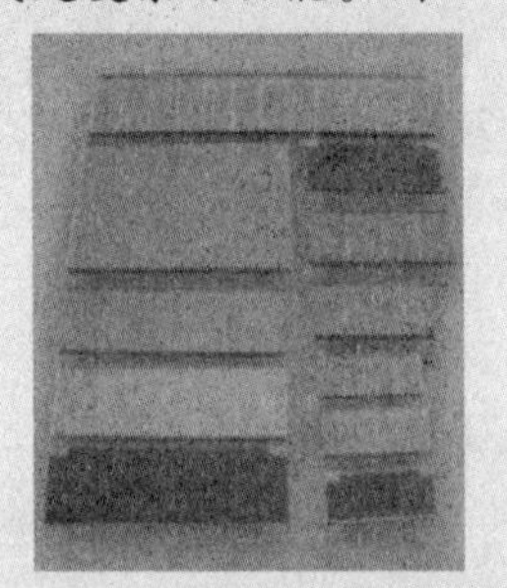

图9-1　弱光型非晶硅薄膜复合材料太阳能电池

直接键合法是近年来制备半导体薄膜复合材料技术的重大突破。把两种半导体材料的表面进行严格的清洁处理，然后把两清洁表面对粘，加一定的压力和电场，在特定的温度下处理数十小时，即形成一片合乎器件要求的半导体复合材料。东南大学微电子中心承担了江苏省科委的“八五”静电直接键合半导体复合材料制备技术，并有一定的批量生产，这对今后新器件的研制有一定的促进作用。

9.1　复合材料概述

1. 复合材料的定义

复合材料(composite materials)是由两种或两种以上不同性能、形态的组分通过复合工艺而形成的多相材料。复合材料能够在保持各组分特性的基础上，得到组分间协同作用所产生的综合性能，可以通过材料设计使各组分的性能互相补充并彼此关联，从而获得新的优越性能。复合材料技术的出现是近代材料科学的伟大成就，也是材料设计技术的重大突破。

在复合材料中，连续的一相称为**基体相**；分散的、被基体相包容的一相称为**分散相**或**增强相**；增强相与基体相之间的界面称为**界面相**，复合材料的各个相在界面附近可以物理地分开。即复合材料是由基体相、增强相和界面相组成的多相材料，其结构如图9-2所示。

2. 复合材料的分类

按不同的标准和要求，复合材料通常有以下几种分类法。

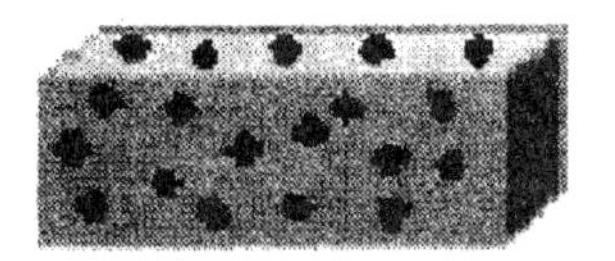

(a) 颗粒增强复合材料

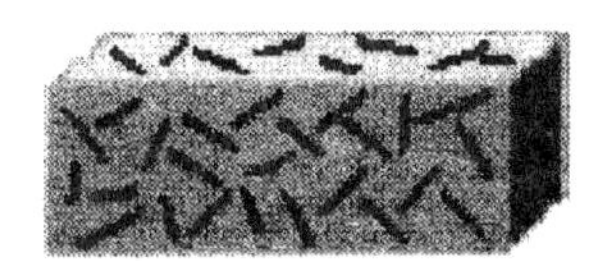

(b) 短纤维增强复合材料

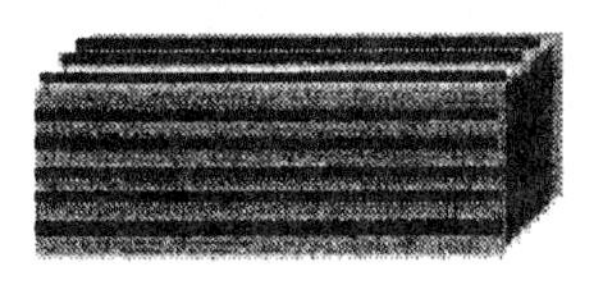

(c) 长纤维增强复合材料

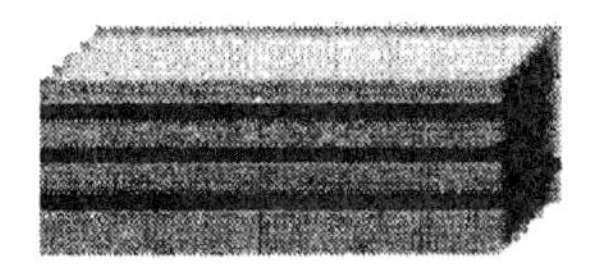

(d) 层状复合材料

图9-2 复合材料的结构示意图

(1) 按使用性能分类：结构复合材料、功能复合材料等。

(2) 按基体材料类型分类：聚合物基复合材料、金属基复合材料、无机非金属基复合材料等。

(3) 按增强相形态分类：①纤维增强复合材料，又分连续纤维增强复合材料和非连续纤维增强复合材料；②颗粒增强复合材料；③板状增强体、编织复合材料。

(4) 按增强纤维类型分类：碳纤维复合材料、玻璃纤维复合材料、有机纤维复合材料、陶瓷纤维复合材料、金属纤维复合材料。

(5) 按用途分类：航空材料、耐烧蚀材料、电工材料、建筑材料、包装材料等。

(6) 按物理性质分类：绝缘材料、磁性材料、透光材料、半导体材料、导电材料、耐高温材料。

此外还有专指某些范围的名称，如通用复合材料、现代复合材料等。

通用复合材料指普通玻璃纤维、合成或天然纤维增强树脂复合材料，大多用于要求不高而用量较大的场合。现代复合材料比通用复合材料有更高的性能，包括聚合物基复合材料、金属基复合材料、陶瓷基复合材料、玻璃基复合材料、碳基复合材料，以及具有其他性能的结构复合材料和功能复合材料。结构复合材料大多用于承力结构材料，由承受载荷的增强体及联结增强体、传递力作用的基体构成。

3. 复合材料的命名

复合材料的命名以“相”为基础，方法是将增强相或分散相放在前，基体相放在后，再缀以“复合材料”。如由碳纤维和环氧树脂构成的复合材料称为“碳纤维环氧树脂复合材料”，为书写方便，也可仅写增强相和基体相的缩写名称，材料中间画一个半字线（或斜线)隔开，再加“复合材料”。如由碳纤维和环氧树脂构成的复合材料可写作“碳纤维-环氧复合材料”，简写成“碳-环氧”；硼纤维与铝构成的复合材料称为“硼纤维铝复合材料”，简写为“硼-铝”。

有时为突出增强相和基体相，根据强调的组分不同，可简称为“金属基复合材料”或“环氧树脂基复合材料”。碳纤维与金属基体构成的复合材料称为“金属基复合材料”，也写作“碳/金属复合材料”。碳纤维和碳构成的复合材料称为“碳/碳复合材料”。近些年来，出现了以陶瓷材料为基体，以颗粒、晶须和纤维为分散相的复合材料，由于陶瓷具有较好的力学性能，将第二相材料加入陶瓷基体，可以增加韧性，但对陶瓷基复合材料通常仍称为“××增强陶瓷基复合材料”。

【教你制作玻璃钢船】

4. 复合材料的特点

(1) 可设计性。复合材料性能的可设计性是材料科学进展的一大成果，由于复合材料的力、热、声、光、电、防腐、抗老化等物理、化学性能，可按制件的使用要求和环境条件要求，通过组分材料的选择、匹配以及界面控制等材料设计手段来进行设计，可最大限度地达到预期目的，以满足工程设备的使用性能要求。

(2) 材料结构的同一性。与传统材料不同，复合材料的构件与材料是同时形成的，由组成复合材料的组分材料在复合成材料的同时就形成了构件，一般不需再加工。因此复合材料结构的整体性好，同时大幅度减少了零部件、连接件的数量，缩短了加工周期，降低了成本，提高了构件的可靠性。

(3) 复合优越性。复合材料是由各组分材料经过复合工艺形成的，但不是几种材料的简单混合，而是按复合效应形成了新的性能，这种复合效应是复合材料独有的。

(4) 性能分散性。复合材料组分在制备过程中存在物理和化学变化，过程非常复杂，因此构件的性能对工艺方法、工艺参数、工艺过程等依赖性较大，同时由于在成形过程中很难准确地控制工艺参数，所以一般来说复合材料构件的性能分散性比较大。

9.2 复合材料的基体

复合材料的原材料包括基体材料和增强材料，其中基体材料主要包括**金属材料**、**无机非金属材料**和**聚合物材料**，在复合材料中经常以连续相形式出现。

9.2.1 金属基体材料

金属基复合材料中的金属基体起着固结增强相、传递和承受载荷的作用。基体在复合材料中占有很大的体积分数，在连续纤维增强金属基复合材料中基体占50%～70%；颗粒增强金属基复合材料中基体含量可在25%～90%范围内变化，多数颗粒增强金属基复合材料的基体占80%～90%；晶须、短纤维增强金属基复合材料中基体含量在70%以上。金属基体的选择对复合材料的性能起决定性作用，金属基体的密度、强度、塑性、导热性等均将影响复合材料的比强度、比刚度、耐高温、导热、导电等性能。因此在设计和制备复合材料时，需充分了解和考虑金属基体的化学、物理特性及与增强物的相容性等。

1. 选择基体的原则

可以作为金属基复合材料基体的**金属材料**、**合金材料**非常多，比较常见的包括铝及铝合金、镁合金、铁合金、镍合金等。在选择基体时需作多方面考虑。

(1) 金属基复合材料的使用要求。这是选择金属基体材料最重要的依据，不同应用领域和工况条件对复合材料构件的性能要求有很大的差异。在航天、航空技术中高比强度、比模量、尺寸稳定性是最重要的性能要求，作为飞行器和卫星构件宜选用密度小的轻金属合金-镁合金和铝合金作为基体，与高强度、高模量的石墨纤维、硼纤维等组成石墨/镁、石墨/铝、硼/铝复合材料，用于航天飞行器、卫星的结构件。

工业集成电路需要高导热、低膨胀的金属基复合材料作为散热元件和基板。选用具有高热导率的银、铜、铝等金属为基体，与高导热、低热膨胀的超高模量石墨纤维、金刚石纤维、碳化硅颗粒复合成的金属基复合材料，可成为高集成电子器件的关键材料。

(2) 金属基复合材料的组成特点。增强相的性质和增强机理也将影响基体材料的选择，对于连续纤维增强金属基复合材料，纤维是主要的承载物体，纤维本身具有很高的强度和模量，如高强度碳纤维最高强度已达到 7 000MPa，超高模量石墨纤维的弹性模量已高达 900GPa，而金属基体的强度和模量远远低于纤维的性能。

在连续纤维增强金属基复合材料中，基体的主要作用是充分发挥增强纤维的性能，基体应与纤维有良好的相容性和塑性，并不要求基体有很高的强度，如碳纤维增强铝基复合材料中纯铝为基体比高强度铝合金要好得多。对于非连续增强（颗粒、晶须、短纤维）金属基复合材料，基体是主要承载物，基体的强度对复合材料具有决定性的影响。因此要获得高性能的金属基复合材料必须选用高强度的铝合金为基体，这与连续纤维增强金属基复合材料基体的选择完全不同。总之，针对不同的增强体系，要充分分析、考虑增强相的特点，正确选择基体合金。

(3) 基体金属与增强相的相容性。由于金属基复合材料需要在高温下成形，故制备过程中，纤维与金属之间很容易发生化学反应，在界面形成反应层。该反应层大多是脆性的，当其达到一定厚度后，材料受力时将会产生裂纹，并向周围纤维扩展，容易引起纤维断裂，导致复合材料整体破坏。同时由于基体金属中常含有不同类型的合金元素，这些合金元素与增强相的反应程度不同，反应产物也不同，需在选用基体合金成分时尽可能选择既有利于金属与增强相浸润复合，又有利于形成稳定界面的合金元素。如制造碳纤维增强铝基复合材料时，在纯铝中加入少量的钛、锆等元素，明显改善了复合材料的界面结构和性质，大大提高了复合材料的性能。

铁、镍是促进碳石墨化的元素，用其作基体，碳（石墨）纤维作为增强相是不可取的。因为铁、镍元素在高温时能有效地促使碳纤维石墨化，破坏了碳纤维的结构，使其丧失了原有的强度，做成的复合材料不可能具备高的性能。因此，在选择基体时应充分注意基体与增强物的相容性（特别是化学相容性），并尽可能在复合材料成形过程中，抑制不利的界面反应。例如，对增强纤维进行表面处理、在金属基体中添加其他成分、缩短材料在高温下的停留时间等。

2. 结构复合材料的基体

结构复合材料的基体大致可分为轻金属基体和耐热合金基体两大类。用于各种航天、航空、汽车、先进武器等结构件的复合材料一般均要求有较高的比强度、比刚度和结构效率，因此大多选用铝及铝合金、镁及镁合金作为基体金属。目前较成熟的金属基复合材料主要是铝基、镁基复合材料，用它们制成各种高比强度、高比模量的轻型结构件，广泛用于航天、航空、汽车等领域。

在发动机特别是燃气轮机中需要的耐热结构材料，要求复合材料零件的使用温度在 650～1 200℃，同时要求复合材料具有良好的抗氧化、抗蠕变、耐疲劳和高温力学性质。铝、镁复合材料一般只能在 450℃高温下连续工作；钛合金基体复合材料的工作温度为 650℃左右；镍、钴基复合材料可在 1 200℃使用。新型的金属间化合物有望作为耐热结构复合材料的基体。

3. 功能复合材料的基体

电子、能源、汽车等工业领域要求材料和器件具有高力学性能、高导热、低热膨胀等优良的综合性能。单靠金属与合金难以满足要求，需采用先进制造技术、优化设计，以金属与增强相制备复合材料来满足需求。例如，电子领域的集成电路，由于电子器件的集成度越来越高，器件工作发热严重，需用热膨胀系数小、导热性好的材料做基板和封装零件，以避免产生热应力，提高器件的可靠性。

由于工况条件不同，所用的材料体系和基体合金也不同。目前，功能金属基复合材料主要用于微电子技术的电子封装、高导热和耐电弧烧蚀的集电及触头材料、耐高温摩擦的耐磨材料等。主要的金属基体是纯铝及铝合金、纯铜及铜合金等金属。用于电子封装的金属基复合材料有高碳化硅颗粒增强的铝基、铜基复合材料，高模、超高模石墨纤维增强铝基、铜基复合材料，金刚石颗粒增强铝基、铜基复合材料等。用于集电和电触头的金属基复合材料有碳纤维、金属丝、陶瓷颗粒增强铝、铜、银及合金等。

功能复合材料所采用的金属基体均具有良好的导热、导电和力学性能，但有热膨胀系数大、耐电弧烧蚀性差等缺点。通过在基体中加入合适的增强相可以得到优异的综合物理性能。如在纯铝中加入导热性好、弹性模量大、热膨胀系数小的石墨纤维、碳化硅颗粒，可使这类复合材料具有很高的热导率(与纯铝、铜相比)和很小的热膨胀系数，满足集成电路封装散热的需要。

9.2.2 无机非金属基体材料

1. 陶瓷基复合材料

陶瓷是金属和非金属元素形成的固体化合物，含有共价键或离子键，不含电子。一般而言，陶瓷具有比金属更高的熔点和硬度，化学性质非常稳定，通常是绝缘体。虽然陶瓷的许多性能优于金属，但也存在致命的弱点，即脆性大、韧性差，很容易因存在裂纹、空隙、杂质等细微缺陷而破碎，引起不可预测的灾难性后果，因而大大限制了陶瓷的应用。

近年的研究表明，在陶瓷基体中添加其他成分，如陶瓷粒子、纤维或晶须，可提高陶瓷的韧性。粒子的增强效果不显著；碳化物晶须强度高，与传统陶瓷材料复合，综合性能得到很大的改善。用作基体材料使用的陶瓷应具有优异的耐高温性质、与纤维或晶须有良好的界面相容性以及较好的工艺性能等。常用的陶瓷基体主要包括玻璃、氧化物陶瓷、非氧化物陶瓷等。

作为基体材料的氧化物陶瓷主要有 Al_2O_3、MgO、SiO_2、莫来石等，其主要为单相多晶结构。氧化物陶瓷的强度随环境温度升高而降低，但在 1 000℃ 以下降低较小。由于 Al_2O_3 和 ZrO_2 的抗热振性较差，SiO_2 在高温下容易发生蠕变和相变，所以这类陶瓷基复合材料应避免在高应力、高温环境下使用。

非氧化物陶瓷是指不含氧的氮化物、碳化物、硼化物和硅化物。它们的特点是耐火性、耐磨性好，硬度高，但脆性大。碳化物和硼化物的抗热氧化温度为 900～1 000℃，氮化物略低些，硅化物的表面能形成氧化硅膜，所以抗热氧化温度达 1 300～1 700℃。氮化硼具有类似石墨的六方结构，在高温、高压下可转变成立方结构的 β-氮化硼，耐热温度高达 2 000℃，硬度极高，可作为金刚石的代用品。

2. 碳/碳复合材料

【碳/碳复合材料】

碳/碳复合材料是由碳纤维增强体与碳基体组成的复合材料，简称碳/碳(C/C)复合材料。这种复合材料主要是以碳(石墨)纤维毡、布或三维编织物与树脂、沥青等可碳化物质复合，经反复多次碳化与石墨化处理制得；或者采用化学气相沉积法将碳沉积在碳纤维上，再经致密化和石墨化处理得到。根据用途不同，碳/碳复合材料可分为烧蚀型、热结构型和多功能型。

碳/碳复合材料具有低密度（小于 2.0g/cm^3）、高比强度、高比模量、高导热性、低膨胀系数，以及抗热冲击性能好、尺寸稳定性高等优点，是目前在1 650℃以上应用的唯一备选材料，最高理论温度达2 600℃，被认为是最有发展前途的高温材料。在航空航天领域作为高温热结构材料、烧蚀型防热材料及耐磨损材料等得到应用。美国第四代战斗机 F22(图 9－3)采用了约 24%的碳纤维复合材料，从而使该战斗机具有超音速巡航、超视距作战、高机动性和隐身等特性。

图 9－3　美国 F22 战斗机

碳/碳复合材料用于航天飞机的鼻锥帽和机翼前缘，可抵御起飞载荷和再次进入大气层的高温作用。碳/碳复合材料已成功用于飞机刹车盘，这种刹车盘密度低、耐高温、寿命长，且具有良好的耐摩擦性能。碳/碳复合材料也是发展新一代航空发动机热端部件的关键材料。

9.2.3 聚合物基体材料

1. 基体材料的种类

聚合物基复合材料应用广泛，大体上包括**热固性聚合物**与**热塑性聚合物**两类。

热固性聚合物常为分子量较小的液态或固态预聚体，经加热或加固化剂发生交联反应，形成不溶、不熔的三维网状高分子，主要包括环氧、酚醛、聚酰亚胺树脂等。各种热固性树脂的固化反应机理不同，采用的固化条件也有很大的差异。一般的固化条件有室温固化、中温固化（120℃左右）和高温固化（170℃以上）。这类高分子通常为无定形结构，具有耐热性好、刚度大、尺寸稳定性好等优点。

热塑性聚合物指具有线形或支链型结构的一类有机高分子化合物，可反复加工而不发生化学变化，包括各种通用塑料（聚丙烯、聚氯乙烯等）、工程塑料（尼龙、聚碳酸酯等）和特种耐高温聚合物（聚酰胺、聚醚砜等）。这类高分子分无定形和结晶两类，通常结晶度为 20%～85%，具有质轻、比强度高、电绝缘、化学稳定性和耐磨润滑性好等优点。

(1) 热固性聚合物

① 不饱和聚酯树脂。不饱和聚酯树脂为线形结构，主链上具有重复酯键及不饱和双键的一类聚合物。其种类很多，按化学结构分类可分为顺酐型、丙烯酸型和丙烯酸环氧酯型聚酯树脂，其中，顺酐型最为经典，一般由马来酸酐、丙二醇、苯酐聚合而成。除此之外，还有许多通过植物干性油、烯丙醇等单体改性或聚合得到的不饱和聚酯树脂。不饱和聚酯树脂是工业化较早的热固性树脂，是制造玻璃纤维复合材料的重要树脂，在国外，不

饱和聚酯树脂占玻璃纤维复合材料用树脂总量的80%以上。

② 环氧树脂。环氧树脂是聚合物基复合材料中最为重要的基体材料。以双酚A与环氧氯丙烷缩合而得的双酚A环氧为主，其分子量可以从几百至数千，常温下为黏稠液状或脆性固体。此外还有双酚F环氧树脂、酚醛环氧树脂、有机硅环氧树脂等。环氧树脂具有许多突出特点，如良好的压缩性，耐水、耐化学介质和耐烧蚀性能，热变形温度较高，广泛用于制备玻璃纤维、碳纤维复合材料等。不足之处是，其固化后断裂伸长率低、脆性大。

③ 酚醛树脂。酚醛树脂是酚醛缩合物，是最早实现工业化生产的树脂。其使用范围多作为胶黏剂、涂料及布、纸、玻璃布的层压复合材料等。它的优点是含碳量高、价格比环氧树脂便宜，因此用来制造耐烧蚀材料，如宇宙飞行器载入大气的防护制件，以及碳/碳复合材料中碳基体的原料等。缺点是吸附性不好、收缩率高、成形压力高、制品空隙含量高，因此较少用酚醛树脂来制造碳纤维复合材料。近年来新研制的酚改性二甲苯甲醛树脂，已被用来制造耐高温的玻璃纤维复合材料。通常酚醛树脂随酚类、醛类配比用量和使用催化剂的不同，分为热固性和热塑性两大类。在国内作为基体用的多为热固性树脂。

(2) 热塑性聚合物

热塑性聚合物基复合材料与热固性聚合物基复合材料相比，在力学性能、使用温度、老化性能方面处于劣势，但具有加工工艺简单、周期短、成本低、密度小等优势。当前汽车工业的发展为热塑性聚合物基复合材料的研究和应用开辟了广阔的天地。连续纤维、纤维编织物和短切纤维可作为热塑性聚合物基复合材料的增强体，一般纤维含量可达20%～50%。热塑性聚合物与纤维复合可以提高机械强度和弹性模量，改善蠕变性能，增加尺寸稳定性等。下面具体介绍几种热塑性聚合物。

① 聚酰胺。聚酰胺是一类具有许多重复酰胺基的线形聚合物的总称，通常称为尼龙。目前尼龙的品种很多，如尼龙66、尼龙6、尼龙10、尼龙1010等。此外，还包括芳香族聚酰胺等。

聚酰胺分子链中可以形成具有相当强作用力的氢键，氢键使聚合物分子间的作用力增大，易于结晶，且有较高的机械强度和熔点。在聚酰胺分子结构中，次甲基（$-CH_2-$）的存在使分子链比较柔顺，有较高的韧性。随聚酰胺结构中碳链的增长，其机械强度下降，但柔性、疏水性增加，低温性能、加工性能和尺寸稳定性也有所改善。聚酰胺对大多数化学试剂是稳定的，特别是耐油性好，仅能溶于强极性溶剂，如苯酚、甲醛及间苯二胺等。

② 聚碳酸酯。聚碳酸酯分子主链上有苯环，限制了大分子的内旋转，减小了分子的柔顺性。碳酸酯基团是极性基团，增加了分子间的作用力，使空间位阻加强，也增大了分子的刚性。由于聚碳酸酯的主链僵硬，熔点高达225～250℃，碳链的刚性使其在受力下形变减少、尺寸稳定，同时又阻碍大分子取向与结晶，且在外力强迫取向后不易松弛。所以在聚碳酸酯制件中常常存在残余应力而难于自行消除，故其制件需进行退火处理，以改善机械性能。

聚碳酸酯可与连续碳纤维或短切碳纤维制造复合材料，也可以用碳纤维编织物与聚碳酸酯薄膜制造层压材料。例如，用聚碳酸酯溶液浸渍纤维毡，制造复合材料零件。用碳纤维增强聚碳酸酯与用玻璃纤维增强聚碳酸酯比较，弹性模量有明显增加，而断裂伸长率降低。

③ 聚砜。聚砜指主链结构中含有砜基链节的聚合物，其突出性能是可在 100～150℃下长期使用。聚砜结构规整，分子量为 50～10 000，主链多苯环，玻璃化温度很高，约 200℃，由于主链上硫原子处于最高氧化态，故聚砜具有抗氧化性，即使加热条件下也难以发生化学变化。二苯基砜的共轭状态使化学键比较牢固，在高温或离子辐射下，也不会发生主链和侧链断裂，在高温下使用仍能保持较高的硬度、尺寸稳定性和抗蠕变能力。聚砜分子结构中异丙基和醚键的存在，使大分子具有一定的韧性；其耐磨性好，且耐各种油类和酸类。碳纤维聚砜复合材料，对宇航和汽车工业很有意义，波音公司已将碳纤维聚砜复合材料应用于飞机结构，并取得了明显的经济效益。如在无人驾驶靶机上用聚砜石墨纤维层压板取代铝合金蒙皮，可以降低 20%的成本，减少 16%的质量。

2. 基体的作用

复合材料中基体的作用主要有 3 种：①把纤维粘在一起；②分配纤维间的载荷；③保护纤维不受环境影响。制造基体的理想材料，其原始状态应该是低黏度的液体，并能迅速变成坚固耐久的固体，足以把增强纤维粘住。

在纤维的垂直方向，基体的力学性能和纤维与基体之间的胶接强度控制着复合材料的物理性能。由于基体比纤维弱得多，所以在复合材料设计中应尽量避免基体的直接横向受载。基体及基体/纤维的相互作用能明显地影响裂纹在复合材料中的扩展。若基体的抗剪切强度、模量以及纤维/基体的胶接强度过高，则裂纹可以穿过纤维和基体扩展而不转向，从而使这种复合材料变成脆性材料，并且其破坏的试件将呈现出整齐的断面。若胶接强度过低，则其纤维将表现得像纤维束，复合材料的性能将很弱。

在高胶接强度体系与胶接强度较低的体系之间需要折中。在应力水平和方向不确定的情况下使用或在纤维排列精度较低的情况下制造的复合材料往往要求基体比较软；在明确的应力水平情况下使用和在纤维排列精度较高的情况下制造的先进复合材料，应使用高模量和高胶接强度的基体，以更充分发挥纤维的性能。

3. 基体的性能

聚合物基复合材料的综合性能与所用基体聚合物密切相关。

(1) 力学性能。作为结构复合材料，聚合物的力学性能对最终复合产物影响较大。一般复合材料用的热固性树脂固化后的力学性能不高，决定聚合物强度的主要因素是分子内及分子间的作用力，聚合物材料的破坏，主要是聚合物主链上化学键的断裂或聚合物分子链间相互作用力的破坏。

基体的一个重要作用是在纤维之间传递应力，其黏结力和模量是决定传递应力的两个最重要的因素，影响到复合材料拉伸时的破坏模式。如果基体弹性模量低，纤维受拉时将各自单独地受力，不存在叠加作用，其平均强度很低。反之，如基体在受拉时仍有足够的黏结力和弹性模量，复合材料的强度提高。实际上，在一般情况下材料表现为中等的强度，因此，如各种环氧树脂在性能上并无很大不同，对复合材料的影响也很小。

(2) 耐热性能。从聚合物的结构分析，为改善材料耐热性能，聚合物需具有刚性分子链、结晶性或交联结构。为提高耐热性，首先选用能产生交联结构的聚合物，如聚酯树脂、环氧树脂、酚醛树脂等。此外，工艺条件的选择会影响聚合物的交联密度，因而也影响耐热性。提高耐热性的第二个途径是增加高分子链的刚性，因此在高分子链中减少单键，引进共价双键、三键或环状结构，对提高聚合物的耐热性很有效果。

(3) 耐化学腐蚀性。化学结构和所含基团不同，会表现出不同的耐化学性，树脂中过多的酯基、酚羟基，将首先遭到腐蚀性试剂的进攻，这也决定了聚合物基复合材料的最终耐化学腐蚀性。常用热固性树脂的耐化学腐蚀性能见表 9－1。由表 9－1 可见，由环氧树脂形成的复合材料表现出较好的耐化学腐蚀性能。

表 9－1　常用热固性树脂的耐化学腐蚀性能

性　　能	酚醛树脂	聚酯树脂	环氧树脂	有机硅树脂
吸水率(24h)/%	0.12～0.36	0.15～0.60	0.10～0.14	少
弱酸影响	轻微	轻微	无	轻微
强酸影响	被侵蚀	被侵蚀	被侵蚀	被侵蚀
弱碱影响	轻微	轻微	无	轻微
强碱影响	分解	分解	轻微	被侵蚀
有机溶剂影响	部分侵蚀	部分侵蚀	耐侵蚀	部分侵蚀

(4) 聚合物的介电性能。聚合物作为一种有机材料，具有良好的电绝缘性能。一般树脂大分子的极性越大，则介电常数越大，击穿电压越小，材料的介电性能就越差。常用热固性树脂的介电性能见表 9－2。

表 9－2　常用热固性树脂的介电性能

性　　能	酚醛树脂	聚酯树脂	环氧树脂	有机硅树脂
密度/$(g\cdot cm^{-3})$	1.30～1.32	1.10～1.46	1.11～1.23	1.70～1.90
体积电阻率/$(\Omega\cdot cm)$	10^{12}～10^{13}	10^{14}	10^{16}～10^{17}	10^{11}～10^{13}
介电强度/(kV·mm)	14～16	15～20	16～20	7.3
介电常数(60Hz)	6.5～7.5	3.0～4.4	3.8	4.0～5.0
功率常数(60Hz)	0.10～0.15	0.003	0.001	0.006
耐电弧性/s	100～125	125	50～180	—

9.3　复合材料的增强相

在复合材料中，能明显提高基体材料某一性能的物质，均称为**增强相**(又称增强材料、增强剂、增强体)。纤维在复合材料中起增强作用，是主要承力组分，它不仅能使材料显示出较高的抗张强度和刚度，而且能减少收缩，提高热变形温度和低温冲击强度等。复合材料的性能在很大程度上取决于纤维的性能、含量及使用状态。如聚苯乙烯塑料，加入玻璃纤维后，抗拉强度可从 600MPa 提高到 1 000MPa，弹性模量可从

3 000MPa 提高到 8 000MPa，热变形温度从 85℃提高到 105℃，－40℃下的冲击强度提高 10 倍。

复合材料常用的增强相包括 3 类，即纤维、晶须、颗粒。

9.3.1 纤维增强体

现代复合材料所采用的纤维增强体大多为合成纤维，合成纤维分为有机增强纤维与无机增强纤维两大类。有机纤维包括 Kevlar 纤维、尼龙纤维、聚乙烯纤维等；无机纤维包括玻璃纤维、碳纤维、碳化硅纤维等。

(1) 聚芳酰胺纤维。其为分子主链上含有密集芳环与芳酰胺结构的聚合物，经溶液纺丝获得的合成纤维，最有代表性的商品为 Kevlar 纤维，被杜邦公司于 1968 年发明。在我国也称芳纶，20 世纪 80 年代，国内研发成功相似的聚芳酰胺纤维：芳纶 14 与芳纶 1414。

【芳纶纤维】

芳纶纤维的化学链主要由芳环组成，芳环结构具有高刚性，使聚合物链呈伸展状态，成棒状结构，因而纤维具有高模量。芳纶纤维分子链是线形结构，使纤维能有效地利用空间而具有较高的填充能力，在单位体积内可容纳很多聚合物。这种高密度的聚合物具有较高的强度、化学稳定性、高温尺寸稳定性等。

芳纶纤维主要应用于橡胶增强、特制轮胎、三角带等，其单丝抗拉强度可达 3 773MPa，254mm 长的芳纶纤维束抗拉强度为 2 744MPa，大约为铝线的 5 倍；其冲击强度约为石墨纤维的 6 倍、硼纤维的 3 倍、玻璃纤维的 0.8 倍，有关性能比较见表 9－3。

表 9－3 芳纶纤维与其他材料性能的比较

性能	芳纶纤维	尼龙纤维	聚酯纤维	石墨纤维	玻璃纤维	不锈钢丝
抗拉强度/($kgf \cdot cm^{-2}$)	28 152	10 098	11 424	28 152	24 528	17 544
弹性模量/($kgf \cdot cm^{-2}$)	1 265 400	56 240	140 760	2 250 000	704 000	2 040 000
断裂伸长率/%	2.5	18.3	14.5	1.25	3.5	2.0
密度/($g \cdot cm^{-3}$)	1.44	1.14	1.38	1.75	2.55	7.83

注：$1kgf \cdot cm^{-2}$＝98.066 5kPa。

(2) 聚乙烯纤维。聚乙烯纤维是目前国际上最新的超轻纤维，具有高比强度、高比模量、耐冲击、耐磨等优异性能，如图 9－4 所示。美国联合信号公司生产的 Spectra 高强度聚乙烯纤维，其纤维强度超过杜邦公司的 Kevlar 纤维。作为高强度纤维使用的聚乙烯材料，其分子量都在百万单位以上，纤维的抗拉强度为 3.5GPa，弹性模量为 116GPa，延伸率为 3.4%，密度为 $0.97g \cdot cm^{-3}$。其不足之处是熔点较低(约 135℃)和高温容易蠕变，因此仅能在 100℃以下使用，聚乙烯纤维的性能比较见表 9－4。聚乙烯纤维主要用于缆绳材料、高技术军用材料，如制作武器装甲、防弹背心、航天及航空部件等。

【高强高模聚乙烯纤维】

表 9-4　聚乙烯纤维性能比较

纤维	直径	密度 /($g \cdot cm^{-3}$)	抗拉强度/GPa	拉伸模量 /GPa	比强度 /($GPa \cdot g^{-1} \cdot cm^3$)	比模量 /($GPa \cdot g^{-1} \cdot cm^3$)
Spectra 900	38	0.97	2.6	117	2.7	120
Spectra 1000	27	0.97	3.0	172	3.1	177
芳纶	12	1.44	2.8	131	2.0	91
S玻璃纤维	7	2.49	4.6	90	1.8	36

(3) 玻璃纤维。玻璃纤维由含有多种金属氧化物的硅酸盐类，在熔融态以极快的速度拉丝而成，如图 9-5 所示。玻璃纤维成分的关键指标是含碱量，即钾、钠氧化物含量。根据含碱量，玻璃纤维可以分为有碱玻璃纤维（碱性氧化物含量大于12%，也称A玻璃纤维）、中碱玻璃纤维（碱性氧化物含量6%～12%）、低碱玻璃纤维（碱性氧化物含量2%～6%）、无碱玻璃纤维（碱性氧化物含量小于2%，也称E玻璃纤维）。通常，含碱量高的玻璃纤维熔融性好、易抽丝、产品成本低。

【玻纤制造工艺及应用】

图 9-4　聚乙烯纤维

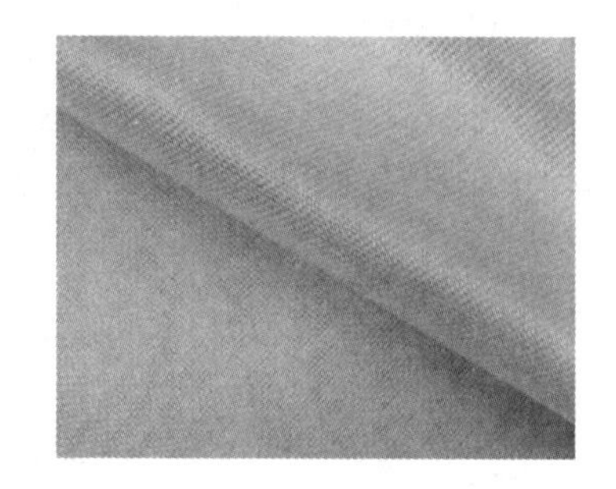

图 9-5　玻璃纤维

按用途分类，玻璃纤维又可分为高强度玻璃纤维（S玻璃纤维，强度高，用于结构材料）、低介电玻璃纤维（D玻璃纤维，电绝缘性和透波性好，适用于雷达装置的增强材料）、耐化学腐蚀玻璃纤维（C玻璃纤维，耐酸性优良，适用于耐酸件和蓄电池套管等）、耐电腐蚀玻璃纤维及耐碱腐蚀玻璃纤维（AR玻璃纤维）。玻璃纤维的结构与普通玻璃材料没有不同，都是非晶态的玻璃体硅酸盐结构。玻璃纤维的伸长率和热膨胀系数较小，除氢氟酸和热浓强碱外，能够耐受许多介质的腐蚀。玻璃纤维不燃烧，耐高温性能较好，C玻璃纤维软化点为688℃，S玻璃纤维与E玻璃纤维耐受温度更高，适于高温使用。玻璃纤维的缺点是不耐磨、易折断、易受机械损伤，长期放置强度下降。玻璃纤维成本低、品种多、适于编织，作为常用增强材料，广泛用于航天、航空、建筑和日用品加工等。

【拉挤制备技术】

(4) 碳纤维。碳纤维(Cf)是由有机纤维经高温固相反应转变而成的纤维状聚合物碳，是一种非金属材料。它不属于有机纤维的范畴，但从制法上看，它又不同于普通无机纤维。碳纤维性能优异，不仅质量小、比强度大、模量高，而且耐热性高、化学稳定性好。以碳纤维为增强剂的复合材料具有比钢强、比铝轻的特性，是目前受重视的高性能材料之一，在航空、航天、军事、工业、体育器材等许多方面有着广泛的用途。图 9-6 所示为一辆超越现代理念的碳纤维电动自行车，车身由质量超轻的碳纤维制成，电力装置隐藏在车身内部，使用高导电性碳纤维取代电线作为传导，为车灯和在每个车轮的两个轮毂之间的电动机提供能量。

【制作碳纤维汽车引擎盖】

目前国内外商品化的碳纤维种类很多，基本分类如下：①根据碳纤维的性能分类，包括高性能碳纤维、低性能碳纤维；②根据原丝类型分类，主要包括聚丙烯腈基碳纤维、黏胶基碳纤维、沥青基碳纤维、木质素纤维基碳纤维和其他有机纤维基碳纤维；③根据碳纤维功能分类，可分为受力结构用碳纤维、耐焰碳纤维、活性碳纤维、导电用碳纤维、润滑用碳纤维、耐磨用碳纤维。

【复合材料为汽车减重】

(5) 碳化硅纤维。其具有良好的耐高温性能，高强度、高模量且化学稳定性好，主要用于增强金属和陶瓷，制成耐高温的金属或陶瓷基复合材料。碳化硅纤维的制造方法主要有化学气相沉积法和烧结法。

碳化硅纤维具有优良的耐热性能，在 1 000℃以下，其力学性能基本保持不变，可长期使用，但温度不宜超过 1 300℃，是耐高温的优良材料。耐化学性能良好，在 80℃下耐强酸、耐碱性也良好。1 000℃以下不与金属反应，而且具有很好的浸润性，有利于和金属复合，主要用来增强铝基、钛基及金属间化合物基复合材料。碳化硅纤维具有耐高温、耐腐蚀、耐辐射的三耐性能，是一种理想的耐热材料。用碳化硅纤维编织成的双向和三向织物，已用于高温作业的传送带、过滤材料，如汽车的废气过滤器等。碳化硅复合材料已应用于喷气发动机涡轮叶片、飞机螺旋桨等受力部件。在军事上，其用作大口径步枪金属基复合枪筒套管、坦克履带、火箭推进剂传送系统等。

图 9-6 碳纤维电动自行车

9.3.2 晶须增强体

晶须 (wisker)指具有一定长径比(一般大于 10)、断面面积小于 $52\times10^{-5}\text{cm}^2$ 的单晶纤维材料，晶须的直径为 0.1μm 至数微米，长径比为 5～1 000。晶须是含有较少缺陷的单晶短纤维，其抗拉强度接近其纯晶体的理论强度。自 1948 年贝尔公司首次发现以来，迄今已开发出 100 多种晶须，但进入工业化生产的不多，如 SiC、Si_3N_4、TiN、Al_2O_3 等少数晶须。晶须可分为金属晶须 (Ni、Fe、Cu 等)、氧化物晶须 (MgO、ZnO 等)、陶瓷晶须 (SiC、TiC、WC 等)、氮化物晶须 (Si_3N_4、TiN、AlN 等)、硼化物晶须(TiB_2、ZrB_2 等)和无机盐类晶须 ($K_2Ti_6O_{13}$、$Al_{18}B_4O_{33}$)。晶须的制备方法有化学气相沉积法 (CVD)、溶胶-凝胶法 (sol-gel)、气液固相法 (VLS)、液相生长法等。

晶须是目前已知纤维中强度最高的，其机械强度几乎等于相邻原子间的作用力。晶须具有高强度的原因，主要是其直径非常小，容纳不下使晶体削弱的空隙、位错和不完整等缺陷。晶须材料的内部结构完整，使其强度不受表面完整性的限制。晶须分为陶瓷晶须和金属晶须两类，用作增强材料的主要是陶瓷晶须。晶须兼有玻璃纤维和硼纤维的优良性能，具有玻璃纤维的延伸率(3%～4%)和硼纤维的弹性模量 [$(4.2\sim7.0)\times10^6$MPa]，氧化铝晶须在 2 070℃高温下，仍能保持 7 000MPa 的抗拉强度。晶须没有显著的疲劳效应，切断、磨粉或其他的施工操作，都不会降低其强度。晶须在复合材料中的增强效果与其品种、用量关系极大。另外，晶须材料在复合使用过程中，一般需经过表面处理，以改善其与基体的相互作用性能。

晶须复合材料由于价格昂贵，目前主要用在空间和尖端技术上，在民用方面主要用于合成牙齿、骨骼及直升机的旋翼和高强离心机等。晶须材料除增强复合材料力学性能外，还可以增强复合材料的其他性能，如四针状氧化锌晶须材料可以较低的填充体积，赋予复合材料优异的抗静电性能。

9.3.3 颗粒增强体

用以改善基体材料性能的颗粒状材料，称为颗粒增强体（particle reinforcement），一般指具有高强度、高模量、耐热、耐磨、耐高温的陶瓷、石墨等无机非金属颗粒，如 SiC、Al_2O_3、Si_3N_4 等。颗粒粒径通常较小，一般低于 10μm，掺混到金属、陶瓷基体中，可提高复合材料耐磨性、耐热性、强度、模量和韧性等综合性能。在铝合金基体中加入体积分数为 30%、粒径 0.3μm 的 Al_2O_3 颗粒，所得金属基复合材料在 300℃高温下的抗拉强度仍可保持在 220MPa，所掺混的颗粒越细，复合材料的硬度和强度越高。

另有一类非刚性的颗粒增强体具有延展性，主要为金属颗粒，加入陶瓷基体和玻璃陶瓷基体中能改善材料的韧性，如将金属铝粉加入氧化铝陶瓷中，将金属钴粉加入碳化钨陶瓷中等。常见颗粒增强体见表 9-5。

表 9-5 常见颗粒增强体及其性能

名 称	密度/($g\cdot cm^{-3}$)	熔点/℃	膨胀系数/($10^{-6}K^{-1}$)	热导/($kcal\cdot cm^{-1}\cdot K^{-1}$)	硬度/MPa	抗弯强度/MPa	弹性模量/GPa
SiC	3.21	2 700	4.0	0.18	27 000	400～500	—
B_4C	2.52	2 450	5.13	—	27 000	300～500	360～460
TiC	4.92	3 300	7.4	—	26 000	500	—
Al_2O_3	—	2 050	9.0	—	—	—	—
Si_3N_4	3.2～3.35	2 100(分解)	2.5～3.2	0.03～0.07	HRA 89～93	900	330
莫来石	3.17	1 850	4.2	—	3 250	～1 200	—

9.4 复合材料的制备

复合材料的种类繁多，不同材料的性能迥异，其制造加工工艺也完全不同。下面对不同基体的复合材料的常用制备方法作简单的介绍。

9.4.1 聚合物基复合材料

聚合物基复合材料在其原料纤维与树脂体系确定后就可以进行成形固化工艺。成形就是将预浸料根据产品的要求，铺置成一定的形状。固化是使已铺置成一定形状的叠层预浸料在温度、时间和压力等因素影响下固定下来，并能达到预计的性能要求。从 20 世纪 40 年代聚合物基复合材料及其制件成形方法的研究与应用开始，随着聚合物基复合材料工业的迅速发展和日渐完善，新的高效生产方法不断出现，下面介绍比较重要的几种工艺方法。

1. 手糊成形工艺

手糊成形是聚合物基复合材料制造中最早采用和最简单的方法。其工艺过程是先在模具上涂刷混合有固化剂的树脂混合物，再在其上铺贴一层按要求剪裁好的纤维织物，用刷子、压辊或刮刀压挤织物，使其均匀浸胶并排除气泡后，再涂刷树脂混合物和铺贴第二层纤维织物，反复上述过程直至达到所需厚度为止，然后在一定压力作用下加热固化成形(热压成形)，或者利用树脂体系固化时放出的热量固化成形(冷压成形)，最后脱模得到复合材料制品。其工艺流程如图 9－7 所示。

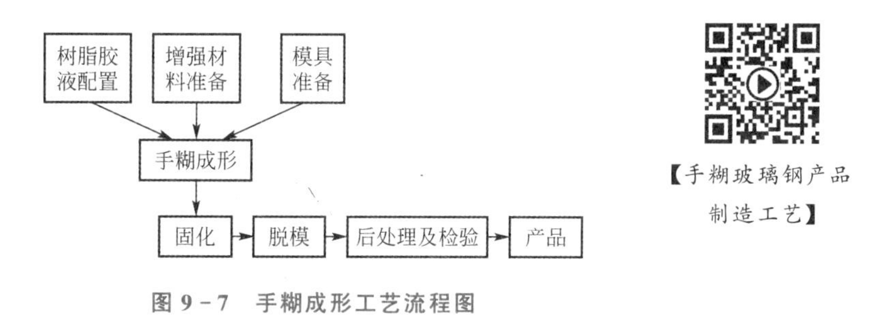

图 9－7 手糊成形工艺流程图

2. 连续缠绕工艺

将浸过树脂胶液的连续纤维或布带，按照一定规律缠绕到芯模上，然后固化脱模成为增强塑料制品的工艺过程，称为连续缠绕工艺。连续缠绕工艺流程图如图 9－8 所示。

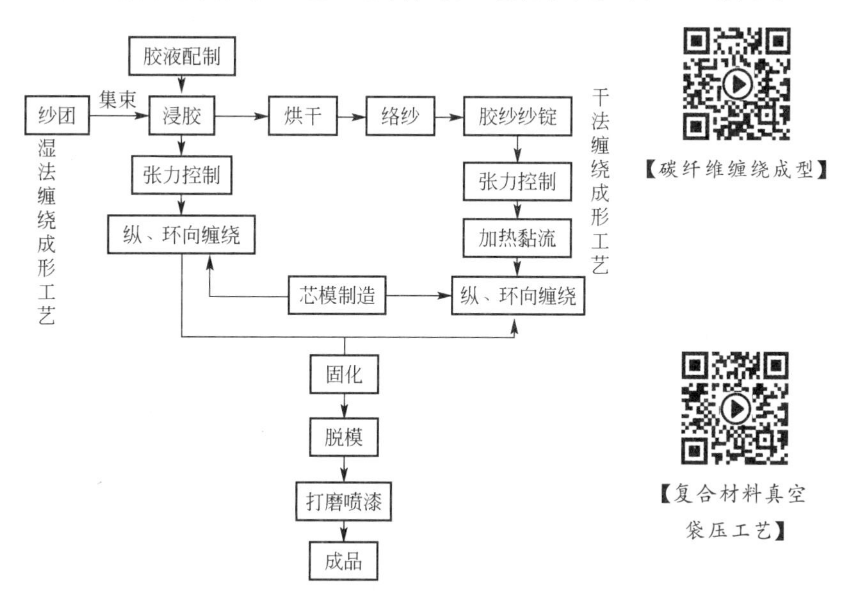

图 9－8 连续缠绕工艺流程图

3. 模压成形工艺

模压成形是一种对热固性树脂和热塑性树脂都适用的纤维复合材料成形方法。将定量的模塑料或颗粒状树脂与短纤维的混合物放入敞开的金属对模中，闭模后加热使其熔化，并在压力作用下使其充满模腔，形成与模腔相同形状的模制品，再经加热使树脂进一步发生交联反应而固化，或者冷却使热塑性树脂硬化，脱模后得到复合材料制品。

模压成形工艺是一种古老的工艺技术，早在 20 世纪初就出现了酚醛塑料模压成形。模压成形工艺有较高的生产效率，制品尺寸准确，表面光洁，多数结构复杂的制品可一次成形，不需要可能损害制品性能的二次加工，制品外观及尺寸的重复性好，易实现机械化和自动化操作等。模压工艺的主要缺点是模具设计制造复杂，压机及模具投资高，制品尺寸受设备限制，一般只适合制造批量大的中、小组制品。模压成形工艺已成为复合材料的重要成形方法，在各种成形工艺中所占比例仅次于手糊/喷射和连续缠绕成形，居第三位，其工艺流程如图 9-9 所示。

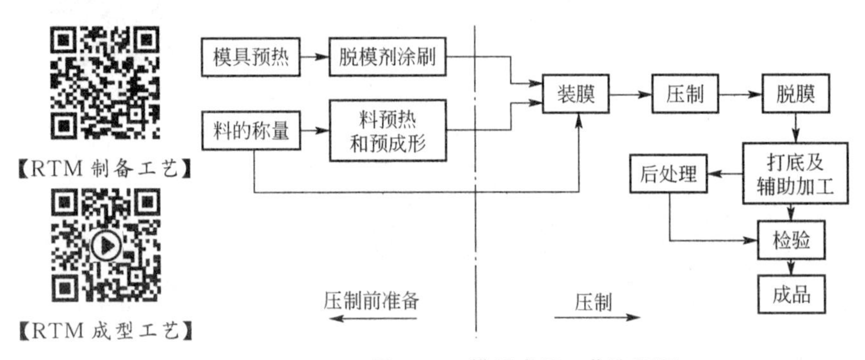

图 9-9　模压成形工艺流程图

9.4.2　金属基复合材料

金属基复合材料现在研究和应用多，其中包括铝基复合材料、镁基复合材料、镍基复合材料、钛基复合材料和石墨纤维复合材料等。由于铝基复合材料已经在现有工业中广泛应用，以下简要介绍铝基复合材料中的硼-铝复合材料制备工艺。

复合材料的制造包括将复合材料的组分组装并压合成适于制造复合材料零件的形状。常用的工艺有两种，第一种是纤维与基体的组装压合跟零件成形同时进行；第二种是先加工成复合材料的预制品，然后将预制品制成最终形状的零件。前者工艺类似于铸件，后者则类似于先铸锭再锻成零件的形状。其制造过程可分为 3 个阶段：纤维排列、复合材料组分的组装压合和零件层压。大多数硼-铝复合材料是用预制品或中间复合材料制造的。

挥发性黏合剂工艺是一种直接生产的方法，几乎不需要什么重要的设备。制造预制品的材料包括成卷的硼纤维、铝合金箔、汽化后不留残渣的易挥发树脂以及树脂的溶剂。铝箔的厚度应结合适当的纤维间距来选择，通常为 50～75μm。所用的纤维排列方法有两种：单丝滚筒缠绕和从纤维盘的线架用多丝排列成连续条带。前者因为简单而较常使用。利用滚筒缠绕可能做成幅片，其尺寸等于滚筒的宽度和围长，图 9-10 为纤维滚筒缠绕示意图。

等离子喷涂的硼-铝带用以上的方法制造，只是不喷挥发性黏合剂，而在纤维-箔片上喷一层基体铝合金，将纤维和箔片粘在一起。因为选择的等离子喷涂合金与箔基体相同，

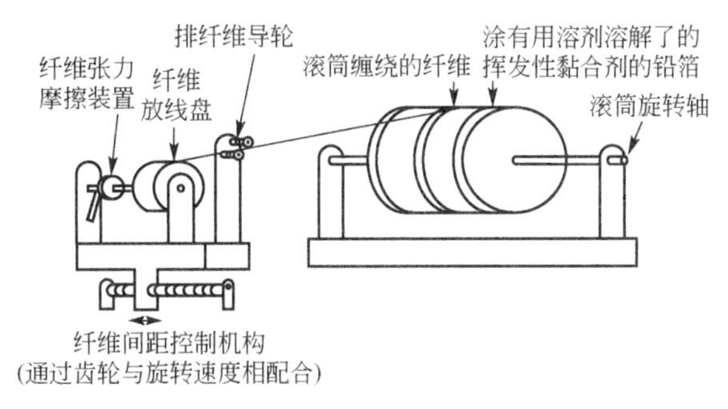

图9-10　纤维滚筒缠绕示意图

所以这两种材料都变成基体的一部分。铝合金粉注入灼热的等离子气流中并在放热区内被熔化。熔融质点打在纤维-箔片上并急冷到纤维的反应温度以下。

二者生产的“毛料”预制带还必须经叠片和压合才能做成复合材料。而前者的黏合剂必须在热压前进行排除，之后进行热压工艺。

9.4.3　陶瓷基复合材料

纤维增强陶瓷基复合材料的性能取决于多个因素。从基体方面看，其与气孔的尺寸及数量、裂纹的大小以及一些其他缺陷有关；从纤维方面来看，其与纤维中的杂质、纤维的氧化程度、损伤及其他固有缺陷有关；从基体与纤维的结合情况上看，则与界面及结合效果、纤维在基体中的取向以及基体与纤维的热膨胀系数差异有关。正因为有如此多的影响因素，所以实际中针对不同材料的制作方法也不相同。

目前采用的纤维增强陶瓷基复合材料的成形方法有以下几种。

(1) 泥浆浇注法。这种方法是在陶瓷泥浆中把纤维分散，然后浇注在石膏模内。这种方法比较古老，其不受制品形状的限制，但对提高产品性能的效果不显著，成本低，工艺简单，适合于短纤维增强陶瓷基复合材料的制作。

(2) 热压烧结法。将长纤维切短(＜3mm)，然后分散并与基体粉末混合，再用热压烧结的方法即可制得高性能的复合材料。这种短纤维增强体在与基体粉末混合时取向是无序的，但在冷压成形及热压烧结的过程中，短纤维由于在基体压实与致密化过程中沿压力方向转动，所以在最终制得的复合材料中，短纤维沿加压面择优取向，这也就产生了材料性能上一定程度的各向异性。采用这种方法则纤维与基体之间的结合较好，是目前采用较多的方法。

(3) 浸渍法。这种方法适用于长纤维。首先把纤维编织成所需形状，然后用陶瓷泥浆浸渍，干燥后进行焙烧。这种方法的优点是纤维取向可自由调节，如单向排布及多向排布等。缺点是不能制造大尺寸制品，而且所得制品的致密度低。

9.5　复合材料的主要性能与应用

9.5.1　聚合物基复合材料的性能

按所用增强体不同，聚合物基复合材料(polymer matrix composite，PMC)可以分为纤维增强（FRC）、晶须增强（WRC）、颗粒增强（PRC）三大类。其有许多突出的性能与工艺特点，主要如下。

（1）比强度、比模量大。玻璃纤维复合材料（图 9－11）有较高的比强度、比模量，碳纤维、硼纤维、有机纤维增强的聚合物基复合材料的比强度相当于钛合金的 3～5 倍，比模量相当于金属的 3 倍多，这种性能可因纤维排列的不同而在一定范围内变动。

【玻纤增强 RTP 管生产过程】

（2）耐疲劳性能好。金属材料的疲劳破坏常常是没有明显预兆的突发性破坏，而聚合物基复合材料中纤维与基体的界面能阻止材料受力所致裂纹的扩展。因此，其疲劳破坏总是从纤维的薄弱环节开始逐渐扩展到结合面上，破坏前有明显的预兆。大多数金属材料的疲劳强度极限是其抗张强度，而碳纤维/聚酯复合材料的疲劳强度极限可达到其抗张强度的 70％～80％。

图 9－11　玻璃纤维增强塑料电缆导管

（3）减振性好。受力结构的自振频率除与结构本身形状有关外，还与结构材料比模量的平方根成正比。复合材料比模量高，故具有较高的自振频率。同时，复合材料界面具有吸振能力，使材料的振动阻尼很高。对于同样大小的振动，轻合金梁需 9s 停止，而碳纤维复合材料梁只需 2.5s 就停止。

（4）过载时安全性好。复合材料中有大量增强纤维，当材料过载而有少数纤维断裂时，载荷会迅速重新分配到未破坏的纤维上，使整个构件在短期内不会失去承载能力。

（5）具有多种功能性。包括良好的耐磨性、电绝缘性、耐腐蚀性，特殊的光学、电学、磁学的特性等。

但聚合物基复合材料还存在着一些缺点，如耐高温、耐老化性能及材料强度一致性等有所欠缺，这些都有待于进一步研究提高。

9.5.2　金属基复合材料的性能与应用

1. 主要特点与性能

金属基复合材料（metal matrix composite，MMC），是以金属及其合金为基体，与其他金属或非金属增强相合成的复合材料。其增强材料大多为无机非金属，如陶瓷、碳、石墨及硼等，也可以用金属丝。它与聚合物基复合材料、陶瓷基复合材料以及碳/碳复合材料一起构成现代复合材料体系。

【先进引擎复材扇叶制作过程 GE90】

图 9－12　金属基复合材料风扇叶片

金属基复合材料的增强相/基体界面起着关键的连接和传递应力的作用，对金属基复合材料的性能和稳定性起着极其重要的作用，其应用实例如图 9－12 所示。金属基复合材料可以按其所用增强相的不同来分类，主要包括纤维增强金属基复合材料、颗粒增强金属基复合材料、晶须增强金属基复合材料。MMC

常用的纤维包括硼纤维、碳化硅纤维、氧化铝纤维和碳与石墨纤维等。其中增强材料绝大多数是承载组分，金属基体主要起黏结纤维、传递应力的作用，大都选用工艺性能(如塑性加工、铸造性)较好的合金，因而常作为结构材料使用。在纤维增强金属基复合材料中比较特殊的是定向凝固共晶复合材料，其增强相为层片状和纤维状相。金属基复合材料大多数用作高温结构材料，如航空发动机叶片材料；也可作为功能型复合材料应用，例如 InSb－NiSb 可作磁、电、热控制元件。

颗粒、晶须增强相包括 SiC、Al_2O_3、B_4C 等陶瓷颗粒，以及 SiC、Si_3N_4、B_4C 等晶须，这类典型的复合材料包括 SiC_p 增强铝基、镁基和钛基复合材料，TiC_p 增强钛基复合材料和 SiC_w 增强铝基、镁基和铁基复合材料等。这类复合材料中增强材料的承载能力不如连续纤维，但复合材料的强度、刚度和高温性能往往超过基体金属，尤其是在晶须增强情况下。颗粒或晶须增强金属基复合材料可以采取压铸、半固态复合铸造以及喷射沉积等工艺技术来制备，是应用范围最广、开发和应用前景最大的一类金属基复合材料，已应用于汽车工业。颗粒、晶须、短纤维增强金属基复合材料亦称为非连续增强型。

总之，金属基复合材料具有的高比强度、高比模量，良好的导热、导电、耐磨性，低的热膨胀系数等优异的综合性能，使其在航天、航空、电子、汽车、先进武器系统中均具有广泛的应用前景。

与聚合物基复合材料相比，金属基复合材料的发展时间较短，处在蓬勃发展阶段。随着增强材料性能的改善、新的增强材料和复合制备工艺的开发，新型金属基复合材料将会不断涌现，原有金属基复合材料的性能也将会不断提高。

2. 典型代表

一般来说，金属基复合材料所用基体金属可以是单一金属，也可以是合金，比较常见的为铝、钛、镁及其合金等。

(1) 铝基复合材料。这种复合材料是当前品种和规格最多、应用最广泛的复合材料，包括硼纤维、碳化硅纤维、碳纤维增强铝，碳化硅颗粒与晶须增强铝等。铝基复合材料是金属基复合材料中开发最早、发展最迅速、品种齐全、应用最广泛的复合材料。纤维增强铝基复合材料，因其具有高比强度和比刚度，在航空、航天工业中不仅可以大大改善铝合金部件的性能，而且可以代替中等温度下使用的昂贵的钛合金零件。在汽车工业中，用铝及铝基复合材料替代钢铁的前景也很好，有望起到节约能源的作用。

(2) 钛基复合材料。主要包括硼纤维、碳化硅纤维增强钛、碳化钛颗粒增强铁。钛基复合材料的基体主要是 Ti－6Al－4V 或塑性更好的 β-型合金（如 Ti－15V－3Cr－3Sn－3Al）。以钛及其合金为基体的复合材料具有高比强度、比刚度、很好的抗氧化性能和高温力学性能，在航空工业中可以替代镍基耐热合金。颗粒增强钛基复合材料主要采用粉末冶金方法制备，如用冷等静压和热等静压相结合的方法制备，并与未增强的基体钛合金实现扩散连接，制成共基质微宏观复合材料。

(3) 镁基复合材料。镁及其合金具有比铝更低的密度，在航空、航天和汽车工业中具有较大的潜力。大多数镁基复合材料的增强材料为颗粒与晶须，如 SiC_p 或 SiC_w/Mg 和 B_4C_p、Al_2O_{3p}/Mg。虽然石墨纤维增强镁基复合材料，与碳纤维、石墨纤维增强铝相比，密度和热膨胀系数更低，强度和模量也较低，但是具有很高的导热/热膨胀比值，在温度变化的环境中，是一种尺寸稳定性极好的宇宙空间材料。镁基复合材料的基体主要有 AZ31(Mg－3Al－1Zn)、AZ61(Mg－6Al－1Zn)、ZK60(Mg－6Zn－Zr)及 AZ91(Mg－9Al－1Zn)等。

(4) 高温合金基复合材料。这类复合材料主要包括两种不同制备方式的金属基复合材料：①难熔金属丝增强型。主要采用钨、铬等难熔合金丝，研究较多的是以钨丝增强的复合材料。制备工艺一般采用热压扩散结合工艺，可采用粉末冶金法。基体一般采用高温合金，如镍基、钴基或铁基。②定向凝固共晶复合材料，也称原位生成自增强型复合材料。选用合适的高温合金，在定向凝固条件下使共晶两相以层片或纤维状增强，与基体相按单向凝固结晶方向同时有规则地排列生长，以达到增强效果。采用高温共晶的合金主要有 Ni－TaC、Co－TaC、Ni－Cr－Al－Nb 等。

除上述之外，还有铜基、锌基及金属间化合物基复合材料等。

3. 界面化学结合

增强相与基体相界面的结合状态对复合材料整体性能影响较大，如碳纤维增强铝基复合材料中，在不同界面受载时，如果结合太弱，纤维就大量拔出，强度降低；结合太强，复合材料易脆断，既降低强度又降低塑性；只有结合适中，复合材料才表现出高强度和高塑性。增强相与基体金属界面的结合作用一般包括机械结合、浸润溶解结合、化学反应结合、混合结合。其中化学反应结合最为重要。

大多数金属基复合材料属于热力学非平衡系统，只要存在有利的动力学条件，增强体与基体间就可能发生扩散和化学反应，在界面上生成新的化合物层。例如，硼纤维增强钛基复合材料时，界面发生化学反应生成 TiB_2 界面层；碳纤维增强铝基复合材料时，界面生成 Al_4C_3 化合物。在许多金属基复合材料中，界面反应层不是单一的化合物，如硼纤维增强 Ti/Al 合金时，界面反应层存在多种反应产物。

化学反应界面结合是金属基复合材料的主要结合方式。在界面发生适量的化学反应，可以增加复合材料的强度，但反应过量时，因生成物大多数为脆性物质，界面层积累到一定厚度，会引起开裂，严重影响复合材料的性能。

9.5.3 陶瓷基复合材料的性能与应用

陶瓷材料具有强度高、硬度大、耐高温、抗氧化、耐化学腐蚀等优点，但其抗弯强度不高、断裂韧性低，限制了其作为结构材料使用。当用高强度、高模量的纤维或晶须增强后，其高温强度和韧性可大幅度提高，陶瓷基复合材料（ceramic matrix composite，CMC）的主要目的是增韧，其应用实例如图 9－13 所示。最近，欧洲动力公司推出的航天飞机高温区用碳纤维增强碳化硅基体和用碳化硅纤维增强碳化硅基体所制造的陶瓷基复合材料，可分别在 1 700℃和 1 200℃下保持 20℃时的抗拉强度，且有较好的抗压性能、较高的层间剪切强度；而断裂延伸率较一般陶瓷大，耐辐射效率高，可有效地降低表面温度，有极好的抗氧化、抗开裂性能。

图 9－13　陶瓷基复合材料

陶瓷基复合材料与其他复合材料相比发展仍较缓慢，主要原因是制备工艺复杂，且缺少耐高温纤维。

9.5.4 复合材料的应用

【复合材料在航天航空领域的应用】

【复合材料风力发电桨叶的制造】

1. 航天及能源技术领域的应用

高技术对材料的选用是非常严格和苛刻的，复合材料的优越性能比一般材料更能适合高技术发展的需要。如运载火箭的壳体、航天飞机的支架、卫星的支架等各种结构件，都要求用质轻、高强度、高刚度的材料以节约推动所需的燃料，复合材料能满足这些要求。特别是像导弹的头部防热材料、航天飞机的防热前缘和火箭发动机的喷管等需要耐高温、抗烧蚀的材料，更是非复合材料莫属。表9-6为复合材料在能源技术中的应用。

表9-6 复合材料在能源技术中的应用

新能源	构件	复合材料
太阳能发电	太阳能电池结构支架、热变换器的吸热层叶片及塔身、核燃料包覆管	碳纤维树脂基复合材料、吸热功能复合材料
风力发电机 核能源	叶片及塔身、同位素分离机转子、核燃料包覆管	混杂碳纤维树脂基复合材料、碳纤维树脂基复合材料、碳/碳复合材料
节能汽车	转动轴、轮箍活塞(局部嵌件)、活塞连杆及销子	碳纤维树脂基复合材料、氧化铝纤维增强铝基复合材料
燃料涡轮 发动机储能	涡轮叶片	陶瓷基复合材料、耐高温金属基复合材料
高效铅酸 蓄电池	电极	碳纤维增强铝基复合材料

2. 信息及生物领域的应用

信息技术是现代发展最迅速的高技术，在包括信息的检测、传输、存储、处理和运算、执行等方面，复合材料起到重要的作用，见表9-7所列。

在生物工程方面，复合材料不仅力学性能满足生物工程用容器的要求，同时还能满足耐腐蚀、抗生物破坏及具有生物相容性的要求。此外复合材料还在机械、化工、国防等领域有广泛的应用。

表9-7 复合材料在信息技术中的应用

功能	部件	复合材料
检测	换能敏感元件	具有换能功能的复合材料
传输	光纤、光缆芯和管	碳纤维或芳纶增强树脂基复合材料、磁性功能复合材料
存储	磁记录和磁光记录盘片	碳/铜复合材料
处理和运算	大规模集成电路基片	半导体及导电性复合材料
执行	计算机及终端用屏蔽罩、机械手与机器人	碳纤维/树脂基或金属基复合材料

一、填空题

1. 按基体材料类型不同，复合材料可分为__________、__________、__________。

2. 按增强相形态不同，复合材料可分为__________、__________、__________。

3. 复合材料的命名以__________为基础，命名的方法是将__________或__________放在前，__________放在后，再缀以“复合材料”。如由硼纤维和环氧树脂构成的复合材料称为____________________。

4. 碳/碳复合材料是由__________增强体与__________基体组成的复合材料，简称__________。

5. __________是聚合物基复合材料中最为重要的基体材料，以双酚 A 与环氧氯丙烷缩合而得的__________为主，其分子量可以从几百至数千，常温下为黏稠液状或脆性固体。

6. __________是分子主链上含有密集芳环与芳酰胺结构的聚合物，经溶液纺丝获得的合成纤维，最有代表性的商品为__________，被杜邦公司于 1968 年发明，在我国也称__________。

7. __________是聚合物基复合材料制造中最早采用的和最简单的方法。

二、名词解释

复合材料　增强相　聚酰胺　碳纤维　晶须　MMC

三、简答题

1. 简述金属基体的选择原则。

2. 简述复合材料中基体的主要作用。

3. 简述复合材料的特点，试论述复合材料中增强体表面改性的必要性。

4. 简述聚合物基复合材料的性能和特点。

第10章 纳米材料

知识要点	掌握程度	相关知识
纳米材料的概念、种类	理解纳米材料的概念； 掌握纳米材料的分类方法及纳米涂层、碳纳米管、纳米复合材料等主要类型	原子团簇、纳米颗粒、碳纳米管、超晶格、纳米超薄膜、纳米涂层、自组装技术、纳米复合材料
纳米材料的特性	掌握纳米效应； 了解纳米材料的光学、热学、力学等特殊性质	小尺寸效应、表面效应、量子尺寸效应和宏观量子隧道效应、蓝移现象、量子限域效应
纳米材料的制备及其应用	了解纳米材料的主要制备方法、原理及纳米材料的应用	物理法、化学法、综合法、气相法、液相法、固相法、磁流体

导入案例

20世纪90年代美国国家关键技术委员会向总统提交了一份国家关键技术报告，指出：采用先进的纳米技术可生产纳米机械装置和传感器。纳米电子技术和纳米制造技术的发展促进了纳米传感器的诞生，这将极大丰富传感器的理论，拓宽传感器的应用领域。

纳米材料能吸附周围气体和光，使电性质发生变化，出现升温现象等，利用界面效应、尺寸效应、量子效应有可能制成传感器。传感器的研究开发与纳米材料相比，其应用方面更加具体化，传感器上所用的纳米材料主要是陶瓷材料。未来的战争将是一场信息战，信息战的重要特征之一就是窃取和反窃取情报。将纳米传感器用空投或其他方法投入所需的地方，可构成一个分布式传感器网络，以搜集情报。或者用纳米机器人组成一支规模宏大的"机器虫"部队，可携带各种功能的纳米传感器去执行特殊任务。纳米传感器(图10-1)不仅可以在未来战争中大显身手，在医学中也有用武之地，在临床手术上利用纳米传感器提供的实时信息，可提高手术的成功率。在药物制剂中，直径在微米或纳米级药物微粒的研究已成为国内外药剂学的研究热点。

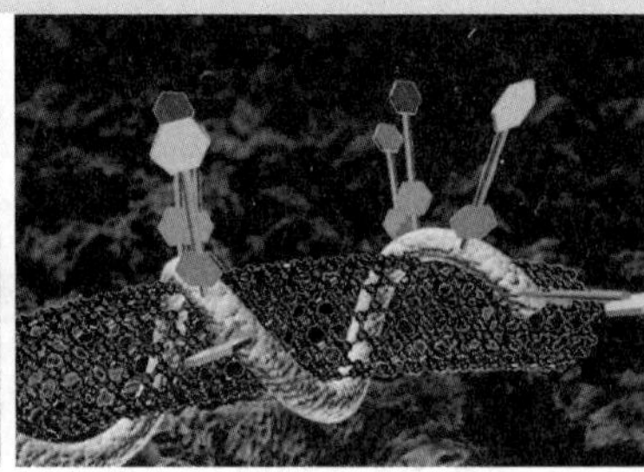

图10-1　纳米传感器

10.1　纳米材料的概念

【奋进中的中国纳米科技】

纳米(nm)是一种长度单位，1nm等于10^{-9}m，相当于头发丝直径的1/100 000。化学以原子和分子为研究对象，其尺度通常小于1nm；凝聚态物理则以尺度大于100nm的固态物质为研究对象。显然，在这两个领域之间存在一个范围为1～100nm的尺度空隙，即所谓**纳米尺度**，图10-2所示为纳米尺度与物体尺寸比较。人们发现，当物质达到纳米尺度后，将具有传统材料所不具备的物理、化学性能，表现出独特的光、电、磁和化学特性等。因此，人们把处于纳米尺度的材料从传统材料中分离开来，称为**纳米材料**(nanomaterials)或**纳米结构材料**(nanostructured materials)。广义地说，纳米材料指微观结构至少在一维方向上受纳米尺度(1～100nm)调制的固体超细材料，或以其为基本单元构成的材料。与纳米材料研究相关的学科称为纳米科学技术。

纳米科学技术是20世纪80年代末出现并正在飞速发展，融介观物理、量子力学等现代科学为一体，与超微细加工、计算机、扫描隧道显微镜等先进工程技术相结合的多方位、多学科的新科技。纳米科学技术是在纳米尺度范围内认识和改造自然，通过直接操作

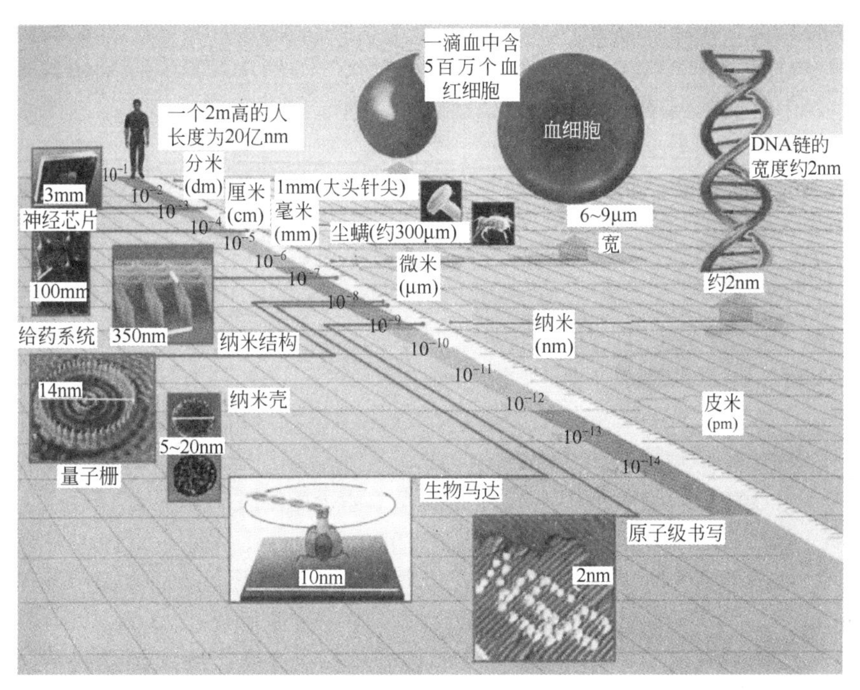

图 10-2 纳米尺度与物体尺寸比较

或安排原子、分子状况而创造新物质。它的出现标志着人类改造自然的能力已延伸到原子、分子水平，标志着人类科学技术已进入一个新的时代。

纳米科技主要包括纳米物理学、纳米化学、纳米材料学、纳米生物学、纳米电子学、纳米加工学、纳米力学7个相对独立又相互渗透的学科，以及纳米材料、纳米器件、纳米尺度的检测与表征这3个研究领域。其中，纳米物理学和纳米化学为纳米技术提供了理论依据，纳米电子学是纳米技术最重要的内容，而纳米材料的制备和研究则是整个纳米科技的基础。纳米材料的发展分为3个阶段：①实验室制备各种纳米粉体、合成块体，研究评估表征的方法，探索纳米材料的性能；②设计纳米复合材料；③组装纳米体系。其中人工组装合成的纳米体系越来越受到人们关注。

10.2 纳米材料的种类

纳米材料的种类繁多，根据化学组成和结构不同，可分为纳米金属材料、纳米陶瓷材料、纳米高分子材料和纳米复合材料；根据力学性能不同，可分为纳米增强陶瓷材料、纳米改性高分子材料、纳米耐磨及润滑材料等；根据光学性能不同，可分为纳米吸波（隐身）材料、光过滤材料、光导电材料、纳米抗紫外线材料等；以电子性能划分，可分为纳米半导体传感器材料、纳米超纯电子浆料；以磁性能划分，有高密度磁记录介质材料、磁流体、纳米磁性吸波材料、纳米磁性药物等；以热学性能划分，有纳米热交换材料、低温烧结材料、特种非平衡合金等；以生物和医用性能划分，有纳米药物、纳米骨和齿修复材料、纳米抗菌材料；以表面活性划分，则有纳米催化材料、吸附材料、防污环境材料等。

在纳米材料研究中，通常按维数不同，把纳米材料的基本单元分为零维、一维和二维。零维纳米材料指空间三维尺度均在纳米尺度范围，如纳米颗粒、原子团簇等；一维纳米材料指空间中有两维处于纳米尺度，如纳米丝、纳米管、纳米棒等；二维纳米材料指在三维空间中有一维在纳米尺度，如超薄膜、多层膜、超晶格等。此外，由这些低维纳米材料作为基本单元构成的块状材料，可划分为三维纳米材料，其纳米单元作为纳米相存在于块状材料中。

1. 原子团簇(atomic clusters)

原子团簇为介于单个原子与固态块体之间的原子集合体，其尺寸一般小于1nm，含几个到几百个原子。根据其组成不同，可分为一元、二元、多元原子团簇以及原子簇化合物。原子簇化合物是原子团簇与其他分子以配位化学键结合成的化合物，有线状、层状、管状、洋葱状、球状等。原子团簇是由原子、分子的微观尺寸向宏观尺寸的过渡阶段，具有许多奇特的性质，如原子稳定性，气、液、固态的并存与转化，极大的表面/体积比，异常高的化学和催化活性，结构的多样性和排列的非周期性等。原子团簇的奇特性质是纳米材料许多特性的科学基础。

【纳米碳材料】

原子团簇中最典型的是富勒烯（fullerenes），其于1985年被发现，是继金刚石和石墨之后碳元素的第三种晶体形态。C_{60}是最先发现的富勒烯，由60个碳原子构成，与足球拥有完全相同的外形(图10－3)。60个碳原子处于60个顶点上，构成20个正六边形与12个正五边形组成的球形32面体，其大小仅有0.7nm。C_{60}有着无数优异的性质，它本身是半导体，掺杂后可变成临界温度很高的超导体，由它衍生出的碳纳米管比相同直径的金属强度高100万倍。

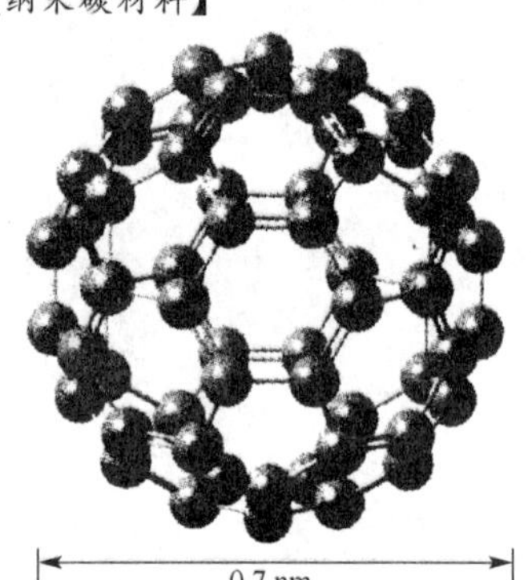

图10－3　C_{60}的结构示意图

目前，原子团簇的研究工作主要有两方面：①理论计算原子团簇的原子结构、键长、键角和排列能量最小的可能存在结构；②实验研究原子团簇的结构与特性，制备原子团，并设法保持其原有特性压制成块，开展相关的应用研究。

2. 纳米颗粒（nanoparticles)

纳米颗粒指颗粒尺寸为纳米量级的超微颗粒，其尺度大于原子团簇，小于通常的微粉，一般为1～100nm，需用高分辨力的电子显微镜观察。

纳米颗粒与原子团簇不同，一般不具有幻数效应。但纳米颗粒的比表面积远大于块体材料，这使其电子状态发生突变。已经发现，当粒子尺寸进入纳米量级时，粒子将具有量子尺寸效应、小尺寸效应、表面效应和宏观量子隧道效应，表现出许多特有的性质，在催化、滤光、光吸收、医药、磁介质及新材料等方面有广阔的应用前景。

【碳纳米管】

3. 碳纳米管(carbon nanotubes)

这是1991年才被发现的一种碳结构。理想碳纳米管是由碳原子形成的石墨烯片层卷成的无缝、中空的管体，管两端一般由含五边形的半球面网格封口(图10－4)。石墨烯的片层一般可以从一层到上百层，含有一层石墨烯片层的称为单壁碳纳米管（single walled carbon nanotubes，SWNT)；两层的称为双壁碳纳米管（double walled carbon nanotubes，

DWNT)；多于两层的称为多壁碳纳米管(multi - walled carbon nanotubes，MWNT)。SWNT的直径一般为1～6nm，最小直径大约为0.5nm，与C_{36}分子的直径相当。SWNT管的长度可达几百纳米到几微米，因SWNT的最小直径与富勒烯分子类似，故也称为富勒管。MWNT的层间距约为0.34nm，直径在几纳米到几十纳米，长度一般在微米量级，最长者可达数毫米。由于碳纳米管具有较大的长径比，所以可看成准一维纳米材料。

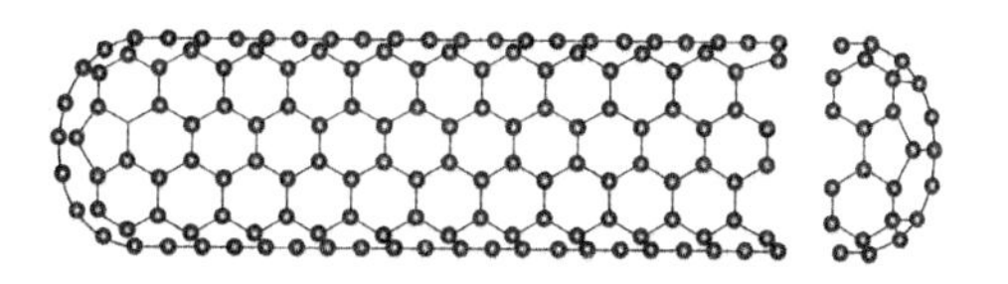

图10－4　碳纳米管结构示意图

碳纳米管的尺寸尽管很小，但其电导率却是铜的1万倍，强度是钢的100倍，而质量只有钢的1/7。它像金刚石一样硬，却有柔韧性，可以拉伸。它的熔点是已知材料中最高的。

图10－5　由碳纳米管纤维制成的超强防护背心

碳纳米管的独特性能，使其在高新技术诸多领域有着诱人的应用前景。在电子方面，利用碳纳米管奇异的电学性能，可将其应用于超级电容器、场发射平板显示器、晶体管集成电路等领域；在材料方面，可将其应用于金属、水泥、塑料、纤维等诸多复合材料领域；它是迄今为止最好的储氢材料，并可作为多类反应催化剂的优良载体；在军事方面，利用它对波的吸收、折射率高，将其作为隐身材料广泛应用于隐形飞机和超音速飞机；在航天领域，利用其良好的热学性能，将其添加到火箭的固体燃料中，从而使燃烧效率更高。图10－5所示为由碳纳米管纤维制成的超强防护背心。

4. 石墨烯(graphene)

石墨烯是碳原子以sp^2杂化轨道组成的六角型呈蜂巢状晶格的平面薄膜，是一种只有一个原子层厚度的二维材料。英国物理学家安德烈·盖姆和康斯坦丁·诺沃肖洛夫，用微机械剥离法成功从石墨中剥离出石墨烯，并因此获得2010年诺贝尔物理学奖。

石墨烯是富勒烯（0维）、碳纳米管（1维）、石墨（3维）的基本组成单元（图10－6），可视为无限大的芳香族分子。单层石墨烯的厚度仅为0.335nm，约为头发丝直径的二十万分之一。石墨烯按照层数可分为单层、双层和少数层石墨烯。前两类具有相似的电子谱，均为零带隙结构半导体，具有空穴和电子两种形式的载流子。双层石墨烯又可分为对称双层石墨烯和不对称双层石墨烯，前者的价带和导带微接触，并没有改变其零带隙结构；后者两片石墨烯之间会产生明显的带隙，但是通过设计双栅结构，能使其晶体管呈示出明显的关态。

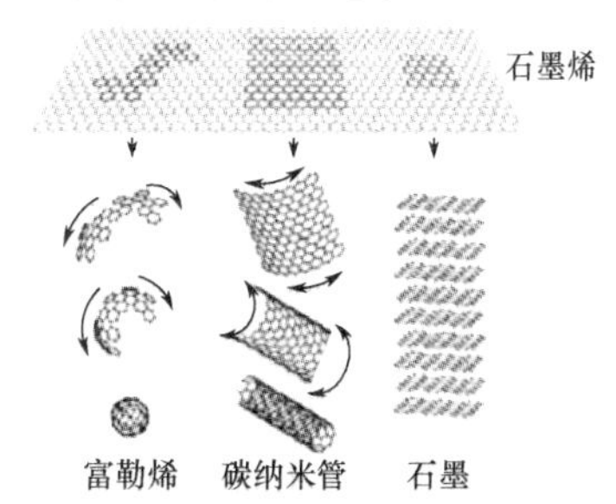

图10－6　石墨烯原子结构图及其形成富勒烯、碳纳米管和石墨示意图

石墨烯具有极其优异的物理和化学性质，如高强度、弹性模量，良好的化学稳定性及优良的导电性、导热性等，故在太阳能转换、超级电容器、电子器件、催化剂等领域都有潜在的应用前景。石墨烯的力学性能极其优异，是复合材料的理想增强体。

石墨烯常见的生产方法有机械剥离法、氧化还原法、SiC外延生长法、化学气相沉积法（CVD）。

5. 超晶格(superlattice)

超晶格是两种不同组元以几纳米到几十纳米的薄层交替生长并保持严格周期性得到的多层膜，是特定形式的层状精细复合材料。在超晶格中，每一层的尺寸都在纳米尺度范围，但实际的超晶格可以生长到任意尺寸。

超晶格的概念由美国IBM实验室于1970年提出的，目前以半导体超晶格的研究最为系统、深入，其有望成为新一代的微电子、光电子材料。最初的半导体超晶格是由砷化镓和镓铝砷两种半导体薄膜交替生长而形成的。目前其种类已扩展到铟砷/镓锑、铟铝砷/铟镓砷、锑铁/锑锡碲等多种类型。组成材料也由化合物半导体扩展到锗、硅等元素半导体，特别是近年来发展起来的硅/锗硅应变超晶格，由于其可与硅的平面工艺相容和集成，因而格外受到重视，被誉为新一代硅材料，在集成光电子学中，用其作过渡，可在硅芯片上制造锗检波管。

半导体超晶格结构不仅给材料物理带来了新面貌，而且促进了新一代半导体器件的产生，可制备高电子迁移率的晶体管、红外探测器，先进的雪崩型光电探测器，实空间的电子转移器件等，被广泛应用于雷达、电子对抗、空间技术等领域。

6. 纳米超薄膜、纳米薄膜与纳米涂层

纳米超薄膜指厚度处在纳米数量级的薄膜，其具有导电、电致发光、光电转换等很多奇异特性，可用于制备传感器、太阳能电池及光通信元件，近年来其受到广泛的重视。

纳米超薄膜可通过Langmuir-Blodgett(LB)法、自组装法（self-assembly，SA)等制备。自组装技术是由法国科学家Decher等提出的一种基于静电作用的制备超薄膜的方法，它与气相沉积、旋转涂布、浸泡吸附等方法的最大不同是其制备的超薄膜高度有序并有方向性。其特点是方法简单、无须特殊装置，采用水为溶剂，具有沉积过程和膜结构分子级可控制的优点。可利用连续沉积不同组分制备膜层间二维甚至三维的有序结构，实现膜的光、电、磁等性质，还可模拟生物膜，故近十余年来其受到广泛的重视。

纳米薄膜与纳米涂层主要指含有纳米粒子和原子团簇的薄膜、纳米尺寸厚度的薄膜、纳米级第二相粒子沉积镀层、纳米粒子复合涂层或多层膜。一般而言，金属、半导体和陶瓷的细小颗粒在第二相介质中都有可能构成纳米复合薄膜，存在小尺寸效应、量子尺寸效应及与相应母体的界面效应，具有特殊的物理和化学性质。

【NEAS纳米能量吸收材料】

7. 纳米固体材料

具有纳米特征结构的固体材料称为纳米固体材料。例如，由纳米颗粒压制烧结而成的三维固体，其结构上表现为颗粒和界面双组元。又如，原子团簇堆压成块体后，保持原结构而不发生反应形成的固体。后者具有很高的强度、稳定性以及导电能力，这类材料中存在大量晶界，呈现出特殊的机械、电、磁、光和化学性质。

由纳米硅晶粒和晶界组成的纳米固体材料，其晶粒和边界几乎各占体积一半，具有比本征晶体硅高的电导率和载流子迁移率，电导率的温度系数很小。此外，通过引入高密度的缺陷核，可获得一类新的无序固体，其中含有晶界、相界、位错等类型的缺陷，从而得到不同结构的纳米晶体材料。

8. 纳米复合材料(nanocomposites)

其指由两种或两种以上的固相至少在一维上以纳米尺度复合而形成的复合材料。较常用的分散相有纳米颗粒、纳米晶须、纳米纤维等。基体材料（连续相）可以是金属、无机非金属和有机高分子。当以纳米材料为分散相，有机聚合物为连续相时，可形成聚合物基纳米复合材料。

聚合物基纳米复合材料与常规的无机填料/聚合物体系不同，不是有机相与无机相的简单混合，而是两相在纳米尺寸范围内的复合。作为分散相的有机聚合物通常是指刚性棒状高分子，包括溶致液晶聚合物、热致液晶聚合物和其他刚性高分子，它们以分子水平分散在柔性聚合物基体中，构成有机物/有机聚合物纳米复合材料。作为连续相的有机聚合物可以是热塑性聚合物、热固性聚合物。聚合物基无机纳米复合材料不仅具有纳米材料的表面效应、量子尺寸效应等性质，而且将无机物的刚性、尺寸稳定性和热稳定性与聚合物的韧性、加工性及介电性能糅合在一起，从而产生许多特异的性能。

把纳米粒子分散到二维的薄膜材料中可形成纳米复合材料，其可分为均匀弥散和非均匀弥散两大类。均匀弥散是指纳米粒子在薄膜中均匀分布；非均匀弥散是指纳米粒子随机、混乱地分散在薄膜基体中。此外，由不同材质构成的多层复合膜也属于纳米复合材料。近年来引人注目的凝胶材料，也可作为纳米复合材料的母体。

10.3 纳米材料的特性

【自然界中的纳米效应】

由于具有特殊的结构，处于热力学极不稳定状态，因而纳米材料表现出独特的效应，并由此衍生出很多特殊性能。

10.3.1 纳米效应

纳米效应包括**小尺寸效应、表面效应、量子尺寸效应**和**宏观量子隧道效应**。

1. 小尺寸效应

当微粒尺寸小到与光波波长、德布罗意波长以及超导态的相干长度等物理特征尺寸相等或更小时，固体材料赖以存在的周期性边界条件将被破坏，声、光、电磁、热力学等特性均会呈现新的尺寸效应。例如，光吸收显著增加并产生等离子共振频移；磁有序态向磁无序态转变；超导相向正常相转变。小尺寸效应为实用技术开拓了新领域。例如，纳米尺度的强磁性颗粒，不仅可制作磁性信用卡、磁性钥匙、磁性车票，还可以制成磁性液体，广泛用于电声器件、阻尼器件和旋转密封、润滑等领域。纳米微粒的熔点远低于块状金属，如 2nm 的金颗粒熔点为 600K，块状金为 1 337K，此特性为粉末冶金提供了新工艺。

2. 表面效应

纳米材料的组成粒子尺寸小，且随着粒径减小，表面原子数增加，粒子比表面积增大，每克粒径为 1nm 粒子的比表面积是粒径为 100nm 粒子比表面积的 100 倍。表面原子数的增多，使原子配位不足，表面能高，表面原子极不稳定，很容易与其他原子结合。例如，纳米金属粒子在空气中会燃烧，无机纳米粒子暴露在空气中会吸附气体，并与气体进行反应。利用这一性质，人们可以通过使用纳米材料来提高材料的利用率和开发材料的新用途，如提高催化剂效率、吸波材料的吸波率、涂料的遮盖率、杀菌剂的效率等。

3. 量子尺寸效应

在纳米材料中，当组成粒子的尺寸下降到某一值时，金属费米能级附近的电子能级由准连续变为离散并使能级变宽的现象，称为纳米材料的量子尺寸效应。这一现象的出现使纳米银与普通银的性质完全不同，普通银为良导体，而纳米银在粒径小于 20nm 时却是绝缘体。

4. 宏观量子隧道效应

微观粒子具有的贯穿势垒能力，称为隧道效应。近年来，人们发现一些宏观量，如磁颗粒的磁化强度、量子相干器件中的磁通量等，亦具有隧道效应，称为宏观量子隧道效应。例如，具有铁磁性的磁铁，其粒子尺寸达到纳米级时，由铁磁性变为顺磁性或软磁性。量子尺寸效应、宏观量子隧道效应将是未来微电子、光电子器件的基础。

10.3.2 纳米材料的特殊性质

【神奇的纳米材料】

由于上述 4 种效应的存在，纳米材料具有很多不同于块体材料的特殊性质。

1. 光学性质

表面效应和量子尺寸效应对纳米微粒的光学特性有很大的影响，使纳米微粒具有同种宏观大块物体所不具备的新光学特性。

(1) 宽频带强吸收。大块金属对不同波长可见光的反射和吸收能力不同，故具有不同颜色的光泽。当尺寸减小到纳米级时，各种金属纳米微粒几乎都呈黑色，它们对可见光的反射率极低。例如，铂纳米粒子的反射率为 1%，金纳米粒子的反射率小于 10%。

纳米氮化硅、碳化硅及氧化铝粉末存在红外吸收带宽化。这是因为纳米粒子的比表面积大，导致平均配位数下降，不饱和键增多，与大块材料不同，存在一个较宽的键振动分布，在红外光场作用下其对红外吸收的频率也存在一个较宽的分布。利用这一特性，纳米材料可作为高效率的光热、光电等转换材料，可高效率地将太阳能转变为热能、电能，也可应用于红外敏感元件、红外隐身技术等领域中。

(2) 蓝移现象。与大块材料相比，纳米微粒的吸收带普遍存在“蓝移”现象，即吸收带移向短波方向。其原因主要是：①量子尺寸效应使颗粒尺寸下降，能隙变宽；②纳米微粒小，大的表面张力使晶格畸变，晶格常数变小，对纳米氧化物和氮化物微粒的研究表明，键长缩短导致纳米微粒的键本征振动频率增大，使光吸收带移向高波数。

(3) 量子限域效应。半导体纳米微粒的半径小于激子玻尔半径时，电子的平均自由程受小粒径的限制，被局限在很小的范围，空穴很容易与它形成激子，引起电子和空穴波函数的重叠，很容易产生激子吸收带。激子带的吸收系数随粒径下降而增加，即出现激子增强吸收并蓝移，称为量子限域效应。量子限域效应使纳米半导体微粒的光学性能不同于常规半导体。

(4) 纳米微粒发光。当纳米微粒的尺寸小到一定值时，可在一定波长的光激发下发光。如粒径小于 6nm 的硅在室温下可以发射可见光，随粒径减小，发射带强度增强并移向短波方向；当粒径大于 6nm 时，光发射现象消失。有科学家指出，大块硅的结构存在平移对称性，使得大尺寸硅不可能发光，当硅粒径小到某一程度(6nm)时，平移对称性消失，因而出现发光现象。

2. 热学性质

(1) 熔点。纳米微粒的表面能高、比表面原子数多，活性大且体积远小于大块材料，因此纳米粒子熔化时所需增加的内能小得多，使得纳米微粒熔点急剧下降。如常规尺寸金的熔点为 1 064℃，其颗粒小到 2nm 以下时熔点仅为 327℃。常规银的熔点为 960℃，其纳米颗粒的熔点则低于 100℃，因此，超细银粉制成的导电浆料可在较低温度下熔合，此时元件的基片可用塑料。采用超细银粉浆料，可使膜厚均匀，覆盖面积大，省料且质量高。超微颗粒熔点下降的性质对粉末冶金工业具有重要的意义。

(2) 烧结。纳米微粒尺寸小，表面能高，压制成块材后的界面具有高能量，有利于界面中的孔洞收缩，在较低的温度下烧结就能达到致密化的目的，即烧结温度和熔点急剧下降。常规氧化铝烧结温度在 1 700～1 800℃，而纳米氧化铝可在 1 150～1 400℃ 烧结，致密度可达 99%以上。例如，在钨颗粒中附加 0.1%～0.5%的超微镍颗粒后，可使烧结温度从 3 000℃降低到 1 200～1 300℃，可在较低温度下烧制成大功率半导体管的基片。

(3) 比热容和热膨胀系数。纳米金属铜的比热容是传统纯铜的 2 倍；纳米固体钯的热膨胀比传统钯提高 1 倍；纳米银作为稀释制冷机的热交换器效率比传统材料高 30%。

3. 电学特性

其主要表现为超导电性、介电和压电特性。如金属银是优异的良导体，而 10～15nm 的银微粒电阻突然升高，失去常规金属的特征，变成非导体；具有绝缘性能的二氧化硅，当尺寸小到 10～15nm 时电阻大大下降，而具有导电性。

4. 磁学性质

磁性材料达到纳米尺度后，其磁性往往发生很大变化。如 10～15nm 的铁磁金属纳米粒子的矫顽力比相同的常规尺寸材料大 1 000 倍，而当颗粒尺寸小于 10nm 时矫顽力变为零，表现为超顺磁性。在小尺寸下，当磁性材料的各向异性减小到与热运动能相当时，易磁化方向作无规律的变化，导致超顺磁性的出现，磁化率也会发生明显变化，纳米磁性金属的磁化率是宏观状态下的 20 倍，而饱和磁矩是宏观状态下的 1/2。

利用磁性微粒具有高矫顽力的特性，已制成高储存密度的磁记录磁粉，大量应用于磁带、磁盘、磁卡及磁性钥匙等。利用超顺磁性，已将磁性微粒制成用途广泛的磁性液体。

5. 力学性质

其主要表现为强度、硬度、韧性的变化。陶瓷材料在通常情况下呈脆性，而由纳米超微颗粒压制成的纳米陶瓷却具有良好的韧性。纳米材料具有大的界面，界面的原子排列是相当混乱的，原子在外力变形的条件下很容易迁移，表现出良好的韧性与一定的延展性，使陶瓷材料具有新奇的力学性质。如晶粒大小为 6nm 的铁，其断裂强度比一般多晶铁高 12 倍；晶粒大小为 6nm 的铜，其硬度比粗晶铜高 5 倍。德国萨尔大学研制成功的纳米陶瓷氟化钙和二氧化钛，在室温下显示出良好的韧性，在 180℃下弯曲不产生裂纹。纳米晶粒金属的硬度要比传统的粗晶粒金属提高 3～5 倍。

6. 化学特性

其主要表现在催化性能的提高。如粒径为 30nm 的催化剂较一般催化剂可使加氢和脱氢反应速率提高 15 倍；利用纳米镍粉作火箭固体燃料的反应催化剂，燃烧效率可提高 100 倍。

10.4 纳米材料的制备

纳米材料的状态取决于纳米材料的制备方法，新材料制备工艺和设备的设计、研究与控制对纳米材料的微观结构和性能具有重要的影响。随着世界各国对纳米科技的重视和大规模的投入，纳米制备技术成为纳米科学领域的一个重要研究课题。

纳米材料的制备技术不仅包括纳米粉体、纳米块体及纳米薄膜制备，还包括纳米高分子材料的制备、纳米有机-无机材料的杂化、纳米元器件的制备、纳米胶囊制备和纳米组装技术等。纳米材料尺度介于微观粒子和宏观块体材料之间，故其制备方法主要有两个方向：①将宏观块体材料分裂成纳米微粒，即自上而下；②通过原子、分子、离子等微观粒子聚集成微粒，并控制微粒的生长，使其维持在纳米尺度，即自下而上。

按照制备原理不同，纳米材料制备方法可分为：

(1) 物理法。这是最早采用的纳米材料制备方法，采用高能耗的方式，“强制”材料“细化”而得到纳米材料。如惰性气体蒸发法、激光溅射法、球磨法、电弧法等。物理法制备纳米材料的优点是产品纯度高；缺点是产量低，设备投入大。

(2) 化学法。指采用化学合成方法制备纳米材料，如沉淀法、水热法、相转移法、界面合成法、溶胶-凝胶法等。这类制备方法的优点是所合成的纳米材料均匀、可大量生产、设备投入小，缺点是产品有一定杂质、得到高纯度难。还有化学气相法，如加热气相化学反应法、激光气相化学反应法、等离子体加强气相化学反应法等。

(3) 综合法。指在纳米材料制备中结合化学、物理法的优点，同时进行纳米材料的合成与制备，如超声沉淀法、激光沉淀法及微波合成法等。这类方法是把物理法引入化学法中，提高化学法的效率或实现化学法达不到的效果。

按所制备系统的状态分类，可分为气相法、液相法和固相法。

(1) 气相法是直接利用气体或将物质变成气体，使之在气体状态下发生物理变化或化学反应，在冷却过程中凝聚长大形成纳米微粒的方法。气相法分为气体中蒸发法、化学气相反应法、化学气相凝聚法和溅射法等。

(2) 液相法指在均相溶液中，通过各种方式使溶质和溶剂分离，溶质形成形状、大小一定的颗粒，得到所需粉末的前驱体，加热分解后而得到纳米颗粒的方法。典型的液相法有沉淀法、水解法、溶胶-凝胶法等。

【溶胶-凝胶法与其应用】

(3) 固相法是把固相原料通过降低尺寸或重新组合来制备纳米粉体的方法。固相法有热分解法、溶出法、球磨法等。

表 10 - 1 列出了不同类别的纳米材料的常用制备方法。

表 10 - 1　纳米材料制备方法分类

纳米材料类别	物理法	化学法	综合法
纳米粉体	惰性气体沉积法、蒸发法、激光溅射法、真空蒸镀法、等离子蒸发法、球磨法、爆炸法、喷雾法、溶剂挥发法	沉淀法、化学气相凝聚法、水热法、相转移法、溶胶-凝胶法	辐射化学合成法
纳米膜材料	惰性气体蒸发法、高速粒子沉积法、激光溅射法	溶胶-凝胶法、电沉积法、还原法	超声沉淀法
纳米晶体和纳米块	球磨法、原位加压法、固相淬火法	非晶晶化法	激光化学反应法
无机-有机杂化纳米材料	共混法	原位聚合法、插层法	辐射化学反应法

续表

纳米材料类别	物理法	化学法	综合法
纳米高分子材料	天然高分子溶液中干燥法	乳液法、超微乳液法、悬浮法	高分子包覆-超声分散法、注入-超声分散法
纳米微囊	超声分散法、注入法、薄膜分散法、冷冻干燥法、逆向蒸发法	高分子包覆法、乳液法	—
纳米组装材料	—	纳米结构自组织合成、纳米结构分子自组织合成、模板法合成、溶胶-凝胶法、化学气相沉积法	电化学沉积法

【纳米机械学】

10.5 纳米材料的应用

由于纳米固体材料具有独特的性能，因此其在力学、光学、磁学、电学和医学等方面都有非常广泛的应用。

1. 力学方面的应用

在力学方面，纳米固体材料可作为高温、高强、高韧性、耐磨、耐腐蚀的结构材料。在陶瓷制造中，纳米添加使常规陶瓷的综合性能得到改善。纳米陶瓷具有优良的室温和高温力学性能，抗弯强度、断裂韧性均有显著提高。把纳米氧化铝与二氧化锆进行混合已获得高韧性的陶瓷材料，烧结温度可降低100℃。纳米结构碳化硅的断裂韧性比常规材料提高100倍。图10-7所示为纳米陶瓷刀。$n-ZrO_2+Al_2O_3$、$n-SiO_2+Al_2O_3$的复合材料，断裂韧性比常规材料提高4～5倍，原因是这类纳米陶瓷庞大体积分数的界面提供了高扩散的通道，扩散蠕变大大改善了界面的脆性。

纳米结构化的金属和合金可大幅度提高材料的强度和硬度，纳米颗粒小尺寸效应所形成的无位错或低位错密度区域，使其达到高硬度、高强度。纳米结构铜或银的块体材料的硬度比常规材料高50倍，屈服强度高12倍。图10-8所示为世界上第一辆框架均采用纳米技术的自行车。

图10-7 纳米陶瓷刀

图10-8 框架均采用纳米技术的自行车

2. 光学方面的应用

（1）发光材料。发光材料又称发光体，是利用纳米材料的光致发光现象制备的材料，是材料内部以某种形式的能量转换为光辐射的功能材料。光致发光现象是用光激发发光体而引起的发光现象，它大致经过光的吸收、能量传递和光的发射 3 个阶段。如利用纳米非晶氮化硅块体在紫外线到可见光范围的光致发光现象、锐钛矿型纳米 TiO_2 的光致发光现象等制作的发光材料。

（2）红外反射材料。纳米微粒在红外反射材料方面主要是制成薄膜和多层膜来使用。其膜材料在灯泡工业上有很好的应用前景。高压钠灯、碘弧灯都要求强照明，但电能的 69%转化为红外线，仅有少部分电能转化为光能来照明。用纳米 SiO_2 和纳米 TiO_2 微粒制成多层干涉膜，衬在有灯丝的灯泡罩的内壁，不但透光率好，而且有很强的红外线反射能力。粒径 80nm 的 Y_2O_3 作为红外屏蔽涂层，反射热的效率很高，用于红外窗口材料。

（3）光吸收材料。纳米 Al_2O_3 粉体对 250nm 以下的紫外线有很强的吸收能力，可用于提高日光灯管的使用寿命。一般 185nm 的短波紫外线对灯管的寿命有影响，而且灯管的紫外线泄漏对人体有害。如果把几纳米的 Al_2O_3 粉掺和到稀土荧光粉中，利用纳米紫外吸收的蓝移现象有可能吸收掉这种有害的紫外线，而且不降低荧光粉的发光效率。在防晒油、化妆品中加入纳米 TiO_2、纳米 ZnO、纳米 SiO_2 等，可以减弱紫外线对人体的辐射。

3. 在医学方面的应用

（1）检测和诊断疾病。将超微粒子注入血液中，输送到人体的各个部位，作为检测和诊断疾病的手段，在临床诊断上有着广阔的应用前景。例如，妇女怀孕 8 个星期左右，其血液中开始出现极少量的胎儿细胞。过去常采用价格昂贵并对人体有害的羊水诊断技术判断胎儿是否有遗传缺陷，而采用纳米微粒则很容易将血液中少量的胎儿细胞分离出来，方法简便、价格便宜，且准确率高。目前，人们已经获得了用纳米 SiO_2 实现细胞分离的新技术，这方面的临床应用还在实践中。

细胞内部的染色对于用光学显微镜和电子显微镜研究细胞内各种组织十分重要，纳米微粒的出现，为建立新的染色技术提供了途径。如比利时的德梅博士将金超细微粒(3～40nm)与预先精制的抗体混合，制备出金纳米粒子-抗体的复合体，不同的抗体对细胞内各种器官和骨骼组织的敏感程度及亲和力不同，将复合体与细胞内器官和组织结合，相当于给各种组织贴上标签，在光学显微镜或电子显微镜下衬度差别很大，从而较为容易地分辨出各种组织。

（2）生物医学材料。生物材料是用来达到特定生物或生理功能的材料。生物材料除用于测量、诊断、治疗外，主要用作生物硬组织的代用材料，其主要分为生物活性材料和生物惰性材料。前者指在生物环境中，材料通过细胞活性，能部分或全部被溶解或吸收，并与骨置换而形成牢固结合的生物材料。后者指化学性能稳定、生物相容性好的生物材料。把该生物材料植入人体内，不会对机体产生毒副作用，机体也不会对材料起排斥反应，最后被人体组织包围起来。纳米 Al_2O_3 和 ZrO_2 等可作为生物惰性材料。纳米 Al_2O_3 具

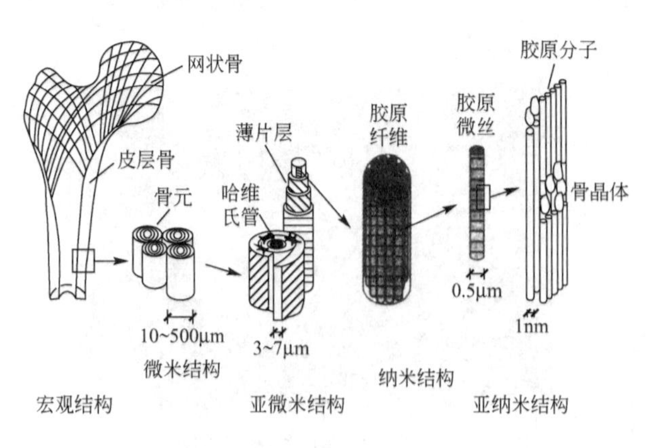

图 10-9　纳米人工骨结构

有生物相容性好、耐磨损、强度高、韧性比常规材料高等特性，可用来制作人工关节、人工骨(图 10-9)、人工齿根等。

【纳米药物分子运输车】

(3) 在药物上的应用。将磁性纳米微粒表面涂敷高分子，在外部再与蛋白质结合，注入生物体内，在外加磁场作用下通过纳米微粒的磁性导航，使其移向病变部位，可达到定向治疗的目的。目前，这项技术还处于实验阶段，已通过动物临床实验。

4. 在磁学方面的应用

【22nm 如何小而强大】

(1) 固体磁性材料。具有铁磁性的纳米材料如纳米晶 Ni、Fe_3O_4 等可作为磁性材料。铁磁材料可分为软磁材料和硬磁材料。前者主要特点是磁导率高、饱和磁化强度大、电阻高、损耗低、稳定性好等，用于制作电感绕圈、小型变压器、脉冲变压器等的磁芯，录音磁头，磁放大器等。硬磁材料的主要特点是剩磁大，矫顽力大，对温度、时间、振动等干扰的稳定性好，其主要用在磁路系统中作为永磁体以产生恒定磁场，如制作扬声器、微音器、助听器、录音磁头及各种控制设备等。

有些纳米铁氧体会使作用于它的电磁波发生一定角度的偏转，即所谓旋磁效应。利用旋磁效应，可以制备回相器、环行器、隔离器等非倒易性器件，以及衰减器、调制器、调谐器等倒易性器件。利用旋磁铁氧体的非线性，可制作倍频器、混频器、放大器等，以及雷达、通信、人造卫星、导弹系统的微波器件。此外，具有矩形磁滞回线的纳米铁氧体(矩磁材料)可用于电子计算机、自动控制和远程控制等技术中，用于制作记忆、开关和逻辑元件，以及磁放大器、磁光存储器等。具有磁致伸缩效应的纳米铁氧体（压磁材料）主要应用于超声波器件（如超声波探伤）、水声器件（如声呐）、压力传感器等，其优点是电阻率高、频率响应好、电声效率高。

(2) 磁流体。磁流体又称磁性液体，是由磁性超细微粒包覆一层长链的有机表面活性剂，高度弥散于基液中所形成的液体。其可以在外磁场作用下整体运动，因此具有其他液体所没有的磁控特性。磁性微粒可以是铁氧体类，如 Fe_3O_4、$MeFe_2O_4$(Me=Co、Ni、Mn、Zn)等，或金属系如 Ni、Co、Fe 等金属微粒及其合金。用于磁流体的载液有水、有机溶剂（庚烷、二甲苯、甲苯、丁酮等）、聚二醇、聚苯醚、卤代烃等。

磁流体的应用广泛，涉及机械、工程、化工、医药等多个领域，特别是在高、精、尖技术上有应用。传统的磁流体产品，如密封、阻尼器和扬声器已经在工业上应用，近年出现了大量新的应用，如磁流体传感器、热传递装置、药品输送、能量转换等。随着高性能氮化铁磁流体的研制成功、批量生产，其在宇宙仪器、扬声器等振动吸收装置、缓冲器、调节器、传动器以及太阳黑子、地磁、火箭和受控热核反应等方面得到应用，为磁流体的开发拓宽了思路，展示了无限的前景。磁流体在生物磁学中的应用，也为人类探索生命奥秘、攻克疾病提供了新的手段。

5. 电学方面的应用

具有半导体特性的纳米氧化物粒子在室温下具有比常规氧化物高的导电特性，因而能起到良好的静电屏蔽作用。如把 80nm 的 SnO_2 和 40nm 的 TiO_2、20nm 的 Cr_2O_3 与树脂复合可以作为静电屏蔽的涂层。同时纳米微粒的颜色不同，TiO_2、SiO_2 纳米粒子为白色，Cr_2O_3 为绿色，Fe_2O_3 为褐色，可以控制静电屏蔽涂料的颜色，从而克服炭黑静电屏蔽涂料只有单一颜色的单调性。化纤衣服和化纤地毯由于静电效应，容易吸附灰尘，危害人体健康，在其中加入少量金属纳米微粒，会使静电效应大大降低，同时还有除味杀菌的作用。

有些纳米金属(如 Nb、Ti)和合金（如 Nb－Zr、Nb－Ti)具有超导性，超导临界温度最高只有 23K，而纳米氧化物超导材料的临界温度可达 100K 以上。这些超导材料可用于电力输送、交通运输（如制造超导磁悬浮列车)等方面。

【超净功能纳米表层材料】

6. 催化方面的应用

纳米微粒作为催化剂应用较多的是半导体光催化剂，其在环保、水质处理、有机物降解、失效农药降解等方面有重要的应用。超细的 Fe、Ni 与 $\gamma-Fe_2O_3$ 混合的轻烧结体可代替贵金属作为汽车尾气净化剂；超细 Ag 粉可作为乙烯氧化的催化剂；超细 Fe 粉可在 C_6H_6 气相热分解中起成核作用而生成碳纤维。纳米 TiO_2 在可见光的照射下对碳氢化合物具有催化作用，利用这一效应可使沾污在玻璃、瓷砖和陶瓷表面的油污、细菌在光的照射下，被降解为气体或易溶易擦掉的物质，有很好的保洁作用。日本已研制出保洁瓷砖，经使用证明，这种保洁瓷砖具有明显的杀菌作用。常用的光催化半导体纳米粒子有 TiO_2、Fe_2O_3、ZnS、PbS 等。

总之，纳米科学技术是多种学科交叉汇合而产生的新科学，其研究成果势必把物理、化学领域的许多学科推向一个新层次。日本将纳米材料的研究纳入六大尖端技术探索项目之一，美、英、俄、德、法等国也在不惜巨资推进纳米材料的专项研究，我国也将纳米材料科学列入了国家“攀登计划”项目。

一、填空题

1. 纳米科技主要包括纳米物理学、__________、__________、纳米生物学、纳米电子学、__________、纳米力学 7 个相对独立又相互渗透的学科，以及__________、__________、__________ 3 个研究领域。

2. 原子团簇中最典型的是__________，于 1985 年被发现，是继金刚石和石墨之后碳元素的第三种晶体形态。__________是最先发现的富勒烯，由 60 个碳原子构成，与足球拥有完全相同的外形。

3. 碳纳米管的电导率是铜的 1 万倍，强度是钢的__________倍，而质量只有钢的__________。它像金刚石一样硬，却有柔韧性，可以拉伸。它的__________是已知材料中最高的。

4. 纳米效应包括__________、__________、__________和宏观量子隧道效应。

5. 按照制备原理不同，纳米材料制备方法可分为__________、__________、__________；按所制备系统的状态分类，分为__________、__________、__________。

二、名词解释

原子团簇　超晶格　蓝移现象　磁流体

三、简答题

1. 什么是纳米材料？列举日常生活中遇到的纳米材料。
2. 简述纳米材料的分类方法，并举例说明。
3. 何为自组装技术？有何特点？
4. 为何超微颗粒的熔点会下降？举例说明。
5. 简述并举例说明纳米材料的应用。

参考文献

陈照峰，2016. 无机非金属材料学［M］. 2版. 西安：西北工业大学出版社.

戴金辉，葛兆明，2018. 无机非金属材料概论［M］. 3版. 哈尔滨：哈尔滨工业大学出版社.

袁志钟，戴起勋，2019. 金属材料学［M］. 3版. 北京：化学工业出版社.

殷景华，王雅珍，鞠刚，2017. 功能材料概论［M］. 哈尔滨：哈尔滨工业大学出版社.

黄丽，2020. 高分子材料［M］. 2版. 北京：化学工业出版社.

吴庆定，司家勇，胡智清，2016. 非金属材料及应用［M］. 北京：机械工业出版社.

赵长生，顾宜，2020. 材料科学与工程基础［M］. 3版. 北京：化学工业出版社.

黄伯云，肖鹏，陈康华，2007. 复合材料研究新进展：上［J］. 金属世界 2：46.

黄伯云，肖鹏，陈康华，2007. 复合材料研究新进展：下［J］. 金属世界 3：46.

贾成厂，2002. 陶瓷基复合材料导论［M］. 2版. 北京：冶金工业出版社.

贾德昌，宋桂明，等，2008. 无机非金属材料性能［M］. 北京：科学出版社.

姜建华，2005. 无机非金属材料工艺原理［M］. 北京：化学工业出版社.

金万勤，陆小华，徐南平，2007. 材料化学工程进展［M］. 北京：化学工业出版社.

李奇，陈光巨，2019. 材料化学［M］. 3版. 北京：高等教育出版社.

曾兆华，杨建文，2020. 材料化学［M］. 2版. 北京：化学工业出版社.

颜国君，2019. 金属材料学［M］. 北京：冶金工业出版社.

卢安贤，2015. 无机非金属材料导论［M］. 4版. 长沙：中南大学出版社.

李贺军，齐乐华，张守阳，2016. 先进复合材料学［M］. 西安：西北工业大学出版社.

马建标，2010. 功能高分子材料［M］. 2版. 北京：化学工业出版社.

陈宇飞，马成国，2020. 聚合物基复合材料［M］. 2版. 北京：化学工业出版社.

宋晓岚，黄学辉，2020. 无机材料科学基础［M］. 2版. 北京：化学工业出版社.

潘祖仁，2011. 高分子化学［M］. 5版. 北京：化学工业出版社.

彭正合，2013. 材料化学［M］. 北京：科学出版社.

黄伯云，2016. 材料大辞典［M］. 2版. 北京：化学工业出版社.

陶杰，姚正军，薛烽，2018. 材料科学基础［M］. 2版. 北京：化学工业出版社.

孙康宁，2003. 金属间化合物/陶瓷基复合材料［M］. 北京：机械工业出版社.

汪信，刘孝恒，2014. 纳米材料化学简明教程［M］. 北京：化学工业出版社.

江波，殷勤俭，王亚宁，王槐三，2019. 高分子化学教程［M］. 5版. 北京：科学出版社.

高长有，2018. 高分子材料概论［M］. 北京：化学工业出版社.

王荣国，武卫莉，谷万里，2015. 复合材料概论［M］. 哈尔滨：哈尔滨工业大学出版社.

曹鹏军，2018. 金属材料学［M］. 北京：冶金工业出版社.

益小苏，2011. 先进树脂基复合材料高性能化理论与实践［M］. 北京：国防工业出版社.

徐又一，徐志康，2005. 高分子膜材料［M］. 北京：化学工业出版社.

薛冬峰，李克艳，张方方，2011. 材料化学进展［M］. 上海：华东理工大学出版社.

杨秋华，2019. 材料化学导论［M］. 2版. 北京：高等教育出版社.

杨瑞成，丁旭，陈奎，2005. 材料科学与材料世界［M］. 北京：化学工业出版社.

邓少生，纪松，2012. 功能材料概论：性能、制备与应用［M］. 北京：化学工业出版社.

于化顺，2006. 金属基复合材料及其制备技术［M］. 北京：化学工业出版社.

马兰，刘景景，彭富昌，2017. 材料化学基础［M］. 北京：冶金工业出版社.

成来飞，张立同，梅辉，2019. 陶瓷基复合材料强韧化与应用基础［M］. 北京：化学工业出版社.
刘智恩，2019. 材料科学基础［M］. 5版. 西安：西北工业大学出版社.
赵文元，王亦军，2003. 功能高分子材料化学［M］. 2版. 北京：化学工业出版社.
赵玉涛，陈刚，2019. 金属基复合材料［M］. 北京：机械工业出版社.
秦华宇，朱光明，2010. 材料化学［M］. 2版. 北京：机械工业出版社.
朱艳，2018. 材料化学［M］. 西安：西北工业大学出版社.
朱红，2009. 纳米材料化学及其应用［M］. 北京：北京交通大学出版社.